四川省示范性高职院校建设项目成果

机械设计基础

范 军 任国强 主 编

罗啸峰 副主编

祝 林 主 审

西南交通大学出版社

·成都·

内容简介

本书将工程力学、机械原理以及机械零件三个部分的内容有机地整合在一起，采用项目和任务的方式编写，适应了目前高职教学和改革的需要。全书内容包括机械基础知识、构件的承载能力计算、常用平面机构、常用机械传动、常用标准件的选用及轴的结构设计五个大项目；教学任务主要有单级圆柱齿轮减速器的拆装，分析圆柱齿轮减速器低速轴的受力、变形并进行强度计算，绘制牛头刨床中的导杆机构运动简图，设计内燃机配气机构中的凸轮机构等。书中配有一定数量的例题、思考题与习题，以帮助学生掌握相关的知识。

本书可作为高等职业院校机械类、机电类和近机类专业的教学用书，也可供从事机械设计、制造和维修等工作的有关工程技术人员参考。

图书在版编目（CIP）数据

机械设计基础/范军，任国强主编．—成都：西南交通大学出版社，2013.4（2019.1 重印）

四川省示范性高职院校建设项目成果

ISBN 978-7-5643-2247-2

Ⅰ．①机… Ⅱ．①范… ②任… Ⅲ．①机械设计

Ⅳ．①TH122

中国版本图书馆 CIP 数据核字（2013）第 056239 号

机械设计基础

范 军　任国强　主编

*

责任编辑　李芳芳

特邀编辑　赵雄亮

封面设计　墨创文化

西南交通大学出版社出版发行

成都二环路北一段 111 号　邮政编码：610031　发行部电话：028-87600564

http://press.swjtu.edu.cn

四川森林印务有限责任公司印刷

*

成品尺寸：185 mm×260 mm　印张：15.75

字数：392 千字

2013 年 4 月第 1 版　2019 年 1 月第 2 次印刷

ISBN 978-7-5643-2247-2

定价：32.00 元

序

在大力发展职业教育、创新人才培养模式的新形势下，加强高职院校教材建设，是深化教育教学改革、推进教学质量工程、全面培养高素质技能型专门人才的前提和基础。

近年来，四川职业技术学院在省级示范性高等职业院校建设过程中，立足于"以人为本，创新发展"的教育思想，组织编写了涉及汽车制造与装配技术、物流管理、应用电子技术、数控技术等四个省级示范性专业，以及体制机制改革、学生综合素质训育体系、质量监测体系、社会服务能力建设等四个综合项目相关内容的系列教材。在编撰过程中，编著者立足于"理实一体"、"校企结合"的现实要求，秉承实用性和操作性原则，注重编写模式创新、格式体例创新、手段方式创新，在重视传授知识、增长技艺的同时，更多地关注对学习者专业素质、职业操守的培养。本套教材有别于以往重专业、轻素质，重理论、轻实践，重体例、轻实用的编写方式，更多地关注教学方式、教学手段、教学质量、教学效果，以及学校和用人单位"校企双方"的需求，具有较强的指导作用和较高的现实价值。其特点主要表现在：

一是突出了校企融合性。全套教材的编写素材大多取自行业企业，不仅引进了行业企业的生产加工工序、技术参数，还渗透了企业文化和管理模式，并结合高职院校教育教学实际，有针对性地加以调整优化，使之更适合高职学生的学习与实践，具有较强的融合性和操作性。

二是体现了目标导向性。教材以国家行业标准为指南，融入了"双证书"制和专业技术指标体系，使教学内容要求与职业标准、行业核心标准相一致，学生通过学习和实践，在一定程度上，可以通过考级达到相关行业或专业标准，使学生成为合格人才，具有明确的目标导向性。

三是突显了体例示范性。教材以实用为基准，以能力培养为目标，着力在结构体例、内容形式、质量效果等方面进行了有益的探索，实现了创新突破，形成了系统体系，为同级同类教材的编写，提供了可借鉴的范样和蓝本，具有很强的示范性。

与此同时，这是一套实用性教材，是四川职业技术学院在示范院校建设过程中的理论研究和实践探索成果。教材编写者既有高职院校长期从事课程建设和实践实训指导的一线教师和教学管理者，也聘请了一批企业界的行家里手、技术骨干和中高层管理人员参与到教材的编写过程中，他们既熟悉形势与政策，又了解社会和行业需求；既懂得教育教学规律，又深谙学生心理。因此，全套系列教材切合实际，对接需要，目标明确，指导性强。

尽管本套教材在探索创新中存在有待进一步锤炼提升之处，但仍不失为一套针对高职学生的好教材，值得推广使用。

此为序。

四川省高职高专院校
人才培养工作委员会主任

二〇一三年一月二十三日

前　言

高等职业技术教育是高等教育的重要组成部分，它的目标是培养生产、服务、技术和管理第一线的高级应用型人才。近年来，随着高等职业教育改革的不断深化，各种课程也在教学内容、教学方法、教学思路上力求改进，这就需要相关教材在编写形式及内容上也要有所突破。

《机械设计基础》教材是根据全国示范性高职高专专业课开发指导委员会制定的机械设计基础课程教学的基本要求和教材编写大纲，本着"必须、够用"的原则，结合高等职业教育的特点，特别注重理论知识与工程实际的结合，结合编者多年从事教学、生产实践的经验并在基于工作过程的基础上采用项目和任务教学的方式编写而成。旨在让学生认识和了解常用机械零部件，培养学生一定的机械设计能力和创新能力以及良好的工程素质。

《机械设计基础》在教材内容上力求精选知识点、拓宽知识面、更新内容、减少对公式的推演以突出应用。全书内容包括机械基础知识、构件的承载能力计算、常用平面机构、常用机械传动、常用标准件的选用及轴的结构设计五个大项目和单级圆柱齿轮减速器的拆装、绘制牛头刨床中的导杆机构运动简图等十五个教学任务。本书采用了最新的国家标准和规范并配有大量的实物图，还配有一定数量的例题、思考题与习题，以帮助学生理解和掌握书本内容。

本教材在编写上有如下特色：

（1）对整体内容进行了重新编排与整理。将工程力学、机械原理以及机械零件三个部分的内容有机地整合在一起；将工程力学的内容按照基本变形的内力、应力、强度的顺序进行编排，将机械的相关概念和工程力学合理整化为机械基础知识，以为后面的设计部分做准备。

（2）以任务引入的方式开始每个任务，能使学生明确"为什么学？""学什么？""怎么学？"等问题。

（3）本教材在涉及常用零部件的时候同时配出其在工程中的实物图以便加深学生的感性认识。

（4）本教材在编写过程中，邀请了企业机械设计、制造相关工程人员或已毕业的和在校的学生参与编写工作。

参加本书编写的有：四川职业技术学院范军（编写任务 1、2），四川职业技术学院任国强（编写任务 3、4、5、6、7），四川职业技术学院罗啸峰（编写任务 8、9），四川职业技术学院罗辉（编写任务 13、14、15），四川职业技术学院钱桂名（编写任务 10），四川职业技术学院游代乔（编写任务 11、12）。同时，成都普瑞斯数控机床有限公司肖红、贺中君，恩比贝克飞虹汽车零部件（四川）有限公司张俊华，四川职业技术学院 06 级数控专业李勇、10级机制专业陈国强等也参与了教材的编写，在此一并感谢。

本教材由范军、任国强担任主编，罗啸峰担任副主编，四川职业技术学院副教授祝林担任主审。

由于编者水平所限，书中难免存在不妥之处，恳请读者批评和指正，以便修订时调整与改进。

编　者

2013 年 1 月

目　　录

项目一　机械基础知识

 项目目标

（1）能区别机械、机器、机构、构件及零件。

（2）能分析常用机械零件或结构并能正确对其进行受力分析。

任务一　减速器的拆装

 任务目标

（1）通过对减速器的拆装与观察，了解减速器的整体结构、功能及设计布局。

（2）能识别组成减速器的零件和部件，指出哪些是标准件、通用零件，哪些是非标准件、专用件。

（3）通过对不同类型减速器的分析比较，加深对机械零、部件结构设计的感性认识，为机械零、部件设计打下基础。

任务引入

机械是人类生产和生活的基本要素之一，是人类物质文明最重要的组成部分。机械的发明是人类区别其他动物的一项主要标志，机械技术在整个技术体系中占有基础和核心地位。机械技术与人类社会的历史一样是源远流长的，它对人类社会生产和经济的发展起着极其重要的作用，是推动人类社会进步的重要因素。机械给人类的文化带来了丰富的内容，它的存在与发展也往往决定文化趋向。机械是现代社会的一个基础，是现代社会进行生产服务五大要素（能源、人、资金、材料、机械）之一。

任何现代产业和工程领域都需要应用机械，例如，农业、林业、矿山等需要农业机械、林业机械、矿山机械；冶金和化学工业需要冶金机械、化工机械；纺织和食品加工工业需要纺织机械、食品加工机械；房屋建筑和道路、桥梁、水利等工程需要工程机械；电力工业需要动力机械；交通运输业需要各种车辆、船舶、飞机等；各种商品的计量、包装、储存、装卸需要各种相应的工作机械。

就是人们的日常生活，也越来越多地应用到各种机械，如汽车、自行车、缝纫机、钟表、照相机、洗衣机、冰箱、吸尘器，等等。机械工程是以有关的自然科学和技术科学为理论基础，结合在生产实践中积累的技术经验，研究和解决在开发、设计、制造、安装、运用和修理各种机械中的全部理论和实际问题的一门应用学科。

各个工程领域的发展都要求机械工程有与之相适应的发展，都需要机械工程提供所必需的机械。某些机械的发明和完善，又导致新的工程技术和新的产业的出现和发展，例如，大型动力机械的制造成功，促成了电力系统的建立；机车的发明导致了铁路工程和铁路事业的兴起；内燃机、燃气轮机、火箭发动机等的发明和进步以及飞机和航天器的研制成功导致了航空、航天工程和航空、航天事业的兴起；高压设备（包括压缩机、反应器、密封技术等）的发展导致了许多新型合成化学工程的成功。机械工程在各方面不断提高的需求压力下获得发展动力，同时又从各个学科和技术的进步中得到改进和创新的能力。

那么什么是机器？它们的构造、用途和性能有什么不同？它们是否具有共同特性？为什么说家用洗衣机是机器？它由哪些基本部分组成？每部分的作用是什么？日常生活中常见的机器如图 1.1 所示。

（a）洗衣机 　　　　　（b）汽车 　　　　　（c）鹤式起重机

（d）数控机床 　　　　（e）打印机 　　　　　（f）计算机

图 1.1　日常生活中常见的机器

减速器是一种常用的减速传动装置，它能把原动机（如电动机）较高的转速降到适合于工作机的转速，如图 1.2 所示。在实际应用中，如皮带运输机、卷扬机等，均采用了减速器作降速装置。在有些场合，它也可用作增速传动装置，相应地称为增速器。

图 1.2　减速器

根据传动类型，减速器可分为圆柱齿轮减速器和蜗轮蜗杆减速器；根据齿轮形状，减速器可分为圆柱、圆锥、圆锥—圆柱齿轮减速器；根据传动的级数，减速器可分为单级和多级减速器等。一级齿轮减速器是最简单的一种减速器。减速器的结构随其类型和要求的不同而异，一般由齿轮、轴、轴承、箱体和附件等组成。可通过观察减速器外部结构，判断传动级数、输入轴、输出轴及安装方式。由于减速器结构紧凑、传动效率高、使用维护方便，因而在工业中应用广泛。

 相关知识

一、机器的组成及特征

1. 机器的概念及其组成

人类为了适应生活和生产中的需要，创造和发展了各种各样的机器。在现代生产、生活中常见的汽车、电动机、内燃机、起重机、金属切屑机床、电风扇、洗衣机、缝纫机等都是机器。尽管它们的构造、用途和性能各异，但它们仍具有一些共同特性。

图 1.3 所示为家庭用缝纫机，它是由机架 4、踏板 3、连杆 2、曲轴及大带轮 1、小带轮 5、传动带 6 以及带动缝纫机针 8 运动的机头 7 中的其他机构组成的。当踏动踏板时，就会把运动传递到缝纫机针，完成一定的运动。

（a）缝纫机

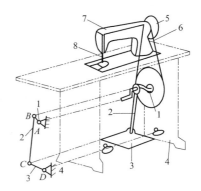

（b）缝纫机简图

图 1.3　脚踏缝纫机

1—大带轮；2—连杆；3—踏板；4—机架；5—小带轮；
6—传动带；7—机头；8—缝纫机针

3

图 1.4 所示的单缸四冲程内燃机为常见机械之一，它是由缸体 1、活塞 2、连杆 3、曲轴 4、齿轮 5 和 6、凸轮轴 7、进气阀顶杆 8、排气阀顶杆 9 以及进气阀 10 和排气阀 11 等组成。燃气膨胀推动活塞作往复移动，通过连杆转变为曲轴的连续转动。凸轮和从动件用于启闭进气阀和排气阀。为了保证曲轴每转两周，进、排气阀各肩闭一次，在曲轴和凸轮之间安装了齿数比为 1:2 的齿轮。这样，当燃气推动活塞运动时，各部分协调地动作，进、排气阀有规律地启闭，并通过汽化、点火等装置的配合，就把燃气热能转变为曲轴旋转的机械能。

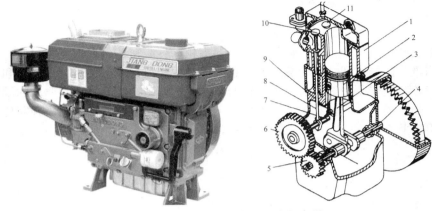

图 1.4 单缸四冲程内燃

1—缸体；2—活塞；3—连杆；4—曲轴；5，6—齿轮；7—凸轮轴；
8—进气阀顶杆；9—排气阀顶杆；10—进气阀；11—排气阀

图 1.5 所示为数控铣削加工机床，它通过将零件的加工程序输入机床的数控装置中，数控装置控制伺服系统和其他驱动系统，再驱动机床的工作台、主轴等装置的运动，从而完成零件的加工。

图 1.5 数控铣削加工机床

又如，洗衣机是由电动机、V 带传动机构、波轮和机座所组成。电动机回转时，经 V 带传动机构带动波轮回转，搅动洗涤液完成洗衣工作。

再如，发电机主要由转子和定子组成。当原动机驱动转子回转时，转子回转的机械能便转变为电能。

从上4例可以看出，机械在工作过程中都要执行机械运动，因此可以说，运动的传递与变换是机械最基本的功能。

通常把能实现确定的机械运动，又能做有用的机械功或实现能量、物料、信息的传递与变换的装置称为机器。

2. 机器的特征

机器种类繁多，内燃机、破碎机、洗衣机和发电机等机器尽管它们的形态、性能、结构各异，但都具有以下共同特征：

（1）是一种人为实体的组合；

（2）各实体之间具有确定的相对运动；

（3）能进行能量、物料或信息的变换与传递，并完成有用的机械功或实现能量转换。

3. 机器的分类

机器按照构造、用途、性能等可分为以下几类：

（1）动力机器。如电动机、发电机、内燃机等，用来实现机械能与其他形式能量间的转换。

（2）加工机器。如普通机床、数控机床、工业机器人等，主要用来改变物料的结构形状、性质和状态。

（3）运输机器。如汽车、飞机、输送机等，主要用来改变物料的空间位置。

（4）信息机器。如计算机、摄像机、复印机、传真机等，主要用来获取或处理各种信息。

二、构件和机构、零件和部件

1. 机构和构件

机构是具有确定相对运动的构件的组合，如图1.6所示中的曲柄连杆机构。机构和机器的区别是：机构的功用在于传递或转变运动的形式，而机器的主要功用是利用机械能做功或能量转换。从结构和运动的观点来看，机构和机器没有区别，所以把机构和机器总称为机械。

图1.6　曲柄连杆机构　　　　　　　　图1.7　连杆

构件就是机构中的运动单元，从运动角度看，构件是一个具有独立运动的单元体，如图1.7所示的连杆。构件可以是一个独立的零件，也可以是由几个零件刚性地连接组成的，其主要作用是传递运动和变换运动形式或运动速度。

2．构件的分类

（1）固定构件。用来支承活动构件（运动构件）的构件，又称机架。例如，图1.4中的缸体就是固定构件。

（2）原动件。运动规律已知的活动构件。它的运动是有外界输入的，故又称为输入构件。例如，图1.4中的活塞就是原动件。

（3）从动件。机构中随着原动件的运动而运动的其余活动构件。例如，图1.4中的连杆和曲轴都是从动件。

任何一个机构中，必有一个构件被相对地看作固定构件。例如，汽缸体虽然跟随汽车运动，但在研究发动机的运动时，仍把汽缸当作固定构件。在活动构件中，必须有一个或几个原动件，其余的都是从动件。

3．零件和部件

从制造角度来分析，可以把机器看成是由若干机械零件（简称零件）组成的。零件是机器组成中不可再拆的最小单元，是机器的制造单元。按使用特点，零件又分为通用零件和专用零件两大类。各种机械中普遍使用的零件称为通用零件，如螺钉、轴、轴承、齿轮、弹簧等；在某一类型机械中使用的零件，称为专用零件，如内燃机的活塞、曲轴和汽轮机的叶片等。

从装配角度来分析，还可认为机器是由若干部件组成的。"部件"是机器的装配单元。例如，车床就是由主轴箱、进给箱、溜板箱及尾架等部件组成的。把机器划分为若干部件，对设计、制造、运输、安装及维修都会带来许多方便。

图1.4所示的单缸四冲程内燃机主要包括曲柄滑块机构、齿轮机构、凸轮机构三个机构，其中曲柄滑块机构由活塞、连杆、曲轴等构件组成。连杆由单独加工的连杆体1、连杆头2、轴套3、轴瓦4、螺栓5和螺母6等零件组成，如图1.8所示。

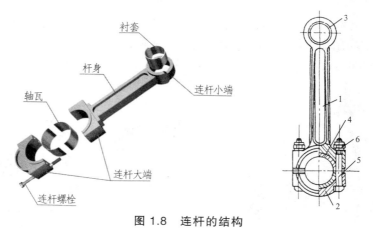

图1.8 连杆的结构

1—连杆体；2—连杆头；3—轴套；4—轴瓦；5—螺栓；6—螺母

三、运动副

两个构件直接接触并能产生一定相对运动的连接称为运动副。若运动副只允许两构件在同一平面或相互平行平面内做相对运动，则称该运动副为平面运动副。

组成运动副的两构件以点、线或面的形式接触。根据两构件的接触情况，平面运动副可分为低副和高副两类。

1. 低　副

两构件以面接触组成的运动副称为低副。根据构件相对运动形式的不同，低副又可分为转动副和移动副，如图 1.9 所示。

（1）转动副。

若组成运动副的两个构件只能在一个平面内做相对转动，则称为转动副，也称铰链，如图 1.9（a）所示。

（2）移动副。

若组成运动副的两个构件只能沿轴线相对移动，则称为移动副，如图 1.9（b）所示。

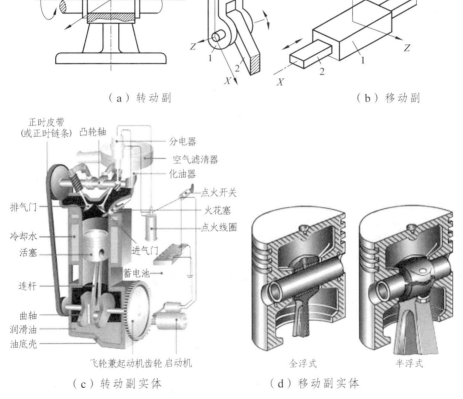

（a）转动副　　　　　　　　　　（b）移动副

（c）转动副实体　　　　（d）移动副实体

图 1.9　低　副

2. 高　副

两构件通过点、线接触所构成的运动副称为高副，如图 1.10（a）所示的齿轮副和图 1.10（d）所示的凸轮副。

高副由于以点或线相接触，其接触部分的压强较高，故易磨损。

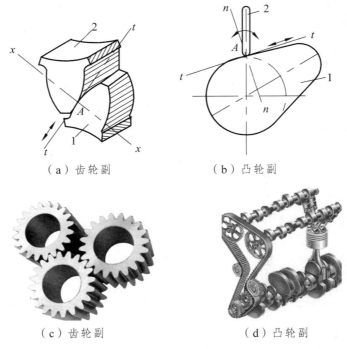

（a）齿轮副　　　　　　　　（b）凸轮副

（c）齿轮副　　　　　　　　（d）凸轮副

图 1.10　高　副

四、自由度和约束

机构的各构件之间应具有确定的相对运动。显然，不能产生相对运动或做无规则运动的一对构件难以用来传递运动。为了使组合起来的构件能产生相对运动并具有运动确定性，就有必要探讨机构自由度和机构具有确定运动的条件。

1. 自由度

如图 1.11 所示，一个自由构件在平面内可以产生 3 个独立的运动，沿 x 轴的移动、沿 y 轴的移动和在平面内转动。要确定构件在平面内的位置，就需要 3 个独立的参数。例如，构件 AB 作平面运动时的位置，可以用构件上任一点 A 的坐标 x 和 y 及过 A 点的直线 AB 绕 A 点的转角 α 来表示。构件的这种独立运动称为自由度。作平面运动的自由构件具有 3 个自由度。

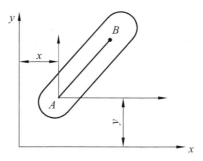

图 1.11　构件的自由度

2. 约　　束

当该构件与另一构件组成运动副时，由于两构件直接接触和联接，使其具有的独立运动受到限制，因此自由度将减少。对独立运动所加的限制称为约束。自由度减少的个数等于约束的数目。

运动副所引入的约束的数目与其类型有关。低副引入两个约束，减少两个自由度。如图1.9（a）所示的转动副约束了两个移动的自由度，只保留了一个相对转动的自由度；图1.9（b）所示的移动副约束了沿 y 轴的移动和绕 x 轴的转动两个自由度，只保留沿 x 轴移动的自由度。高副引入一个约束，减少一个自由度。如图1.10（a）、（b）所示的高副，只约束了沿接触点 A 处公法线 $n-n$ 方向移动的自由度，保留了绕接触点的转动和沿接触处公切线方向 $t-t$ 移动的两个自由度。

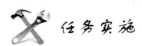 任务实施

一、任务：单级圆柱齿轮减速器拆装

减速器主要由传动零件（齿轮或蜗杆）、轴、轴承、箱体及其附件所组成。其基本结构有三大部分：

（1）齿轮、轴及轴承组合。

（2）箱体。

箱体是减速器的重要组成部件。它是传动零件的基座，应具有足够的强度和刚度。

箱体通常用灰铸铁制造，对于重载或有冲击载荷的减速器也可以采用铸钢箱体。单体生产的减速器，为了简化工艺、降低成本，可采用钢板焊接的箱体。

（3）减速器附件。

为了保证减速器的正常工作，除了对齿轮、轴、轴承组合和箱体的结构设计给予足够的重视外，还应考虑到为减速器润滑油池注油、排油、检查油面高度、加工及拆装检修时箱盖与箱座的精确定位、吊装等辅助零件和部件的合理选择和设计。

二、任务实施所需的实验设备

单级圆柱齿轮减速器。

三、任务实施步骤

1. 拆　　卸

（1）观察减速器外部结构，如图1.12所示，判断传动级数、输入轴、输出轴及安装方式。

（2）观察减速器的外形与箱体附件，了解附件的功能、结构特点和位置，测出外廓尺寸、中心距、中心高。

（3）测定轴承的轴向间隙。固定好百分表，用手推动轴至一端，然后再推动轴至另一端，百分表所指示出的量值差即是轴承轴向间隙的大小。

（4）拧下箱盖和箱座联接螺栓，拧下端盖螺钉（嵌入式端盖除外），拔出定位销，借助起盖螺钉打开箱盖，如图1.13所示。

（5）测定齿轮直齿圆柱齿轮齿数、模数、轴径。用游标卡尺测量其值。

（6）仔细观察箱体剖分面及内部结构（润滑、密封、放油螺塞等），箱体内轴系零部件间相互位置关系，确定传动方式。数出齿轮齿数并计算传动比，判定斜齿轮或蜗杆的旋向及轴向力、轴承型号及安装方式。

（7）取出轴系部件，拆零件并观察分析各零件的作用、结构、周向定位、轴向定位、间隙调整、润滑、密封等问题。把各零件编号并分类放置，如图1.14所示。

（8）分析轴承内圈与轴、轴承外圈与机座的配合情况，如图1.15所示。

图1.12　减速器外观

图1.13　减速器内部结构

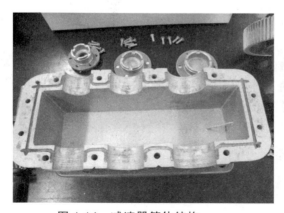

图1.14　减速器箱体结构

图1.15　减速器轴系结构

2．装　　配

按原样将减速器装配好。装配时按先内后外的顺序进行；装配轴和滚动轴承时，应注意方向；应按滚动轴承的合理装拆方法装配，并经指导教师检查后才能合上箱盖，装配上、下箱之间的连接前，应先安装好定位销钉。

复习思考题

1. 减速器的用途是什么？它有哪些类型？
2. 箱体结合面用什么方法密封？
3. 减速器箱体上有哪些附件？各起什么作用？分别安排在什么位置？
4. 测得的轴承轴向间隙如不符合要求，应如何调整？
5. 轴上安装齿轮的一端总要设计成轴肩（或轴环）结构，为什么此处不用轴套？
6. 扳手空间如何考虑？正确的扳手空间位置如何确定？
7. 试举例说明机器、机构和机械有何不同。
8. 试举例说明何谓零件、部件及标准件。
9. 举实例说明零件与构件之间的区别和联系。
10. 运动副分为哪几类？它在机构中起何作用？

项目二　构件的承载能力计算

项目目标

（1）掌握杆件的基本变形的受力和变形特点。
（2）会用截面法求横截面上的内力。
（3）会作杆件的基本变形的内力图。
（4）会求各种基本变形横截面上的正应力。
（5）能进行各种基本变形及组合变形的强度计算。

任务二　分析一级圆柱齿轮减速器低速轴的受力

任务目标

（1）能抽象出减速器低速轴的力学模型。
（2）能分析减速器低速轴的约束并作出其受力图。
（3）能计算减速器低速轴轴承所受的约束力。

任务引入

　　静力学研究物体机械运动的特殊情形——平衡问题。所谓机械运动，是指物体在空间的位置随时间而变化。在工程上，物体相对于地球处于静止或做匀速直线运动的状态称为平衡，如图 2.1 所示。静力学研究物体在力系作用下的平衡规律，并建立各种力系的平衡条件。

图 2.1　工程实例

在工程实践中，经常遇到物体处于平衡状态下的受力分析问题，像许多机器的零件和结构构件，如机床的主轴、丝杠、起重机的起重臂等，它们在工作时处于平衡状态或可近似地看作处于平衡状态。为了合理地设计这些零件和构件的形状、尺寸，选用恰当的材料，往往需要对它们进行强度、刚度或稳定性的分析计算。为此，必须首先运用静力学知识，对零件和构件进行受力分析，并根据平衡条件求出这些力。

 相关知识

一、静力学基本概念

（一）力的概念

1. 力的定义

力是物体间的相互机械作用，这种作用使物体的运动状态或形状发生改变。

物体间的相互机械作用可分为两类：一类是物体间的直接接触的相互作用，另外一类是物体间的间接相互作用。

力的两种作用效应为：

（1）外效应，也称为运动效应——使物体的运动状态发生改变；

（2）内效应，也称为变形效应——使物体的形状发生变化。

静力学研究物体的外效应。

2. 力的三个要素

力的三个要素为：大小、方向和作用点。

力的大小反映物体之间相互机械作用的强度，在国际单位制（SI）中，力的单位是牛（N）；在工程单位制中，力的单位是千克力（kgf）。两种单位制之间力的换算关系为：1 kgf = 9.8 N。

如图 2.2 所示，线段的长度按一定的比例表示力的大小（图中力的大小为 40 N）；线段的方位和箭头的指向表示力的方向；线段的起点（或终点）表示力的作用点。过力的作用点沿力的方向引出的直线称为力的作用线。

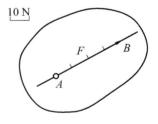

图 2.2　力的表示法

（二）刚体和平衡的概念

刚体：在受力作用后而不产生变形的物体。刚体是对实际物体经过科学的抽象和简化而得到的一种理想模型。而当变形在所研究的问题中成为主要因素时（如在材料力学中研究变形杆件时），一般就不能再把物体看作是刚体了。

平衡：物体相对于地球保持静止或作匀速直线运动的状态。显然，平衡是机械运动的特殊形态，因为静止是暂时的、相对的，而运动才是永恒的、绝对的。

（三）力系、等效力系、平衡力系

力系：作用在物体上的一组力。按照力系中各力作用线分布的不同形式，力系可分为：

（1）汇交力系：力系中各力作用线汇交于一点；

（2）力偶系：力系中各力可以组成若干力偶或力系由若干力偶组成；

（3）平行力系：力系中各力作用线相互平行；

（4）一般力系：力系中各力作用线既不完全交于一点，也不完全相互平行。

按照各力作用线是否位于同一平面内，上述力系各自又可以分为平面力系和空间力系两大类，如平面汇交力系、空间一般力系，等等。

等效力系：两个力系对物体的作用效应相同，则称这两个力系互为等效力系。当一个力与一个力系等效时，则称该力为力系的合力；而该力系中的每一个力称为其合力的分力。把力系中的各个分力代换成合力的过程，称为力的合成；反过来，把合力代换成若干分力的过程，称为力的分解。

平衡力系：若刚体在某力系作用下保持平衡，则称在平衡力系中，各力相互平衡，或者说，诸力对刚体产生的运动效应相互抵消。可见，平衡力系是对刚体作用效应等于零的力系。

（四）力　矩

1. 力矩的概念

力对点的矩是很早以前人们在使用杠杆、滑车、绞盘等机械搬运或提升重物时所形成的一个概念。现以扳手拧螺母为例来说明，如图 2.3 所示，在扳手的 A 点施加一个力 F，将使扳手和螺母一起绕螺钉中心 O 转动，这就是说，力有使物体（扳手）产生转动的效应。实践经验表明，扳手的转动效果不仅与力 F 的大小有关，而且还与点 O 到力作用线的垂直距离 d 有关。当 d 保持不变时，力 F 越大，转动越快；当力 F 不变时，d 值越大，转动也越快。若改变力的作用方向，则扳手的转动方向就会发生改变，因此，我们用 F 与 d 的乘积再冠以适当的正负号来表示力 F 使物体绕 O 点转动的效应，并称为力 F 对 O 点之矩，简称力矩，以符号 $M_O(F)$ 表示，即

$$M_O(F) = \pm F \cdot d$$

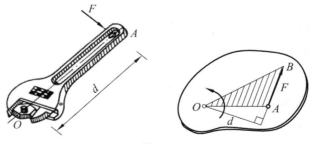

图 2.3

O 点称为矩心，O 点到力 F 作用线的垂直距离 d 称为力臂。

力矩的正负号规定：力使物体绕矩心逆时针转动时的力矩为正，反之为负。力矩的单位是牛顿·米（N·m）或千牛顿·米（kN·m）。

由力矩的定义可知：

（1）力 F 对 O 点之矩不仅取决于力 F 的大小，同时还与矩心的位置有关。

（2）力沿其作用线的移动不会改变它对某点的矩。

（3）力 F 等于零或力的作用线通过矩心时，力矩为零。

（4）互为平衡的二力对同一点之距的代数和等于零。

应当指出，前面是由力使物体绕固定点转动而引出了力矩的概念。实际上，作用于物体上的力可以对任意点取矩。

2. 合力矩定理

在计算力对点的力矩时，有些问题往往力臂不易求出，因而直接按定义求力矩难以计算。此时，通常采用的方法是将这个力分解为两个或两个以上便于求出力臂的分力，再由多个分力力矩的代数和求出合力的力矩。这一有效方法的理论根据是合力矩定理：如果有 n 个平面汇交力作用于 A 点，则平面汇交力系的合力对平面内任一点之矩，等于力系中各分力对同一点力矩的代数和，即

$$m_o(F_R) = m_o(F_1) + m_o(F_2) + \cdots + m_o(F_n) = \sum m_o(F)$$

以上公式称为合力矩定理。合力矩定理一方面常常可以用来确定物体的重心位置，另一方面也可以用来简化力矩的计算。这样就使力矩的计算有两种方法：在力臂已知或方便求解时，按力矩定义进行计算；在计算力对某点之矩，力臂不易求出时，按合力矩定理求解，可以将此力分解为相互垂直的分力，如两分力对该点的力臂已知，则可方便地求出两分力对该点的力矩的代数和，从而求出已知力对该点的力矩。

例 2.1 如图 2.4 所示，数值相同的三个力按不同方式分别施加在同一扳手的 A 端。若 $F = 200\,\text{N}$，试求三种不同情况下力对点 O 之矩。

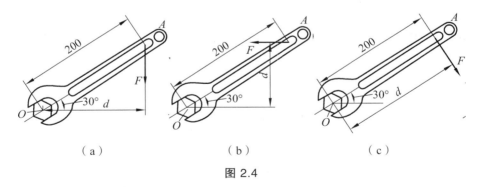

（a）　　　　　　　　（b）　　　　　　　　（c）

图 2.4

解： 在图示的三种情况下，虽然力的大小、作用点和矩心均相同，但力的作用线各异，致使力臂均不相同，因而，在这三种情况下，力对点 O 之矩不同。根据力矩的定义可求出力对点 O 之矩分别为：

图 2.4（a）：$M_O(F) = -F \cdot d = -200 \times 200 \times 10^{-3} \times \cos 30° = -34.64\,\text{N·m}$

图 2.4（b）：$M_O(F) = F \cdot d = 200 \times 200 \times 10^{-3} \times \sin 30° = 20.00\,\text{N·m}$

图 2.4（c）：$M_O(F) = -F \cdot d = -200 \times 200 \times 10^{-3} = -40.00\,\text{N·m}$

（五）力偶与力偶矩

1．力偶的概念

工程上常见到工人用丝锥攻螺纹、汽车司机双手转动方向盘（见图 2.5）。为了使丝锥扳手和方向盘转动，需要对他们作用一对等值反向的平行力 F 和 F'。这种由两个大小相等、方向相反、作用线平行但不共线的力所组成的力系称为力偶。记作 (F,F')。力偶中两力所在的平面称为力偶作用面。两力作用线间的垂直距离 d 称为力偶臂。

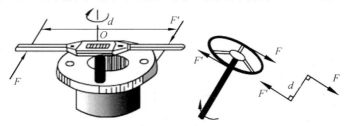

图 2.5　丝锥的施力与司机用双手转动方向盘的作用力 F 和 F'

由经验可知，在力偶作用下，物体只产生转动；而一个力作用在物体上，则会使物体移动或既有移动又有转动。所以，力偶不能用一个力来等效代替，即力偶不能简化为一个力。

如前所述，力使物体绕某点的转动效应用力矩来度量。同理，力偶对物体的转动效应亦可用组成力偶的两力对某点的矩的代数和来度量。

力偶对矩心的矩仅与力 F 和力偶臂 d 的大小有关，而与矩心的位置无关，即力偶对刚体的转动效应只取决于力偶中力的大小和二力之间的垂直距离（力偶臂）。因此用乘积 $F \cdot d$ 并冠以适当的正负号来度量力偶对刚体的转动效应，称为力偶矩，以 M 表示，即

$$M = \pm F \cdot d$$

力偶矩是一个代数量，其正负号规定是：力偶逆时针转动为正，反之为负。力偶矩的单位与力矩的单位相同。力偶的另一种表达形式如图 2.6 所示。

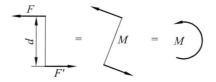

图 2.6　力偶的表达形式

2．力偶的性质

（1）力偶无合力，它在任一坐标轴上的投影等于零，如图 2.7 所示。

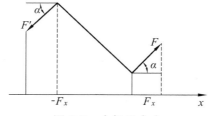

图 2.7　力偶无合力

（2）力偶对其作用面内任一点之矩等于力偶矩，与矩心位置无关，如图 2.8 所示。

$$M_o(F) + M_o(F') = F(x+d) - F'x = Fd = M$$

（3）力偶的等效性：同一平面内力偶矩大小相等，转向相同的两力偶对刚体的作用等效，如图 2.9 所示。

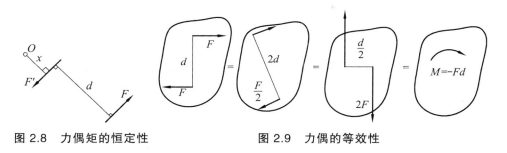

图 2.8　力偶矩的恒定性　　　　　　图 2.9　力偶的等效性

二、静力学公理

1. 二力平衡公理

作用在刚体上的二力使刚体平衡的充要条件是：大小相等、方向相反、作用在一条直线上，简称"等值、反向、共线"。

二力平衡公理揭示力作用于物体上最简单的力系平衡时所应满足的条件，如图 2.10（a）所示，矢量等式为 $F_1 = -F_2$。

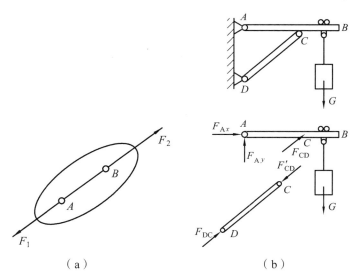

（a）　　　　　　　　　　　　　（b）

图 2.10　二力平衡

满足以上条件的构件，称为二力构件。若为杆件，则称为二力杆，如图 2.10（b）所示的 CD 杆即为二力杆。

2. 加减平衡力系公理

在作用于刚体的任意力系中加上或减去任何一个平衡力系，并不改变原力系对刚体的作用效应。这一公理是研究力系等效变换的理论基础。

必须指出，力的可传性原理仅适用于刚体。对于需要考虑变形的物体，力不能沿其作用线移动，因为移动后将改变物体内部的受力和变形情况。例如，图2.11所示的AB杆，原来受两拉力作用而产生拉伸变形[见图2.11(a)]；若将两力沿着作用线分别移至杆的另一端[见图2-11(b)]，杆将受压而产生压缩变形。

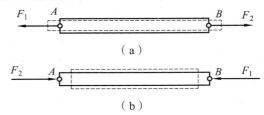

（a）

（b）

图2.11　力的可传性原理对须考虑变形的物体不适用

推论：力的可传性——作用于刚体上的力可沿其作用线移至同一刚体内任意一点，并不改变该力对刚体的作用效应。

3. 作用力与反作用力定律

两个物体间相互作用的一对力，总是大小相等、方向相反、作用线相同，并分别而且同时作用于这两个物体上。

这个定律概括了任何两个物体间相互作用的关系。有作用力，必定有反作用力；反过来，没有反作用力，也就没有作用力。两者总是同时存在，又同时消失。因此，力总是成对地出现在两相互作用的物体上。二力平衡公理和作用力与反作用力定律之间的区别：前者是对一个物体而言的，而后者则是对物体之间而言的。

4. 力的平行四边形法则

作用于物体上某一点的两力，可以合成为一个合力，合力亦作用于该点上，合力的大小和方向可由这两个力为邻边所构成的平行四边形的对角线确定，如图2.12所示，即

$$F_R = F_1 + F_2$$

推论：三力平衡汇交定理——当刚体受三力作用而平衡时，若其中两力作用线相交于一点，则第三力作用线必通过两力作用线的交点，且三力的作用线在同一平面内。

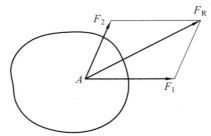

图2.12　平行四边形法则

三、工程中常见的约束类型及其约束反力

在工程实际中，每个构件都以一定的形式与周围物体相互连接，因而其运动受到一定的限制。凡是对物体运动起限制作用的周围物体，就称为对物体的约束。例如，放在地面上的物体，其向下的运动受到地面的限制，地面就是物体的约束。

约束之所以能限制被约束物体的运动，是因为约束对被约束物体有力的作用。约束作用于被约束物体的力称为约束反力。于是，我们可以把物体所受的力分为两类：一类是使物体产生运动或运动趋势的力，称为主动力；另一类是限制物体运动的力，即约束反力。

显然，约束反力的作用点在被约束物体与约束的接触点处，其方向与其所限制的物体运动方向相反，这是分析约束反力的基本原则。

1. 柔性体约束

工程上常见的钢丝绳、绳索、传动带、链条等，均属柔体约束。

由于是柔体，只能承受拉力、不能承受压力，所以柔体对物体的约束只能限制物体沿着柔体的中心线离开柔体的运动，而不能限制其他方向的运动。可见，柔体对物体的约束力只能是作用在接触点上、方向沿着柔体中心线背离被约束物体的拉力。这种约束力同常用 F_τ 表示，如图 2.13 所示。

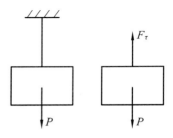

图 2.13　柔性体约束图

2. 光滑面接触约束

在研究平衡问题时，如果物体相互接触且接触面之间的摩擦力很小，与其他作用力相比可以忽略不计，则称该接触面为"光滑接触面"。

光滑接触面约束只能限制物体沿接触面的公法线而指向支承面的运动，而不能限制物体沿接触面切线方向的运动以及离开接触面的运动。因此，光滑面约束反力是作用在接触点上、沿接触点处接触面公法线指向被约束物体的压力，通常用 F_N 表示，如图 2.14 所示。

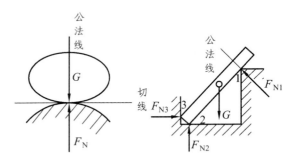

图 2.14　光滑接触面约束

3. 光滑铰链

铰链是工程上常见的一种约束。它是在两个钻有圆孔的构件之间采用圆柱定位销所形成的连接，如图 2.15 所示的剪刀和订书机。门所用的活页、铡刀与刀架、起重机的动臂与机座的连接等，都是常见的铰链连接。

（a）剪刀

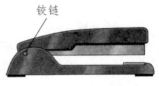
（b）订书机

图 2.15　剪刀和订书机

　　一般认为销钉与构件光滑接触，所以这也是一种光滑表面约束，约束反力应通过接触点 K 沿公法线方向（通过销钉中心）指向构件，如图 2.16（c）所示。但实际上很难确定 K 的位置，因此反力 F_N 的方向无法确定。所以，这种约束反力通常用两个通过铰链中心的大小和方向未知的正交分力 F_x、F_y 来表示，两分力的指向可以任意设定，如图 2.16（d）所示。

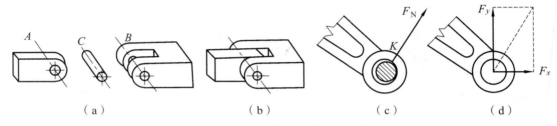
（a）　　　　　　　　（b）　　　　　　　　（c）　　　　　　　　（d）

图 2.16　光滑铰链及其受力分析

　　铰链约束在工程上应用广泛，可分为三种类型：

（1）固定铰链支座。

　　用于将构件和基础连接，如桥梁的一端与桥墩连接时，常用这种约束，如图 2.17（a）所示，图 2.17（b）所示为这种约束的简图。

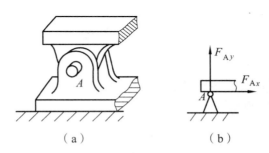
（a）　　　　　　　　（b）

图 2.17　固定铰链

（2）中间铰链。

　　用来连接两个可以相对转动但不能移动的构件，如曲柄连杆机构中曲柄与连杆、连杆与滑块的连接。通常在两个构件连接处用一个小圆圈表示铰链，如图 2.18（c）所示。

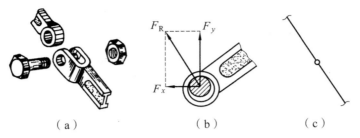

（a）　　　　　　（b）　　　　　　（c）

图 2.18　中间铰链

（3）活动铰链支座。

在桥梁、屋架等结构中，除了使用固定铰支座外，还常使用一种放在几个圆柱形滚子上的铰链支座，这种支座称为滚动铰支座，也称为辊轴支座，它的构造如图 2.19 所示。由于辊轴的作用，被支承构件可沿支承面的切线方向移动，故其约束反力的方向只能在滚子与地面接触面的公法线方向。

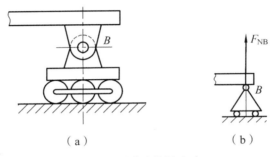

（a）　　　　　　　　（b）

图 2.19　活动铰链支座

4. 轴承约束

轴承是机器中常见的一种约束，它的性质与铰链约束性质相同，只是在这里轴本身是被约束的物体。

（1）向心轴承。

向心轴承也是一种固定铰支座约束，如图 2.20（a）所示，其力学符号如图 2.20（b）所示。

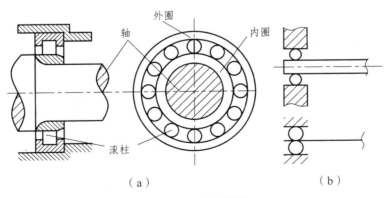

（a）　　　　　　　　　　（b）

图 2.20　向心轴承

向心轴承在受力分析上与光滑圆柱销钉连接相同。如图 2.21 所示转轴的轴颈受到约束反力 R 的作用，约束反力 R 的作用线在垂直于轴线的对称平面内，其方向不能预先确定，故采用两个正交分力 X、Y 表示。

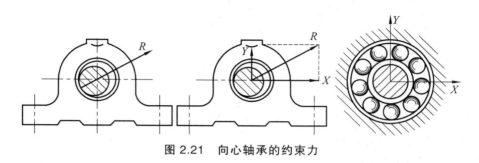

图 2.21　向心轴承的约束力

（2）推力轴承。

如图 2.22（a）所示，除了与向心轴承一样具有作用线不定的径向约束力外，由于限制了轴的轴向运动，因而还有沿轴线方向的约束反力，如图 2.22（b）所示，其力学符号如图 2.22（c）所示。

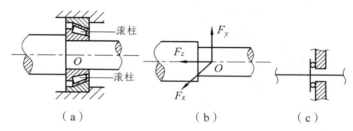

图 2.22　推力轴承

5. 固定端约束

物体的一部分固嵌于另一物体所构成的约束称为固定端约束。

固定端约束实例：房屋阳台[见图 2.23(a)]、车刀刀架[见图 2.23(b)]及卡盘上的工件[图 2.23(c)]等。

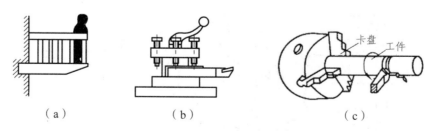

图 2.23　固定端约束实例

固定端约束的受力情况如图 2.24 所示。特点：固定端约束限制物体在约束处沿任何方向的移动以及在约束处的转动。

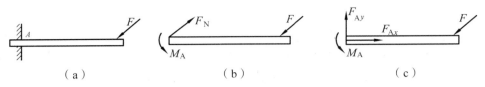

图 2.24　固定端约束的受力情况

固定端约束方向：一个约束力 F 和一个约束力偶 M_A，如图 2.24（b）所示。由于 F_N 的方向往往不定，故常用两个正交分力 F_{Ax}、F_{Ay} 表示，如图 2.24（c）所示。F_N 限制物体的移动，力偶 M_A 限制物体的转动。

四、物体的受力分析及受力图

在研究静力平衡问题时，首先要弄清楚的两个关键问题是：

1. 研究对象

研究对象需要根据题意或已知条件去确定。研究对象可以是单个物体、几个物体的组合及整个系统。

2. 受力分析

即进行研究对象的受力分析，明确各个力的性质、方向、是否已知等。

画受力图的步骤可概括如下：

（1）取出分离体，单独画出。

根据题意选取研究对象，并用尽可能简明的轮廓把它单独画出，即取分离体。切记：在明确研究对象之后，要将它与相联系的其他物体隔离开来，解除全部约束，单独画出其简图。

（2）画出主动力。

一定要明确反力是哪个施力物体施加的，决不可凭空产生。

（3）画出约束力。

要特别注意作用力与反作用力的关系。作用力一经假设，则反作用力的方向必须与之相反；在画某一物体的受力图时，不要把它对周围物体的力画上去。如研究对象是几个物体组成的系统，则物体与物体之间的力是内力，它成对出现，组成平衡力系，故不必画出。

例 2.2　均质球重 G，用绳系住，并靠于光滑的斜面上，如图 2.25（a）所示。试分析球的受力情况，并画出受力图。

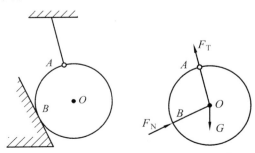

图 2.25

23

解： ① 确定球为研究对象。

② 画出主动力 G，约束反作用力 F_T 和 F_N，如图 2.25（b）所示。

例 2.3 水平梁 AB 两端分别由固定铰链支座和活动铰链支座支承，在 C 处作用一力 F，如图 2.26（a）所示。若梁自重不计，试画出梁 AB 的受力图。

解： ① 取梁 AB 为研究对象。

② 画出主动力 F，约束反力 F_A 和 F_{NB}，如图 2.26（c）所示。

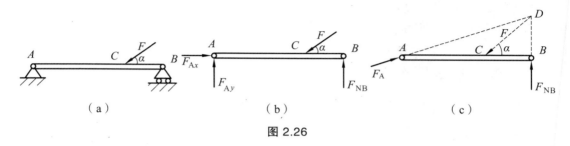

图 2.26

例 2.4 重力为 P 的圆球放在板 AC 与墙壁 AB 之间，如图 2.27（a）所示。设板 AC 重力不计，试作出板与球的受力图。

解： ① 先取球为研究对象，作出简图。球上主动力为 P，约束反力有 F_{ND} 和 F_{NE}，均属光滑面约束的法向反力。受力图如图 2.27（b）所示。

② 再取板作研究对象。由于板的自重不计，故只有 A、C、E 处的约束反力。其中，A 处为固定铰支座，其反力可用一对正交分力 F_{Ax}、F_{By} 表示；C 处为柔索约束，其反力为拉力 F_T；E 处的反力为法向反力 F'_{NE}，要注意该反力与球在处所受反力 F_{NE} 为作用与反作用的关系。受力图如图 2.27（c）所示。

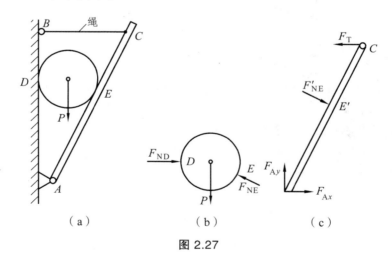

图 2.27

通过以上各例题的分析，可将画分离体和受力图应注意的问题总结如下：

（1）不要漏画力：除重力、电磁力外，物体之间只有通过接触才有相互机械作用力，要分清研究对象（受力体）都与周围哪些物体（施力体）相接触，力的方向由约束类型而定。

（2）不要多画力：要注意这里的力是物体之间的相互机械作用产生的。因此对于受力体所受的每一个力，都应能明确地指出它是哪一个施力体施加的。

（3）不要画错力的方向：约束反力的方向必须严格地按照约束的类型来画，不能单凭直观或根据主动力的方向来简单推想。在分析两物体之间的作用力与反作用力时，要注意，作用力的方向一旦确定，反作用力的方向也随之确定（与之相反），不要把箭头方向画错。

（4）受力图上不能再带约束，即受力图一定要画在分离体上。

（5）受力图上只画外力，不画内力。一个力属于外力还是内力，因研究对象的不同，有可能不同。当物体系统拆开来分析时，原系统的部分内力，就成为新研究对象的外力。

（6）同一系统各研究对象的受力图必须整体与局部一致，相互协调，不能相互矛盾。某一处的约束反力的方向一旦设定，则在整体、局部或单个物体的受力图上要与之保持一致。

（7）正确判断二力构件。

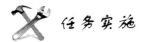 任务实施

一、任务：分析一级圆柱齿轮减速器低速轴的受力

齿轮减速器按减速齿轮的级数可分为单级、二级、三级和多级减速器几种；按轴在空间的相互配置方式可分为立式和卧式减速器两种；按运动简图的特点可分为展开式、同轴式和分流式减速器等。单级圆柱齿轮减速器的最大传动比一般为 8～10，这样做是为了避免外廓尺寸过大。若要求 $i>10$ 时，就应采用二级圆柱齿轮减速器。

减速器的分解图以及低速轴和高速轴的结构图分别如图 2.28、2.29、2.30 所示。

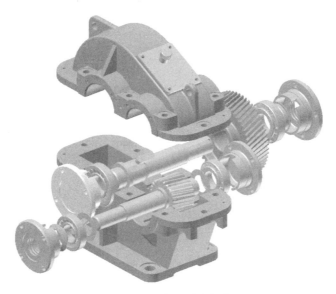

图 2.28　减速器分解图

25

图 2.29　低速轴　　　　　　　　　　　图 2.30　高速轴

　　小齿轮与轴制成一体，称为齿轮轴，这种结构用于齿轮直径与轴的直径相差不大的情况下。如果轴的直径为 d，齿轮齿根圆的直径为 d_f，则当 $d_f - d \leqslant 6 \sim 7$ mm 时，应采用这种结构；而当 $d_f - d > 6 \sim 7$ mm 时，采用齿轮与轴分开为两个零件的结构，如低速轴与大齿轮。此时齿轮与轴的周向固定平键联接，轴上零件利用轴肩、轴套和轴承盖作轴向固定，两轴均采用了深沟球轴承。这种组合适用于承受径向载荷和不大的轴向载荷的情况。当轴向载荷较大时，应采用角接触球轴承、圆锥滚子轴承或深沟球轴承与推力轴承的组合结构。

　　本任务中所用减速器采用的是斜齿圆柱齿轮传动，对于斜齿圆柱齿轮，其相互作用为圆周力、轴向力和径向力如图 2.31 所示。

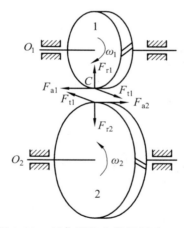

图 2.31　斜齿圆柱齿轮的受力

　　本任务所用减速器中的低速轴的支承轴承为圆锥滚子轴承，其约束力参考图 2.22 推力轴承的受力。由以上分析即可作出减速器低速轴的受力图。

二、任务要求

（1）了解一级圆柱齿轮减速器低速轴的结构及功用；
（2）分析一级圆柱齿轮减速器低速轴所受的主动力；
（3）分析一级圆柱齿轮减速器低速轴所受的约束并画出约束力。

三、任务所需的实验设备

齿轮减速器。

四、任务实施步骤

（1）拆卸。
① 了解所拆卸的减速器的机构；
② 拟定拆卸的步骤；
③ 准备拆卸工具；
④ 在指导老师的指导下有步骤地进行拆卸；
⑤ 观察减速器低速轴的结构和功能
（2）根据力学模型绘受力图。

任务三　一级圆柱齿轮减速器
低速轴支承轴承约束力求解

任务目标

（1）能求解平面一般力系的平衡并掌握其平衡方程。
（2）能绘制轴承的约束力。
（3）能求解空间力系的平衡。

任务引入

所有力的作用线均处于同一平面内的力系，称为平面力系。在工程实际中普遍存在平面力系的问题，而且在很多结构和构件中，其结构与受力具有相同的对称面，所受的空间力系仍可以简化为对称面内的平面力系。研究平面力系既概括地研究了平面内的各种特殊力系，也有助于研究空间任意力系。因此，本任务是静力学理论的重点。

在任务二中，我们学习了约束的类型以及如何正确绘制物体的受力图，但是我们会面临这样两个问题：第一，如何求解约束力；第二，如何求解作用在物体上的外载荷，这就涉及如何求解物体的平衡问题。那么，什么是平衡条件？如何列出物体的平衡方程？平面力系的平衡条件与空间力系的平衡方程有什么不同？

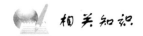

一、力在坐标轴上的投影

过 F 两端向坐标轴引垂线得到垂足 a、b、a'、b'，如图 3.1 所示。线段 ab 和 $a'b'$ 分别为 F 在 x 轴和 y 轴上投影的大小，投影的正负号规定为：从 a 到 b（或从 a' 到 b'）的指向与坐标轴正向相同为正，相反为负。F 在 x 轴和 y 轴上的投影分别计作 F_x、F_y。

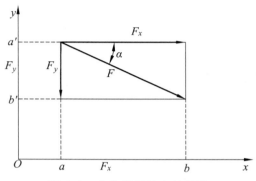

图 3.1 力在坐标轴上的投影

若已知 F 的大小，且与 x 轴所夹的锐角 α ，则

$$\left.\begin{array}{l}F_x = F\cos\alpha \\ F_y = -F\sin\alpha\end{array}\right\}$$

如将 F 沿坐标轴方向分解，所得分力 F_x、F_y 的值与在同轴上的投影 F_x、F_y 相等。但须注意，力在轴上的投影是代数量，而分力是矢量，不可混为一谈。

若已知 F_x、F_y 值，则可求出 F 的大小和方向，即

$$\left.\begin{array}{l}F = \sqrt{F_x^2 + F_y^2} \\ \tan\alpha = \left|F_y/F_x\right|\end{array}\right\}$$

二、平面汇交力系的平衡

1. 平面汇交力系的平衡方程

平面汇交力系的平衡条件是：力系中所有各力在任选的两坐标轴上投影的代数和分别等于零，即

$$\begin{cases}\Sigma F_x = 0 \\ \Sigma F_y = 0\end{cases}$$

上式称为平面汇交力系的平衡方程。这是两个独立的方程，可求解两个未知量。

2. 平面汇交力系的平衡求解实例

例 3.1　图 3.2（a）所示为一简易起重机。利用绞车和绕过滑轮的绳索吊起重物，其重力 G = 20 kN，各杆件与滑轮的重力不计。滑轮 B 的大小可忽略不计，试求杆 AB 与 BC 所受的力。

解：　① 取节点 B 为研究对象，画其受力图，如图 3.2（b）所示。由于杆 AB 与 BC 均为两力构件，因此，对 B 的约束反力分别为 F_1 与 F_2，滑轮两边绳索的约束反力相等，即 $T = G$。

② 选取坐标系 xBy。

③ 列平衡方程式求解未知力。

$$\sum F_x = 0, F_2\cos30° - F_1 - T_1\sin30° = 0 \tag{3.1}$$

$$\sum F_y = 0, F_2\sin30° - T_1\cos30° - G = 0 \tag{3.2}$$

由式（3.2）得　　　　　　　　　　　　$F_2 = 74.6$ kN

代入式（3.1）得　　　　　　　　　　　$F_1 = 54.6$ kN

由于此两力均为正值，说明 F_1 与 F_2 的方向与图示一致，即 AB 杆受拉力，BC 杆受压力。

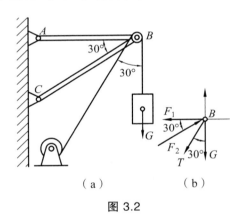

（a）　　　　　　　（b）

图 3.2

三、平面平行力系的平衡

1. 平面平行力系的平衡方程

由于平面平行力系中各力均平行，所以建立直角坐标系时，可选择某坐标轴与各力平行，则另一坐标轴与各力垂直，力在该轴上的投影力为零，因此平面平行力系的平衡条件为：各力在力平行的坐标轴上投影的代数和为零，各力对平面内任意一点的力矩代数和为零，即

$$\begin{cases} \sum F = 0 \\ \sum M_o(F) = 0 \end{cases}$$

上式称为平面平行力系的平衡方程。这是两个独立的方程，可求解两个未知量。

2. 平面平行力系的平衡求解实例

例 3.2 如图 3.3 所示为起重机简图。已知：$G = 700 \text{ kN}$，最大起重量 $G_1 = 200 \text{ kN}$，试求保证起重机满载和空载时不翻倒的平衡块重。

解： 取起重机为研究对象，画出起重机的受力图，如图 3.3（b）所示。

① 满载时（$G_1 = 200 \text{ kN}$）。

若平衡块过轻，则会使机身绕点 B 向右翻到，因此须配一定重量的平衡块。在临界状态下，点 A 悬空，$F_A = 0$，平衡块重应为 $G_{2\min}$。

由 $\sum M_B(F) = 0$，得

$$G_{2\min} \times (6 + 2) - G \times (4 - 2) - G_1 \times (12 + 2) = 0$$

解得 $G_{2\min} = 525 \text{ kN}$

② 空载时（$G_1 = 0$）。

此时与满载情况不同，在平衡块作用下，机身可能绕点 A 向左翻到，在临界状态下，点 B 悬空，$F_B = 0$，平衡块重应为 $G_{2\max}$。

由 $\sum M_A(F) = 0$ 得

$$G_{2\max} \times (6 - 2) - G \times (4 + 2) = 0$$

解得 $G_{2\max} = 1\ 050 \text{ kN}$。

由以上计算可知，为保证起重机安全，平衡块必须满足下列条件：

$$525 \text{ kN} < G_2 < 1\ 050 \text{ kN}$$

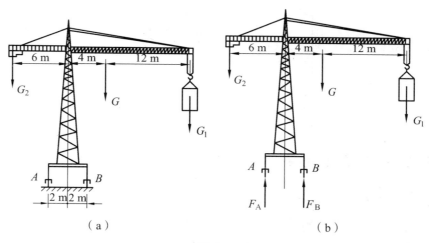

图 3.3

四、平面任意力系的平衡

1. 平面任意力系的平衡方程

平面任意力系的平衡条件是：力系中各力在作用面内两个直角坐标轴上投影的代数和等

于零，力系中各力对于平面内任意点之矩的代数和也等于零。其平衡方程有以下三种形式：

（1）基本形式。

由上面的平衡条件可知，平面任意力系的平衡方程的基本形式为

$$\begin{cases} \sum F_x = 0 \\ \sum F_y = 0 \\ M_O(F) = 0 \end{cases}$$

式中，前两个为投影方程，最后一个为力矩方程。

（2）二力矩式。

$$\begin{cases} \sum M_A(F) = 0 \\ \sum M_B(F) = 0 \\ \sum F_x = 0 \end{cases}$$

式中，前两个为力矩方程，最后一个为投影方程。注意：x 轴不垂直于 A、B 两点连线。

（3）三力矩式。

$$\begin{cases} \sum M_A(F) = 0 \\ \sum M_B(F) = 0 \\ \sum M_C(F) = 0 \end{cases}$$

式中，三个方程均为力矩平衡方程。注意：A、B、C 三点不能共线。

2. 平面任意力系的解题步骤

（1）确定研究对象，画出受力图。

应取有已知力和未知力作用的物体，画出其分离体的受力图。

（2）列平衡方程并求解。

适当选取坐标轴和矩心。若受力图上有两个未知力互相平行，则可选垂直于此二力的坐标轴，列出投影方程；若不存在两未知力平行，则选任意两未知力的交点为矩心列出力矩方程，先行求解。一般水平和垂直的坐标轴可画可不画，但倾斜的坐标轴必须画。

3. 平面任意力系的平衡求解实例

例 3.3 绞车通过钢丝牵引小车沿斜面轨道匀速上升，如图 3.4（a）所示。已知小车重 $P = 10$ kN，绳与斜面平行，$\alpha = 30°$，$a = 0.75$ m，$b = 0.3$ m，不计摩擦。求钢丝绳的拉力及轨道对车轮的约束反力。

解：① 取小车为研究对象，画出受力图，如图 3.4（b）所示。小车上作用有重力 P，钢丝绳的拉力 F_T，轨道在 A、B 处的约束反力 F_{NA} 和 F_{NB}。

② 取图示坐标系，列平衡方程

$$\sum F_x = 0, \quad -F_T + P\sin\alpha = 0$$

$$\sum F_y = 0, \quad F_{NA} + F_{NB} - P\cos\alpha = 0$$

$$\sum M_O(F) = 0, \quad F_{NB}(2a) - Pb\sin\alpha - Pa\cos\alpha = 0$$

解得 $F_T = 5$ kN，$F_{NB} = 5.33$ kN，$F_{NA} = 3.33$ kN

联立求解平衡方程得

$$F_{CD} = 13.2 \text{ kN（拉力）} F_{AX} = 11.43 \text{ kN}$$

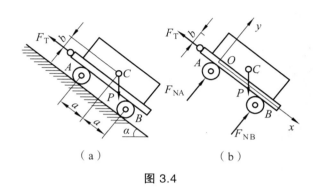

（a）　　　　　　　（b）

图 3.4

五、空间力系

空间力系是物体受力的最一般情况，平面一般力系是平面力系中的一般情况，却是空间力系的特殊情形。

空间力系是指力系中各力作用线在空间任意分布的力系，可分为空间汇交力系、空间平行力系、空间力偶系和空间一般力系。空间力系的平衡问题将采用类似于平面力系的方法进行讨论。

（一）力在空间坐标轴上的投影

解决空间力系的平衡问题时，同样需要求各力在坐标轴上的投影。这一概念是力在平面直角坐标系中投影的推广，只表示力在坐标轴上分力的数值大小，不涉及方向、作用点等因素。

1. 直接投影法

在解决实际问题时，一般从计算简便出发建立直角坐标系，以力的作用点 O 为原点。当已知力 F 与 x、y、z 轴的夹角 α、β、γ 时，可求得 F 在三轴上投影为

$$\left.\begin{array}{l} F_x = F\cos\alpha \\ F_y = F\cos\beta \\ F_z = F\cos\gamma \end{array}\right\}$$

式中，α、β、γ 称为方向角，如图 3.5 所示。

规定：力的投影方向与坐标轴正向一致时取正号；反之，取负号。

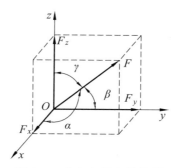

图 3.5　力在空间直接投影

2. 二次投影法

计算力 F 在 x 轴和 y 轴上的投影时，先将力 F 投影到 xy 平面上得 F_{xy}（力在平面上的投影规定为矢量），然后再将 F_{xy} 投影到 x 轴和 y 轴上。此方法称为力的二次投影法。在图 3.6 中，力 F 在三轴上的投影为

$$\left.\begin{array}{l} F_x = F\sin\gamma\cos\varphi \\ F_y = F\sin\gamma\cos\varphi \\ F_z = F\cos\gamma \end{array}\right\}$$

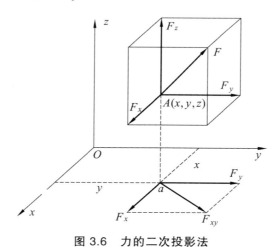

图 3.6　力的二次投影法

（二）力对轴之矩

1. 概　念

在平面力系中，衡量力使物体的转动效应是用力对点的矩来表示的。实际上，力对点的矩是指力系中各力对垂直于平面的轴之矩，如图 3.7 所示。

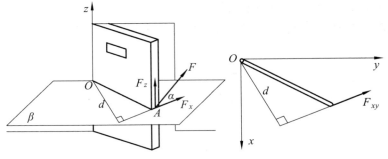

图 3.7 力对点之距的概念和实例

如图 3.8 所示,当 F 作用于门上时,如果力 F 的作用线与轴平行[见图 3.8(a)],或与轴相交[见图 3.8(b)],则无论力 F 多大都无法使门转动。只有当力 F 与门轴不平行又不相交时,才真正起到推门的作用,使门绕轴转动。这时力 F 越大,F 作用线与轴距离 h 越大,则转动效果越明显。

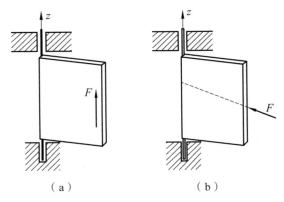

（a）　　　　　　　　　（b）

图 3.8　门的受力

因此可得到如下结论:空间力使物体转动的效应取决于三个因素——力的大小,力对转轴间的距离,力的方向。

由上述分析可知,力对轴之矩为零的条件为:力的作用线与轴平行或力的作用线与轴相交。上述条件可概括为:当力的作用线与轴共面时,力对轴之矩为零。

力对轴之矩的正负号可用右手定则来判断,规定如下:右手四指绕向表示力使物体绕 z 轴的转向,大拇指指向与 z 轴正向一致时为正,反之为负,如图 3.9 所示。

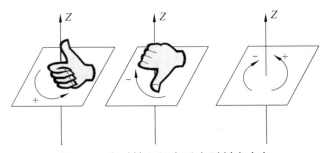

图 3.9　力对轴之矩右手定则判定方向

2. 合力矩定理

空间力系的合力 F_R 对某一轴之矩等于力系中各分力对同一轴之矩的代数和。

$$
\left.
\begin{aligned}
M_x(\boldsymbol{F}_R) &= M_x(\boldsymbol{F}_1) + M_x(\boldsymbol{F}_2) + \cdots + M_x(\boldsymbol{F}_n) = \sum M_x(\boldsymbol{F}) \\
M_y(\boldsymbol{F}_R) &= M_y(\boldsymbol{F}_1) + M_y(\boldsymbol{F}_2) + \cdots + M_y(\boldsymbol{F}_n) = \sum M_y(\boldsymbol{F}) \\
M_z(\boldsymbol{F}_R) &= M_z(\boldsymbol{F}_1) + M_z(\boldsymbol{F}_2) + \cdots + M_z(\boldsymbol{F}_n) = \sum M_z(\boldsymbol{F})
\end{aligned}
\right\}
$$

3. 力对轴之矩的解析表达式

如图 3.6 所示，空间 A 点作用力 F，其坐标为 x、y、z，F 沿 x、y、z 轴的分量分别为 F_x、F_y、F_z，则力 F 对三轴之矩分别是

$$
M_x(F) = F_z y - F_y z
$$

$$
M_y(F) = F_x z - F_z x
$$

$$
M_z(F) = F_y x - F_x y
$$

（三）空间一般力系的平衡条件

运用力的平移规律，同样可将空间力系向任一点简化，得到一个空间汇交力系和一个空间力偶系，并可推导出空间力系的平衡条件是：力系中各分力在三个坐标轴上投影的代数和分别为零，同时各力对三轴之矩的代数和也等于零，即

$$
\left.
\begin{aligned}
\sum F_x &= 0 \\
\sum F_y &= 0 \\
\sum F_z &= 0 \\
\sum M_x(F) &= 0 \\
\sum M_y(F) &= 0 \\
\sum M_z(F) &= 0
\end{aligned}
\right\}
$$

利用空间力系的平衡条件，可求解静力学平衡问题中的六个未知量。空间力系平衡条件的三种特殊情况如下：

1. 空间汇交力系

各力作用线交于一点 O，以 O 为原点建立坐标系，则有 $\sum M_x \equiv 0$，$\sum M_y \equiv 0$，$\sum M_z \equiv 0$。因此，其平衡方程为

$$
\left.
\begin{aligned}
\sum F_x &= 0 \\
\sum F_y &= 0 \\
\sum F_z &= 0
\end{aligned}
\right\} \tag{3.3}
$$

2. 空间平行力系

设各力与 z 轴平行，则有 $\sum F_x \equiv 0$，$\sum F_y \equiv 0$，$\sum M_z(F) = 0$，则平衡方程为

$$
\left.
\begin{array}{l}
\sum F_z = 0 \\
\sum M_x(F) = 0 \\
\sum M_y(F) = 0
\end{array}
\right\}
\tag{3.4}
$$

3. 空间力偶系

力偶中各力等值、反向，有 $\sum F_x \equiv 0$，$\sum F_y \equiv 0$，$\sum F_z \equiv 0$，则平衡方程为

$$
\left.
\begin{array}{l}
\sum M_x(F) = 0 \\
\sum M_y(F) = 0 \\
\sum M_z(F) = 0
\end{array}
\right\}
\tag{3.5}
$$

在解决空间力系平衡为题时，与平面力系基本相同，首先要确定图形中三条相互垂直的基准线 x、y、z 轴，从图中想象物体的立体结构形状，并判断图中各力的作用线方位。当物体受力复杂时，可分 xOz、yOz、xOy 三个坐标面分别求解，将空间问题转化为平面问题来解决。

例 3.4　如图 3.10 所示，已知镗刀杆刀头上受切削力 $F_z = 500$ N，径向力 $F_x = 150$ N，轴向力 $F_y = 75$ N，刀尖位于 Oxy 平面内，其坐标 $x = 75$ mm，$y = 200$ mm。工件重量不计，试求被切削工件左端 O 处的约束反力。

解：取镗刀杆为研究对象，则受力如图 3.10 所示。

则平衡方程为

$$\sum F_x = 0，\quad -F_x + F_{Ox} = 0$$

$$\sum F_y = 0，\quad -F_y + F_{Oy} = 0$$

$$\sum F_z = 0，\quad -F_z + F_{Oz} = 0$$

$$\sum M_x = 0，\quad -F_z \cdot 0.2 + M_x = 0$$

$$\sum M_y = 0，\quad F_y \cdot 0.075 + M_y = 0$$

$$\sum M_z = 0，\quad F_x \cdot 0.2 - F_y \cdot 0.075 + M_z = 0$$

解得 $F_{Ox} = 150$ N，$F_{Oy} = 75$ N，$F_{Oz} = 500$ N；

$M_x = 100$ N·m，$M_y = -37.5$ N·m（与原始反向），$M_z = -24.4$ N·m（与原始反向）

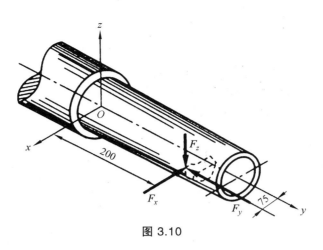

图 3.10

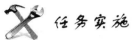

任务：求解一级圆柱齿轮减速器低速轴支承轴承的约束力

一级圆柱齿轮减速器低速轴的结构如图 2.29 所示，其力学模型如图 3.11 所示，齿轮相对轴承对称布置，也就是 $L_2 = L_3$。已知斜齿轮的分度圆直径 $d = 300$ mm，斜齿轮的圆周力 $F_t = 3\,844$ N，径向力 $F_r = 1\,427$ N，轴向力 $F_x = 767$ N，$L_2 = L_3 = 65$ mm。求解一级圆柱齿轮减速器低速轴支承轴承的约束力。

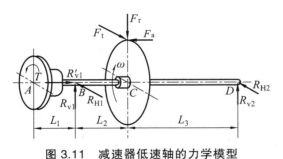

图 3.11 减速器低速轴的力学模型

任务四 一级圆柱齿轮减速器低速轴的强度校核

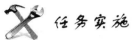

（1）能根据低速轴的受力作出其扭矩图和弯矩图。
（2）能根据扭矩图和弯矩图作出其合成弯矩和当量弯矩图。
（3）能根据强度理论校核低速轴的强度。

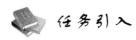

在生产实际中，各种机器设备和工程结构得到广泛应用。组成机器的零件和结构的元件，统称为构件。构件在工作时往往要承受载荷的作用，在载荷作用下，构件必然产生变形——几何形状和尺寸的改变，同时可能发生破坏。为确保构件安全可靠地工作，在设计中需考虑如下要求：

1. 应具备足够的强度

强度是指构件抵抗破坏的能力。例如，桥梁中的大梁、机械中的传动轴等均会发生因其强度不够而引起的断裂，导致结构的破坏，使结构不能正常使用，从而引起严重的后果。

2. 应具备足够的刚度

刚度是指构件抵抗变形的能力。刚度足够，才能保证在规定的使用条件下不产生过分的变形。例如，齿轮传动机构，如果受载过大，齿轮轴会产生较大的变形，使轴承、齿轮的磨损加剧，降低零件寿命，甚至使齿轮不能顺利地运转。

3. 应具备足够的稳定性

稳定性是指构件维持其原有平衡形式的能力。稳定性足够，才能保证在规定的使用条件下不产生失稳现象。例如，千斤顶支撑杆，在轴向压力过大时，有可能突然产生明显的弯曲变形，丧失直线平衡形式的稳定性，甚至弯曲折断，产生严重事故。

我们把杆件维持其强度、刚度、稳定性的能力统称为杆件的承载能力。杆件的承载能力与杆件的材料、几何形状和尺寸、受力性质、工作条件、构造等有关。

材料力学的任务就是研究构件在外力作用下的变形、受力和破坏的规律，在保证构件既安全又经济的前提下，为构件选用合适的材料，确定合理的截面形状和尺寸，提供有关强度、刚度和稳定性分析的基本理论和方法。

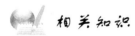 相关知识

一、杆件的基本变形和组合变形

杆件是指横向尺寸远小于纵向尺寸的构件，杆件的形状和尺寸由两个主要几何因素，即轴线和横截面决定。轴线和横截面之间存在一定关系，即轴线通过横截面的形心，横截面与轴线正交。根据轴线与横截面的特征，杆件可分为等截面杆[各横截面大小相等，如图 4.1（a）所示]和变截面杆[各横截面大小不等，如图 4.1（b）所示]，直杆[轴线为直线，如图 4.1（a）所示]和曲杆[轴线为曲线，如图 4.1（c）所示]。材料力学主要研究的对象就是材质均匀连续、各向同性的等截面直杆，即等直杆。

（a）等截面的直杆　　　　（b）变截面杆　　　　（c）曲杆

图 4.1　杆　件

（一）杆件的基本变形

1. 轴向拉伸与压缩

在杆件的两端，沿轴线作用了一对大小相等、方向相反的力，杆件将发生沿轴线方向的伸长或缩短，工程上的脚手架、屋架、铁塔中各杆均可以看作是这类杆。轴向拉伸与压缩可以分为轴向拉伸[见图 4.2(a)]、轴向压缩[图 4.2(b)]。

轴向拉压杆的纵向变形是沿轴线方向的伸长或缩短，而横向只会产生收缩或膨胀，如图 4.2 所示。

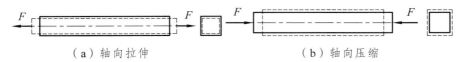

（a）轴向拉伸   （b）轴向压缩

图 4.2　轴向拉压杆的变形特征

工程实例：工程中有很多杆件受轴向力作用而产生拉伸或压缩变形。例如图 4.3（a）所示的三角架，杆 AB 受拉，杆 CB 受压；图 4.3（b）所示的立柱则是轴向压缩的实例。又如，起吊构件的钢索、斜拉桥的钢丝束、桥墩等都是轴向拉伸（压缩）的实例。

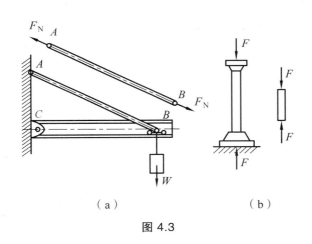

（a）　　　　　　　　　　（b）

图 4.3

2. 剪　切

在垂直于杆件轴线方向作用了一对作用线相距很近的、大小相等、方向相反的力，杆件将发生沿外力方向的相互错动，如图 4.4（c）所示。生活中我们用剪子剪东西、工程上截钢筋的设备都是剪切原理的应用。

工程实例：图 4.4（a）所示为一个铆钉连接的简图。钢板在拉力 F 的作用下使铆钉的左上侧和右下侧受力，如图 4.4（b）所示，这时，铆钉的上、下两部分将发生水平方向的相互错动，如图 4.4（c）所示。当拉力很大时，铆钉将沿水平截面被剪断，这种破坏形式称为剪切破坏。

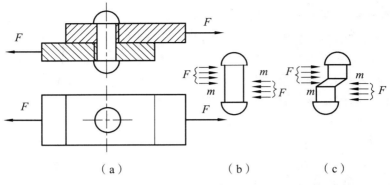

（a）　　　　　　　　　　（b）　　　　（c）

图 4.4　剪切实例

3．扭　转

在杆件的两端、垂直于杆轴线的平面内作用了一对（力偶矩）大小相等、转向相反的力偶，杆件的任意两个截面将发生绕轴线的转动，如图 4.5（a）所示。机械中的传动轴多属于这类变形。在工程实际上，杆件会因所受不同形式的外力作用而产生其他复杂的变形形式，但都可以看成是由上述两种或两种以上基本变形的组合（简称组合变形）而成的。

例如，汽车的转向轴[见图 4.5(b)]。当驾驶员转动方向盘时，相当于在转向轴 A 端施加了一个力偶，与此同时，转向轴的 B 端受到了来自转向器的阻抗力偶。于是在轴 AB 的两端受到了一对大小相等、转向相反的力偶作用，使转向轴发生了扭转变形。

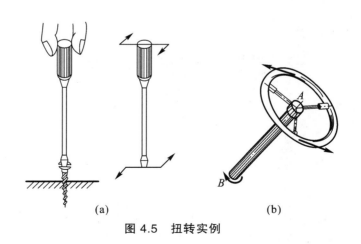

(a)　　　　　　　　　　(b)

图 4.5　扭转实例

4．弯　曲

弯曲变形是工程中最常见的一种基本变形，例如，房屋建筑中的楼面梁、阳台挑梁在荷载作用下，都将发生弯曲变形。在外力作用下或纵向平面内力偶的作用，杆件的轴线由直线变成了曲线。工程上将以弯曲变形为主要变形的杆件称为梁。

弯曲变形是工程中最常见的一种基本变形。例如，房屋建筑中的楼面梁[见图 4.6（a）]、阳台挑梁[见图 4.6（b）]等，都是以弯曲变形为主的构件。

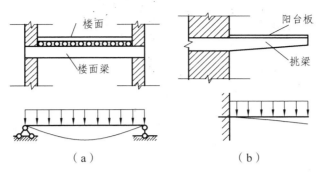

图 4.6 弯曲实例

（二）杆件的组合变形

在工程实际中，大多数构件的受力情况比较复杂，它们在外力作用下往往同时会产生两种或两种以上的基本变形。这类变形形式称为组合变形，例如，图 4.7（a）所示为小型压力机的框架。为分析框架立柱的变形，将外力向立柱的轴线简化，如图 4.7（b）所示，可见立柱承受了由 F 引起的拉伸和由 $M_e = Fa$ 引起的弯曲。这类由两种或两种以上基本变形组合的情况，称为组合变形。

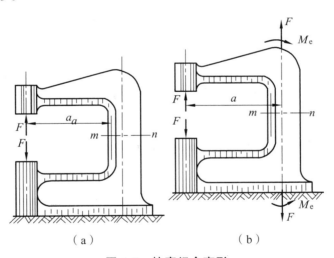

图 4.7 拉弯组合变形

图 4.7 所示的立柱发生的变形称为拉弯组合变形。图 4.8 所示的机器传动轴，在工作时其轴上齿轮受到圆周力 F_t 及径向力 F_r 的作用，使传动轴产生弯曲和扭转的组合变形。

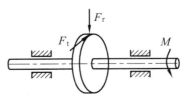

图 4.8 弯扭组合变形

二、杆件横截面上的内力求解

（一）内力的概念

由于外力的作用而引起的杆内质点分子间相互作用力的改变量，称为内力。

内力是由外力引起的，且随着外力的增大而增大，当内力达到或超过杆件的承载能力时，杆件就会丧失工作能力或被破坏。内力是与变形同时产生的，但它又有力图抵抗变形、保持物体杆件形状的特性。

（二）杆件横截面上内力的名称

当杆件受到不同外力作用时，杆件中的内力也是各不相同的。若外力一定，内力也随之可定。如图 4.9（a）所示，受空间一般力系作用时，杆件中任意截面上的分布内力也处于任意分布状态，其 $k—k$ 横截面上的内力分布如图 4.9（b）所示。若将横截面上的这些分布内力按空间一般力系的合成方法进行合成，则可以得到如图 4.9（c）所示沿坐标轴方向的三个内力分量 F_N、F_{Qy}、F_{Qz} 和绕坐标轴旋转的三个内力矩分量 T、M_y、M_z。其中：

F_N——横截面上的法向（杆件轴线方向）内力，称为轴力；

T——作用面与横截面重合的内力偶矩，称为扭矩；

F_Q——（即 F_{Qy}、F_{Qz}）是横截面上的切向（垂直于杆轴线方向）内力，称为剪力；

M——M_y、M_z 表示绕横截面形心主轴（y 轴和 z 轴）转动的内力偶矩，称为弯矩。

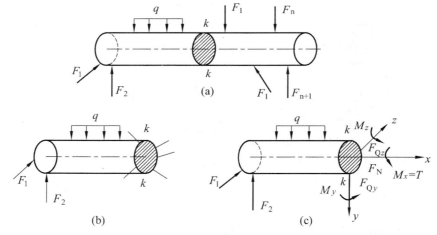

图 4.9　杆件横截面上的内力

（三）杆件横截面内力的计算方法——截面法

用一假想的截面从要求内力处将 杆件切开分成两段，取其中的任意一段为研究对象，画出其受力图，利用平衡方程，求出内力，这种方法称为截面法。

截面法其步骤可归结为下列四步：切、取、代、平。

如图 4.10（a）所示，用截面 1—1 假想地将杆件切开，取左（右）段为研究对象，受力图如图 4.10（b）、（c）所示。

由 $\sum X = 0$ 得 $N - P = 0$，所以 $N = P$。

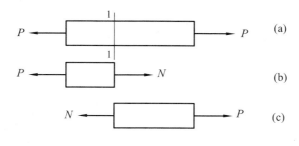

图 4.10　截面法

（四）杆件的内力方程与内力图

截面上的内力是截面位置变量 x 的函数。将表示截面内力与截面位置变量 x 间函数关系的表达式，即内力函数关系式，称为内力方程。平面力系作用下杆件横截面内力方程的基本形式为

轴力方程	扭矩方程	剪力方程	弯矩方程
$F_N = F_N(x)$	$T = T(x)$	$F_Q = F_Q(x)$	$M = M(x)$

其中，$F_N(x)$、$T(x)$、$F_Q(x)$、$M(x)$ 分别代表任意横截面的位置坐标 x 所在截面相应的轴力函数、扭矩函数、剪力函数和弯矩函数。这种被称为内力方程的内力函数表达式，可以用截面法得到。

杆件的内力图是表示整个杆件（或结构）各截面内力变化规律的图形。不同基本变形杆件中有不同的内力，当然内力图的种类也会不同。

内力图绘制的基本方法是函数法，此外还有叠加法和由内力与外力之间的微分关系来作图的简捷法。

上述四种内力之内力图坐标系规定如图 4.11 所示：以杆件轴线为基线（长度与杆长相同），建立以杆件左端点为坐标原点，以 x 为横坐标（向右为正方向），内力为纵坐标（F_N、F_Q、T 向上为正方向，M 向下为正方向）。

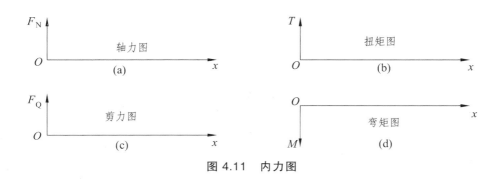

图 4.11　内力图

（五）轴向拉伸和压缩横截面上的轴力及轴力图

1. 轴 力

轴向拉伸和压缩横截面上的内力称为轴力。

背离截面的轴力称为拉力，指向截面的轴力称为压力。杆件轴线的内力称为轴力，常用符号 N 表示。通常规定：拉力为正，压力为负。轴力的单位为牛顿（N）或千牛顿（kN）。

2. 轴力图

工程上的杆件往往同时受多个外力作用，杆上不同轴段的轴力将不同，为清楚表明轴力沿杆轴线变化的情况，用平行于轴线的坐标表示横截面的位置，称为基线，垂直于杆轴线的坐标表示横截面上轴力的数值，以此表示轴力与横截面位置关系的几何图形，称为轴力图。

轴力图反映了在外力的作用下，杆件各截面上轴力的大小和方向。作轴力图时应注意以下几点：

（1）轴力图的位置应和杆件的位置相对应。

（2）根据轴力的大小，按比例画在坐标上，并在图上标出数值。

（3）将正值（拉力）的轴力图画在坐标的正向；负值（压力）的轴力图画在坐标的负向。

例 4.1 杆件受力如图 4.12（a）所示，在力 P_1、P_2、P_3 作用下处于平衡。已知 $P_1 = 25 \text{ kN}$，$P_2 = 35 \text{ kN}$，$P_3 = 10 \text{ kN}$，求杆件 AB 和 BC 段的轴力。

解： 杆件承受多个轴向力作用时，外力将杆分为几段，各段杆的内力将不相同，因此要分段求出杆的力。

（1）求 AB 段的轴力。

用 1—1 截面在 AB 段内将杆截开，取左段为研究对象[见图 4.12（b）]，截面上的轴力用 N_1 表示，并假设为拉力，由平衡方程

$$\sum X = 0$$
$$N_1 - P_1 = 0$$
$$N_1 = P_1 = 25 \text{ kN}$$

得正号，说明假设方向与实际方向相同，AB 段的轴力为拉力。

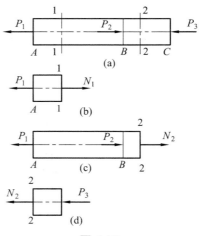

图 4.12

（2）求 BC 段的轴力。

用 2—2 截面在 BC 段内将杆截开，取左段为研究对象[见图 4.12（c）]，截面上的轴力用 N_2 表示，由平衡方程

$$\sum X = 0$$

$$N_2 + P_2 - P_1 = 0$$

$$N_2 = P_1 - P_2 = 25 - 35 = -10 \text{ (kN)}$$

得负号，说明假设方向与实际方向相反，BC 杆的轴力为压力。

例 4.2　用函数法计算图 4.13（a）所示杆件的轴力，并作出它的轴力图。

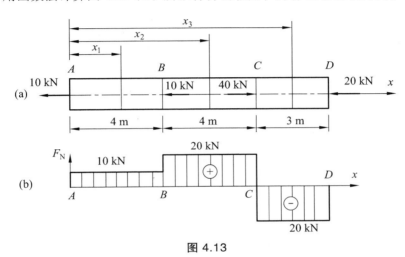

图 4.13

解： ① 用简捷法分段建立各杆段任意截面轴力的函数关系式（即轴力方程式），并求出各控制截面的轴力值：

　　AB 段　　　　　　$F_N(x_1) = 10 \text{ (kN)}$　　　　　　　　　　　　　（$0 < x_1 < 4 \text{ m}$）

　　BC 段　　　　　　$F_N(x_2) = 10 + 10 = 20 \text{ (kN)}$　　　　　　　（$4 \text{ m} < x_2 < 8 \text{ m}$）

　　CD 段　　　　　　$F_N(x_3) = 10 + 10 - 40 = -20 \text{ (kN)}$（压力）　（$8 \text{ m} < x_3 < 11 \text{ m}$）

② 建立坐标系，并按作内力图的规定作出轴力图，如图 4.13（b）所示。

（六）剪切和挤压横截面上的剪力和挤压力

1. 剪　力

剪切面上的内力可用截面法求得。假想将铆钉沿剪切面截开分为上下两部分，任取其中一部分为研究对象[见图 4.14（c）]，由平衡条件可知，剪切面上的内力 Q 必然与外力方向相反，其大小由

$$\sum F_x = 0, F - Q = 0$$

得 $Q = F$

这种平行于截面的内力 Q 称为剪力。

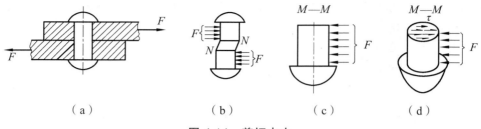

（a） （b） （c） （d）

图 4.14　剪切内力

2. 挤压力

构件在受剪切时，往往还伴随着挤压现象。图 4.15 就是铆钉孔被压成长圆孔的情况，联接件和被联接件接触面相互压紧的现象，称为挤压；产生挤压变形的接触面称为挤压面；挤压面上的压力称为挤压力，以 F_{bs} 表示。

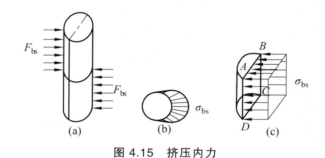

图 4.15　挤压内力

（七）圆轴扭转

1. 外力偶矩的计算

在工程实际中，作用于轴上的外力偶矩一般没有给出，而是给出轴的功率、转速与传递扭矩的关系。通过功率的有关公式及推导，可得出外力偶矩的计算公式为

$$m = 9\,550\,\frac{P}{n}$$

式中，P 为轴传递的功率，kW；n 为轴的转速，r/min；m 为作用在轴上的外力偶矩，N·m。

2. 扭　　矩

确定了作用在轴上的力偶矩后，可分析和计算轴的内力，圆轴横截面上的内力可用截面法求解。以图 4.16（a）的轴为例，设轴在外力偶矩 m_1、m_2 和 m_3 作用下处于平衡状态。现在轴的任意横截面 n—n 处将轴假想截开，如图 4.16（b）、（c）所示。取左段（或右段）为研究对象，根据力偶系的平衡条件可知，要与外力偶平衡，在 n—n 截面上所分布的内力必然构成一个力偶，并以横截面为其作用面，这个内力偶矩称为扭矩，常以 T 表示。

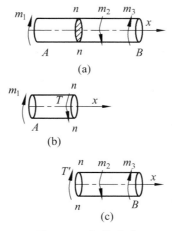

图 4.16　扭转内力

3. 扭矩符号规定

如图 4.17 所示，无论扭矩为正或为负，截面左、右两段扭转变形的转向是一致的。为了使截取不同研究对象所求得的同一截面上的扭矩数值相等，且符号也相同，可对扭矩符号作如下规定：采用右手螺旋法则，用四指表示扭矩的转向，大拇指的指向与截面的外法线方向相同时，该扭矩为正，反之为负。

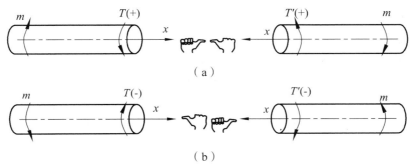

图 4.17　扭矩符号

4. 扭矩图

当轴上受多个外力偶矩时，应分段计算轴的扭矩。注意绘制扭矩图时，分段原则以相邻两个外力偶的作用面来分。

为了表示各横截面上的扭矩沿轴线的变化情况，可采用作图的办法，通常以横坐标表示截面的位置，纵坐标表示扭矩的大小，给出各截面扭矩随其位置而变化的图线，称为扭矩图。扭矩图与轴力图一样，应画在载荷图的对应位置，一目了然。

作图时，以平行于轴线的坐标 x 表示各横截面的位置，垂直于轴线的坐标 T 表示扭矩的大小。正扭矩画在 x 轴上方，负扭矩画在 x 轴下方。

例 4.3　用函数法计算下图 4.18（a）所示圆形截面扭转轴的扭矩，并作出扭矩图。

解：① 对于图 4.18（a）所示受力情况作如图 4.18（b）所示的置换（熟练后可省去此过程），则 AB、BC、CD 三轴段任意截面的扭矩表达式分别为：

AB 段　　　　　　　　　　$T(x) = -2 \ (kN \cdot m)$

BC 段	$T(x) = -2 + 4 = 2$ (kN·m)
CD 段	$T(x) = 1$ (kN·m)

② 由以上各段扭矩表达式可知，各轴段的扭矩均为常数。扭矩图如图 4.18（c）所示。

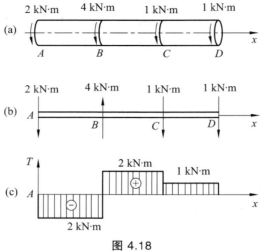

图 4.18

（八）平面弯曲

1. 平面弯曲的概念

当杆件受到垂直于杆轴的外力作用或在纵向平面内受到力偶作用时，杆轴由直线弯成曲线，这种变形称为弯曲。以弯曲变形为主的杆件称为梁。

工程中常见的梁，其横截面往往有一根对称轴，如图 4.19 所示，这根对称轴与梁轴所组成的平面，称为纵向对称平面。如果作用在梁上的外力（包括荷载和支座反力）和外力偶都位于纵向对称平面内，梁变形后，轴线将在此纵向对称平面内弯曲。

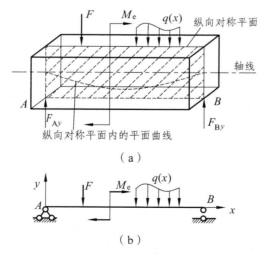

图 4.19　平面弯曲

工程中对于梁按其支座情况分为下列三种形式：

48

（1）悬臂梁：梁的一端为固定端，另一端为自由端[见图 4.20（a）]。

（2）简支梁：梁的一端为固定铰支座，另一端为可动铰支座[见图 4.20（b）]。

（3）外伸梁：梁的一端或两端伸出支座的简支梁[见图 4.20（c）]。

图 4.20

2. 用截面法计算指定截面上的剪力和弯矩

平面弯曲梁任意横截面的内力有两种：

一种是作用线垂直于梁轴线（作用于截面的切线方向）的集中力，称为剪力，用 F_Q 表示；另一种是绕通过横截面形心的水平坐标轴 z 转动的内力偶矩，称为弯矩，用 M 表示。在平面弯曲梁中，剪力 F_Q 和弯矩 M 均在荷载作用平面内。

剪力和弯矩的方向规定是：在位于梁段左端的截面上，向上的 F_Q 为正，顺时针转向的 M 为正；在位于梁段右端的截面上，向下的 F_Q 为正，逆时针转向的 M 为正。或者使所作用的梁段绕梁内任意点产生顺时针转向进的 F_Q 取正号，使梁段下侧纤维受拉时的 M 取正号。这一规定如图 4.21 所示。

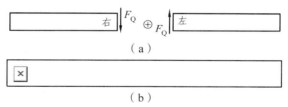

图 4.21　剪力和弯矩的正方向规定

梁横截面内力计算的基本方法是截面法。

用截面法求指定截面上的剪力和弯矩的步骤如下：

（1）计算支座反力；

（2）用假想的截面在需求内力处将梁截成两段，取其中任一段为研究对象；

（3）画出研究对象的受力图（截面上的 Q 和 M 都先假设为正的方向）；

（4）建立平衡方程，解出内力。

下面举例说明用截面法计算指定截面上的剪力和弯矩。

例 4.4　试用截面法求图示梁中 $n-n$ 截面上的剪力和弯矩，如图 4.22 所示。

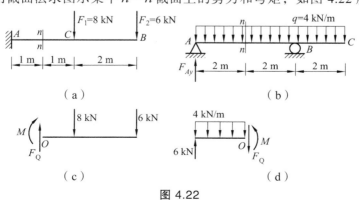

图 4.22

解：（a）将梁从 n—n 截面处截开，截面形心为 O，取右半部分研究。

$$\sum F_y = 0 : \quad F_Q - 8 - 6 = 0 , \quad F_Q = 14 \text{ kN}$$

$$\sum M_O = 0 : \quad M + 8 \times 1 + 6 \times 3 = 0 , \quad M = -26 \text{ kN·m}$$

（b）对整个梁

$$\sum M_B = 0 : \quad F_{Ay} \times 4 - 4 \times 6 \times 1 = 0 , \quad F_{Ay} = 6 \text{ kN}$$

将梁从 n—n 截面处截开，截面形心为 O，取左半部分研究。

$$\sum F_y = 0 : \quad 6 - 4 \times 2 - F_Q = 0 \qquad F_Q = -2 \text{ kN}$$

$$\sum M_O = 0 : \quad 6 \times 2 - \frac{1}{2} \times 4 \times 2^2 - M = 0 \qquad M = 4 \text{ kN·m}$$

3. 剪力图和弯矩图

为了计算梁的强度和刚度问题，除了要计算指定截面的剪力和弯矩外，还必须知道剪力和弯矩沿梁轴线的变化规律，从而找到梁内剪力和弯矩的最大值以及它们所在的截面位置。

例 4.5　作图 4.23（a）所示悬臂梁的剪力图和弯矩图。

解：（1）列剪力方程和弯矩方程。

$$F_q(x) = -P \quad 0 < x < 1$$

$$M(x) = -Px \quad 0 \leqslant x \leqslant L$$

（2）作剪力图和弯矩图。

当 $X = 0$ 时，$F_q = -P \quad M = 0$

当 $X = L$ 时，$F_q = -P \quad M = PL$

因此，剪力图如图 4.23（b）所示，弯矩图如图 4.23（c）所示。

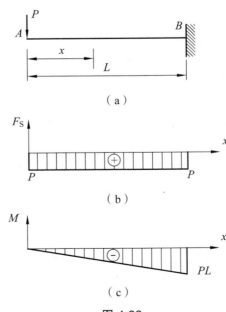

（a）

（b）

（c）

图 4.23

结论：无荷载梁段剪力图为平行线，弯矩图为斜直线。在集中力作用处，左右截面上的剪力图发生突变，其突变值等于该集中力的大小，突变方向与该集中力的方向一致；而弯矩图出现转折，即出现尖点，尖点方向与该集中力方向一致。

例 4.6 作图 4.24 所示简支梁的剪力图和弯矩图。

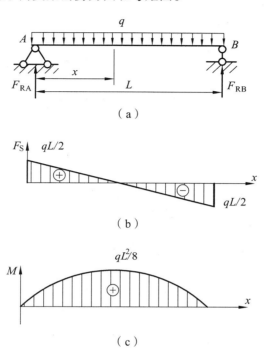

图 4.24

解：（1）求支反力。

由 $\sum M_A = 0$ 可得，$-q \times L \times \dfrac{L}{2} + R_n \times L = 0$

即 $R_B = \dfrac{1}{2}qL$

（2）列剪力方程和弯矩方程。

$$F_S(x) = R_A - qx$$
$$= \frac{1}{2}qLqx \qquad 0 < x < L$$

$$M(x) = R_A x - q \times x \times \frac{x}{2}$$
$$= \frac{1}{2}qLx - \frac{1}{2}qx^2 \qquad 0 \leqslant x \leqslant L$$

（3）作剪力图和弯矩图。

最大弯矩在 $x = L/2$ 处，其最大弯矩 $|M|_{\max} = \dfrac{1}{8}qL^2$

结论：在均布荷载作用的梁段，剪力图为斜直线，弯矩图为二次抛物线。在剪力等于零的截面上弯矩有极值。

三、杆件横截面上的应力计算

（一）应力的概念

杆件横截面上的内力集度是衡量杆件强度大小的物理量，在力学中，将杆件截面上某点的分布内力集度，称为应力。

为了研究如图 4.25（a）所示杆件截面上任意点 K 的应力，我们在此截面上围绕 K 点取一微小面积 A。设 A 上的内力集度为 F，则其比值为

$$p_m = \frac{\Delta F}{\Delta A}$$

P_m 称为 A 上的平均应力。当截面上内力的分布不均匀时，平均应力会随着 A 的大小而变化，因而 p_m 并不能确切地反映 K 点处的分布内力集度。只有当 A 趋近于零时，p_m 的极限值 p 才能代表 K 点处的内力集度，即

$$p = \lim_{\Delta A \to 0} \frac{\Delta F}{\Delta A} - \frac{dF}{dA}$$

式中，p 称为 K 点的总应力。

通常将总应力 p 用如图 4.25（b）所示的两个相互垂直的应力分量表示：一个是沿截面法线方向的应力分量，称为正应力或法向应力，用 σ 表示，且以拉为正、压为负；另一个为沿截面切线方向或平行于截面的应力分量，称为剪应力或切向应力，用 τ 表示。

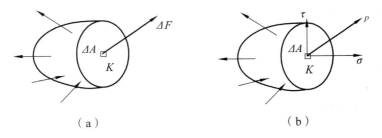

（a）　　　　　　　　　　　　　（b）

图 4.25 应　力

应力的量纲是[力]/[长度^2]，应力的单位为帕斯卡，用 Pa 表示，1 Pa = 1 N/m^2（牛/米^2）。应力的常用单位为 MPa，1 MPa = 1×10^6 Pa，显然，1 MPa = 1 MN/m^2 = 1 N/mm^2。

（二）拉（压）杆截面上的应力

假设杆件是由无数纵向线所组成，由平面假设可知，每条纵向线受拉伸（或压缩）时，其伸长（或缩短）量是相等的。由材料的均匀性假设可以得出，如果变形相同，则受力也相同，横截面上各点处的应力大小相等，其方向均垂直于横截面。

设直杆的横截面的面积为 A，轴力为 N，则该横截面上的正应力为

$$\sigma = \frac{N}{A}$$

上式表明：正应力 σ 与轴力 N 成正比，与横截面面积 A 成反比。轴向拉伸时，正应力为拉应力，拉应力为正；轴向压缩时，正应力为压应力，压应力为负。

例 4.7　计算图 4.26（a）所示轴向拉压杆的正应力。已知 $d_1 = d_3 = 20$mm，$d_2 = 14$mm。

解：（1）计算杆件各截面的轴力，作出轴力图如图 4.26（b）所示。杆件各杆段横截面上的轴力分别为

$$F_{N1} = -F_1 = -15 \text{ kN}, \quad F_{N2} = -F_1 + F_2 = 5 \text{ kN}, \quad F_{N3} = F_3 = 5 \text{ kN}$$

（2）计算杆件各横截面上的正应力。

$$A_1 = A_3 = \frac{\pi_1^2}{4} = \frac{3.14 \times 20^2}{4} = 314 \text{ mm}^2, \quad A_2 = \frac{\pi d_1^2}{4} = \frac{3.14 \times 14^2}{4} = 152.86 \text{ mm}^2$$

$$\sigma_{AB} = \frac{F_{N1}}{A_1} = \frac{-15 \times 10^3}{314} = -47.77 \text{ MPa} \quad （压应力）$$

$$\sigma_{BC} = \frac{F_{N2}}{A_2} = \frac{5 \times 10^3}{153.86} = 32.5 \text{ MPa} \quad （拉应力）$$

$$\sigma_{CD} = \frac{F_{N3}}{A_3} = \frac{5 \times 10^3}{314} = 15.92 \text{ MPa} \quad （拉应力）$$

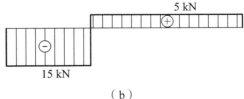

（a）

（b）

图 4.26

（三）圆轴扭转时横截面上的应力

1. 扭转变形现象

如图 4.27 所示，当圆轴 AB 所外力偶作用时，圆轴会发生如下变形：

（1）圆周线 1、2 只绕杆轴线产生相对转动，但形状、尺寸及间距并未发生变化。

（2）纵向线 ab 和 cd 均倾斜了同一角度 ϕ，称为扭转角。其中，γ 为单位长度变形角，称为剪应变。

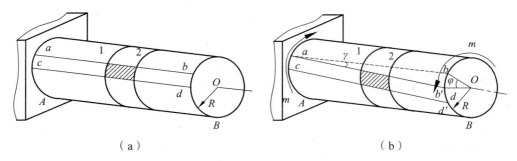

（a）　　　　　　　　　　　　（b）

图 4.27　扭转角与剪应变

2. 扭转应力应力及其分布规律

圆轴扭转时，其横截面上没有正应力，只有平行于横截面且垂直于半径并沿半径线性分布的剪应力。可以证明，在弹性变形范围内，扭转剪应力与剪应变 γ 成正比，即

$$\tau = G\gamma$$

上式称为剪切胡克定律。式中，G 是反映杆件抵抗剪切变形能力的弹性常数，称为剪切弹性模量，单位为 GPa（$1\text{GPa} = 10^9\,\text{Pa}$）。

3. 扭转剪应力计算公式：

设截面形心到任意点的距离为 ρ，截面对形心的极惯性矩为 I_p，则截面上任意点的剪应力计算公式为

$$\tau_\rho = \frac{T}{I_p}\rho$$

式中，T 为截面上的扭矩。

对图 4.28（a）、（c）所示的实心圆截面和空心圆截面，其剪应力的分布图如图分别如图 4.28（b）、（d）所示。

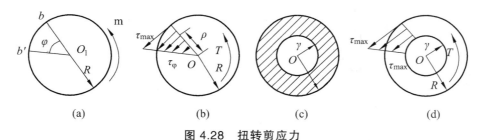

（a）　　　　　（b）　　　　　（c）　　　　　（d）

图 4.28　扭转剪应力

截面周边上各点具有最大剪应力，其计算公式为

$$\tau_{\max} = \frac{T}{I_\rho}\rho_{\max} = \frac{T}{W_p}$$

对于直径为 d 的实心圆截面，因 $I_p = \pi d^4/32$，则

$$W_T = \frac{I_p}{\rho_{\max}} = \frac{\pi d^3}{16}$$

对于外径为 D、内径为 d 的实心圆截面，因 $I_p = \pi(D^4 - d^4)/32$，$\alpha = d/D$。故

$$W_p = \frac{I_p}{\rho_{max}} = \frac{\pi}{16}D^3(1-\alpha^4)$$

例 4.8 如图 4.29 所示，圆轴的直径 $D = 50$ mm，$M_0 = 1$ kN·m，求 $\rho = 12.5$ mm 处的切应力及边缘处的最大切应力。

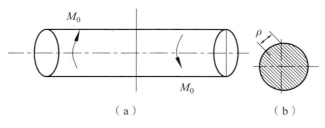

（a）　　　　　　　　　（b）

图 4.29

解： 首先 $T = M_0 = 1\,000$ N·m

求极惯性矩及抗扭截面系数：

$$I_P = \int_A \rho^2 \mathrm{d}A = \int_0^{D/2} 2\pi\rho^3 \mathrm{d}A = \frac{\pi D^4}{32} = \frac{\pi \times (50 \times 10^{-3})^4}{32}\text{m}^4 = 61 \times 10^{-8}\text{m}^4$$

$$W_P = \frac{I_P}{R} = \frac{I_P}{D/2} = \frac{\pi D^3}{16}(1-\alpha^4) = \frac{I_P}{R} = \frac{61 \times 10^{-8}}{25 \times 10^{-3}}\text{m}^3 = 24 \times 10^{-6}\text{m}^3$$

$$\tau_\rho = \frac{T}{I_P}\rho_A = \frac{1\,000}{61 \times 10^{-8}} \times 12.5 \times 10^{-3} = 20\text{ MPa}$$

$$\tau_{max} = \frac{T}{I_P}R = \frac{T}{\dfrac{I_P}{R}} = \frac{1\,000}{24 \times 10^{-6}} = 42\text{ MPa}$$

（四）纯弯曲时梁的正应力

1. 纯弯曲概念

平面弯曲中如果某梁段剪力为零，则该梁段称为纯弯曲梁段。

2. 中性层和中性轴的概念

当梁发生纯弯曲时，如图 4.30 所示。

中性层：当梁发生纯弯曲时，梁的纤维层有的变长，有的变短，其中，有一层既不伸长也不缩短，这一层称为中性层。

中性轴：中性层与横截面的交线称为中性轴。

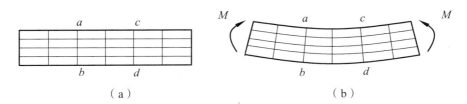

（a）　　　　　　　　　　　　（b）

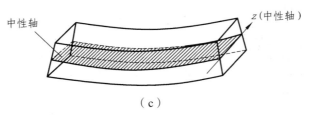

（c）

图 4.30 中性层与中性轴

如图 4.31 所示，梁纯弯曲时，以中性轴为分界线分为拉区和压区，正弯矩上压下拉，负弯矩下压上拉，正应力成线性规律分布，最大的正应力发生在上下边沿点。

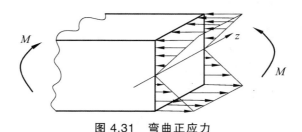

图 4.31 弯曲正应力

3. 纯弯曲时梁的正应力的计算公式

任一点正应力的计算公式为

$$\sigma = \frac{M_y}{I_z}$$

最大正应力的计算公式为

$$\sigma_{\max} = \frac{My_{\max}}{I_z} = \frac{M}{Wz}$$

式中，M 为截面上的弯矩；I_z 为截面对中性轴（z 轴）的惯性矩；y 为所求应力的点到中性轴的距离。

说明：以上纯弯曲时梁的正应力计算公式均适用于剪切弯曲。

例 4.9 对于图 4.32（a）所示 T 形截面的外伸梁，已知作用于自由端的集中荷载 $F = 20$kN。试计算其危险截面上的最大正应力，并画出其正应力分布图。

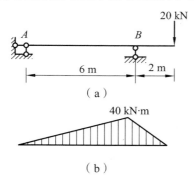

（a）

（b）

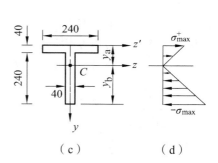

（c）

（d）

图 4.32

解：（1）作梁的弯矩图，如图 4.32（b）所示。由弯矩图可见，$M_{max} = 40 \text{ kN} \cdot \text{m}$（上侧受拉）。

（2）确定危险截面及其中性轴位置。

$$y_c = \frac{A_1 y_1 + A_2 y_2}{A_1 + A_2} = \frac{240 \times 40 \times 20 + 240 \times 40 \times 160}{240 \times 40 + 240 \times 40} = 90$$

（3）计算截面对中性轴的惯性矩，如图 4.32（c）所示。

$$\begin{aligned}
I_z &= I_{z1} + A_1 a_1^2 + I_{z2} + A_2 a_2^2 \\
&= \frac{240 \times 40^3}{12} + 240 \times 40 \times (90-20)^2 + \\
&\quad \frac{40 \times 240^3}{12} + 240 \times 40 \times (280-120-90)^2 \\
&= 1.41 \times 10^8
\end{aligned}$$

（4）计算危险截面上的最大正应力，如图 4.32（d）所示。

最大拉应力

$$\sigma_{max}^+ = \frac{M_{max}}{I_z} y_a = \frac{40 \times 10^6}{141.44 \times 10^6} \times 90 = 25.45 \text{ MPa} (拉应力)$$

最大压应力

$$\sigma_{max}^- = \frac{M_{max}}{I_z} y_b = \frac{40 \times 10^6}{141.44 \times 10^6} \times 190 = 53.73 \text{ MPa} (压应力)$$

四、构件的承载能力计算

（一）拉压杆的强度计算

1. 许用应力

杆件是由不同材料制成的，各种材料所能承受的应力是有限的，应力超过某一极值时，材料丧失正常工作能力时的应力值，称为材料的极限应力 σ_0。

在实际工程中，构件正常工作时，材料允许承担的最大应力值，称为许用应力，用 $[\sigma]$ 表示。许用应力必须低于极限应力，极限应力与许用应力的比称为安全系数 n，即

$$n = \frac{\sigma_0}{[\sigma]}$$

对于塑性材料，通常取 $\sigma_0 = \sigma_s$，得 $[\sigma] = \frac{\sigma_s}{n_s}$

对于脆性材料，通常取 $\sigma_0 = \sigma_b$，得 $[\sigma] = \frac{\sigma_b}{n_b}$

式中，n 是一个大于 1 的系数，n_s 和 n_b 分别是对应塑性材料和脆性材料时的安全系数。

各种材料在不同条件下的安全系数或许用应力值，可以从有关设计手册中查找到。在一般强度计算中，对于塑性材料，可取 $n_s = 1.5 \sim 2.0$，对于脆性材料，可取 $n_b = 2.5 \sim 3.0$。

安全系数的确定，是一个复杂的问题，通常从以下几个方面考虑：

（1）载荷确定的准确性；

（2）材料材质的均匀性；

（3）模型简化的合理性；

（4）构件的工作条件的重要性及制造的难易性等。

安全系数的选取要考虑多方面的因素，要根据具体情况确定，若安全系数取得过大，许用应力就小，需用的材料过多，会造成经济上的浪费；若安全系数过小，用料虽少，但构件的承载能力就可能不够，构件不安全。因此，安全系数的确定，是合理解决安全和经济矛盾的关键。

2. 强度计算

为了保证（压）杆具有足够的强度，必须要求其实际工作应力的最大值 σ_{max} 不能超过材料在拉伸（压缩）时的许用应力 $[\sigma]$，即

$$\sigma_{max} = \frac{N}{A} \leqslant [\sigma]$$

式中，N 和 A 分别为危险截面的轴力和截面面积。

上式称为拉（压）杆的强度条件，是拉（压）杆的强度计算的依据。产生 σ_{max} 的截面，称为危险截面，等截面直杆的危险截面位于轴力最大处，而变截面直杆的危险截面，必须综合轴力和截面来确定。

利用强度条件，可以解决以下三类问题：

（1）强度校核。根据杆件的材料、尺寸、许用应力及所受的外力，检验其是否满足强度条件的要求，即检验杆件是否被破坏。

$$\sigma_{max} = \frac{N}{A} \leqslant [\sigma]$$

（2）选择截面尺寸。如果已知杆件所受外力和许用应力，根据强度条件，由 $A \geqslant \dfrac{N_{max}}{[\sigma]}$ 可以确定杆件所需横截面面积，再根据所需截面形状计算截面尺寸。

（3）确定最大许可载荷。如果已知杆件尺寸和许用应力，根据杆件所能承受的最大载荷可用下式求出

$$N \leqslant A \cdot [\sigma]$$

在实际工程计算中，由于许用应力包含了一定的安全储备，最大工作应力 σ_{max} 超过了许用应力 $[\sigma]$ 的量在 5% 以内是允许的。

下面举例说明强度条件的具体应用。

例 4.10 图 4.33（a）所示为一三角支架，杆 AB 为圆形截面钢杆，其许用应力为 $[\sigma] = 160$ MPa；杆 AC 为方形截面木杆，许用应力为 $[\sigma]^- = 10$ MPa；作用于结点 A 的集中荷载 $F = 10$ kN。试确定杆 AB 和杆 AC 的截面尺寸。

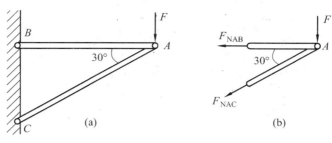

图 4.33

解：（1）用截面法取包含结点 A 的脱离体，并作受力图如图 4.33（b）所示，再由静力平衡条件求得各杆的轴力。

由

$$\begin{cases} \sum Fx = 0 \\ \sum Fy = 0 \end{cases} \begin{cases} -F_{NAC} \cos 30° - F_{NAB} = 0 \\ -F_{NAC} \sin 30° - F = 0 \end{cases}$$

解得 $F_{NAC} = -2F = -20 \text{kN}$（压力），$F_{NAB} = 17.32 \text{ kN}$（拉力）

（2）确定二杆的截面尺寸。

AB 钢杆的抗拉压能力相同，截面直径 d。

由 $\dfrac{F_{NAB}}{A_{AB}} \leqslant [\sigma] \rightarrow A_{AB} \geqslant \dfrac{F_{NAB}}{[\sigma]} \rightarrow A_{AB} = \dfrac{17.32 \times 10^3}{160} = 108.25 \text{ mm}^2$

即 $A_{AB} = \dfrac{\pi d^2}{4} = 108.25 \text{ mm}^2$ 解得 $d = 12 \text{ mm}$

AC 杆的抗拉、压能力不同，方形截面的边长为 a，则

$$\frac{F_{NAC}}{A_{AC}} \leqslant [\sigma]^- \rightarrow a^2 \geqslant \frac{F_{NAC}}{[\sigma]^-} \rightarrow a^2 = \frac{20 \times 10^3}{10} = 2\ 000 \text{ mm}^2$$

解得 $a = 44.7 \text{ mm}$，取 $a = 45 \text{ mm}$ 作为杆 AC 的边长。

（二）剪切和挤压的实用计算

1. 剪切实用计算

剪切强度条件可表示为

$$\tau = \frac{Q}{A} \leqslant [\tau]$$

式中，$[\tau]$ 为材料的许用剪应力，是由实验得出的剪切强度极限 $[\tau_b]$ 除以安全系数得出的，可从有关规范中查得。

在一般情况下，许用剪应力 $[\tau]$ 与许用正应力 $[\sigma]$ 有如下近似关系：

塑性材料：$[\tau] = （0.6 \sim 0.8）[\sigma]$

脆性材料：$[\tau] = （0.8 \sim 1.0）[\sigma]$

例 4.11　如图 4.34（a）所示，机车挂钩由插销联接，$[\tau] = 30 \text{ MPa}$，直径 $d = 20 \text{ mm}$。挂钩及被联接的板件的厚度分别为 $t = 8 \text{ mm}$ 和 $1.5\ t = 12 \text{ mm}$。牵引力 $F = 15 \text{ kN}$。试校核插销的剪切强度。

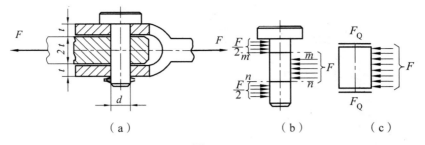

图 4.34

解：插销受力如图 4.34（b）所示。根据受力情况，插销中段相对于上、下两段，沿 m—m 和 n—n 两个面向左错动，所以有两个剪切面，称为双剪切。由平衡方程可得

$$Q = \frac{P}{2}$$

插销横截面上的剪应力为

$$\tau = \frac{Q}{A} = \frac{15 \times 10^3}{2 \times \frac{\pi}{4}(20 \times 10^{-3})^2} = 23.9 \text{ MPa} < [\tau]$$

故插销满足剪切强度要求。

2. 挤压的实用计算

挤压时，以 P 表示挤压面上传递的力，工程上同样是采用"实用计算"，即假设挤压应力在挤压面上是均匀分布的。A_{jy} 表示挤压面积，则挤压应力为

$$\sigma_{jy} = \frac{P}{A_{jy}} \leqslant [\sigma_{jy}]$$

式中，$[\sigma_{jy}]$ 为材料的许用挤压应力；A_{jy} 为挤压面积。

挤压力 P_{jy} 可根据构件相应接触部分承受的外力进行计算；挤压应力 σ_{jy} 的方向与 P_{jy} 方向相同，如图 4.35 所示。计算 σ_{jy} 时，挤压面积采用实际接触面在垂直于挤压力方向的平面上的投影面积。当挤压面为平面时，该平面的面积就是挤压面积。

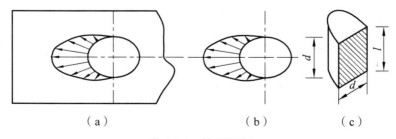

图 4.35 挤压面积

为了保证构件安全正常地工作，不产生局部的挤压变形，构件的挤压应力应不得超过许

用挤压应力$[\sigma_{jy}]$，因此挤压强度条件为

$$\sigma_{jy} = \frac{P_{jy}}{A_{jy}} \leqslant [\sigma_{jy}]$$

式中，$[\sigma_{jy}]$为材料的许用挤压应力，可从有关规范中查得。在一般情况下，许用挤压应力$[\sigma_{jy}]$与$[\sigma]$有如下近似关系：

塑性材料：$[\sigma_{jy}]$ = （1.5 ~ 2.5）$[\sigma]$

脆性材料：$[\sigma_{jy}]$ = （0.9 ~ 1.5）$[\sigma]$

注意，当构件互相接触的材料不同时，应按许用挤压应力低的材料进行挤压强度计算。

例 4.12　图 4.36（a）所示为销钉连接，t = 10 mm，作用于被连接件上的拉力 F = 20 kN，销钉材料的许用剪应力$[\tau]$ = 40 MPa，许用挤压应力$[\sigma_c]$ = 160 MPa，试确定销钉的直径 d。

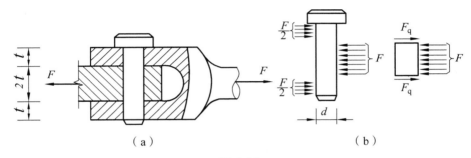

图 4.36

解：销钉的受力情况如图 4.36（b）所示，属于双剪切。

（1）确定销钉的直径 d。

$$d \geqslant \sqrt{\frac{2F}{n\pi[\tau]}} = \sqrt{\frac{2 \times 20 \times 10^{-3}}{1 \times 3.14 \times 40}} = 17.85 \text{ mm}$$

取 d = 18 mm。

（2）对销钉进行挤压强度校核。

$$\sigma_c = \frac{F_c}{A_c} = \frac{F}{dt} = \frac{20 \times 10^3}{18 \times 10} = 111.11 \text{ MPa} < 160 \text{ MPa}$$

满足强度要求，故选定的销钉直径为 18 mm。

（三）圆轴扭转时的强度计算

为了保证圆轴在扭转时能安全工作，受扭圆轴在工作时具有足够的强度，必须使轴横截面上的最大切应力不超过材料的许用切应力，即

$$\tau_{\max} = \frac{T}{W_P} \leqslant [\tau]$$

此式为圆轴扭转时的强度条件。T 是圆轴危险截面的扭矩，W_P 是抗扭截面模量。

一般危险截面，对于直轴扭矩是最大的轴。而对于阶梯轴，应该是扭矩大而抗截面系数小的截面。因为抗扭截面系数 W_P 不是常量，最大工作应力不一定发生在最大扭矩所在的截面上。要综合考虑扭矩和抗扭截面系数 W_P，按这两个因素来确定最大切应力。

许用切应力[τ]可由扭转实验测得，它与许用拉应力[σ]之间有如下近似关系：

塑性材料：[τ] = （0.5~0.6）[σ]；

脆性材料：[τ] = （0.8~1.0）[σ]

应用扭转强度条件可以解决圆轴强度计算的三类问题：校核强度、设计截面和确定许可载荷。

例 4.13 图 4.37（a）所示为阶梯圆轴，已知：$M_A = 22 \text{ kN} \cdot \text{m}$，$M_B = 36 \text{ kN} \cdot \text{m}$，$M_C = 14 \text{ kN} \cdot \text{m}$。$AB$ 段直径 $d_1 = 120 \text{ mm}$，BC 段直径 $d_2 = 100 \text{ mm}$。材料的许用切应力[τ] = 80 MPa，试校核该轴的强度。

解：（1）用截面法分别在 1—1 位置和 2—2 位置截开，如图 4.37（b）、（c）所示。根据圆轴扭转平衡条件 $\sum Mx = 0$ 得

$$T_1 = M_A = 22 \text{ kN} \cdot \text{m}$$

$$T_2 = M_C = -14 \text{ kN} \cdot \text{m}$$

（2）根据右手螺旋法则可知，T_1 为正，T_2 为负，画扭矩图如图 4.37（d）所示。

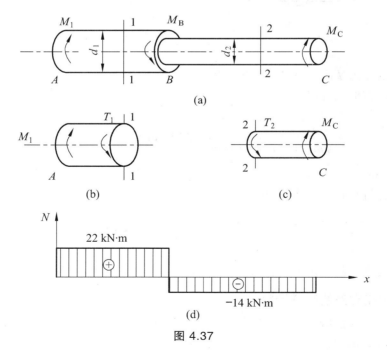

图 4.37

校核该轴强度：

由于 AB 段和 BC 段的扭矩大小不同，直径不同，因此需分别校核两段轴的强度。

AB 段： $\dfrac{T_1}{Wp_1} = \dfrac{22 \times 10^3}{\dfrac{\pi}{16} \times (0.12)^3} = 64.8 \times 10^6 \, \text{Pa} = 64.8 \, \text{MPa}$

$\tau_{1\max} \leqslant [\tau]$

BC 段： $\dfrac{T_2}{Wp_2} = \dfrac{14 \times 10^3}{\dfrac{\pi}{16} \times (0.1)^3} = 71.3 \times 10^6 \, \text{Pa} = 71.3 \, \text{MPa}$

$\tau_{2\max} \leqslant [\tau]$

因此，该轴的扭转强度符合要求。

例 4.14 某传动轴横截面上的最大扭矩 $T = 1.5 \, \text{kN} \cdot \text{m}$，许用切应力 $[\tau] = 65 \, \text{MPa}$，轴的外径 $D = 90 \, \text{mm}$，内径 $d = 85 \, \text{mm}$。（1）校核其强度；（2）在材料相同及承受扭矩不变的情况下改用实心轴，试确定其直径，并求空心轴与实心轴的重量比值。

解：（1）校核强度。

根据圆轴扭转强度条件得

$$\tau_{\max} = \frac{T}{Wp} = \frac{T}{\dfrac{\pi D^3}{16}(1 - \alpha^4)} = \frac{1.5 \times 10^6}{\dfrac{\pi \times 90^3}{16}\left[1 - \left(\dfrac{85}{90}\right)^4\right]} = 50.3 \, \text{MPa} < [\tau]$$

所以，轴的扭转强度符合要求。

（2）确定实心轴直径。

根据实心轴与空心轴最大切应力相同同得

$$\tau_{\max} = \frac{T}{Wp} = \frac{T}{\dfrac{\pi}{16}D^3} = 50.3 \, \text{MPa}$$

实心轴直径

$$d_1 = \sqrt[3]{\frac{16T}{\pi \tau_{\max}}} = \sqrt[3]{\frac{16 \times 1.5 \times 10^3}{\pi \times 50.3 \times 10^6}} = 0.053 \, \text{m} = 53 \, \text{mm}$$

（3）重量比较。

两根材料和长度相同的轴，其重量比等于它们的横截面面积之比，即

$$\frac{G_{空}}{G_{实}} = \frac{\dfrac{\pi}{4}(D^2 - d^2)}{\dfrac{\pi}{4}d_1^2} = \frac{\dfrac{\pi}{4} \times (90^2 - 85^2)}{\dfrac{\pi}{4} \times 53^2} = 0.31$$

以上数据说明，空心轴远比实心轴轻。这是因为实心轴中心附近的切应力远远小于材料的许用切应力，材料未能得到充分利用。采用空心轴较合理，可以节省材料减轻自重。但是，空心轴的壁厚不能太薄，太薄会增加制造难度，承载能力降低，甚至会产生局部皱折。

（四）平面弯曲时梁的强度计算

为了保证梁具有足够的强度,必须使梁危险截面上的最大正应力不超过材料的许用应力，即

$$\sigma_{max} = \frac{M_{max}}{W_z} \leqslant [\sigma]$$

上式为梁的正应力强度条件。

例 4.15 如图 4.38 所示，一悬臂梁长 $l = 1.5$ m，自由端受集中力 $F = 32$ kN 作用，梁由 No22a 工字钢制成，自重按 $q = 0.33$ kN/m 计算，$[\sigma] = 160$ MPa。试校核梁的正应力强度。

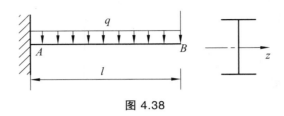

图 4.38

解：（1）画弯矩图，求最大弯矩的绝对值。

$$|M_{max}| = Fl + \frac{ql^2}{2} = 32 \times 1.5 + \frac{1}{2} \times 0.33 \times 1.5^2 = 48.4 \ \text{kN·m}$$

（2）查型钢表可得，No22a 工字钢的抗弯截面系数为

$$W_z = 309 \ \text{cm}^3$$

（3）校核正应力强度。

$$\sigma_{max} = \frac{M_{max}}{W_z} = \frac{48.4 \times 10^3}{309 \times 10^{-6}} = 157 \ \text{MPa} < [\sigma] = 160 \ \text{MPa}$$

因此，该梁满足正应力强度条件。

（五）梁的合理截面

设计梁时，一方面要保证梁具有足够的强度，使梁在荷载作用下能安全地工作；同时应使设计的梁能充分发挥材料的潜力，以节省材料，这就需要选择合理的截面形状和尺寸。

梁的强度一般是由横截面上的最大正应力控制的。当弯矩一定时，横截面上的最大正应力 σ_{max} 与抗弯截面系数 W_z 成反比，W_z 愈大就愈有利。而 W_z 的大小与截面的面积及形状有关，合理的截面形状是：在截面面积 A 相同的条件下，有较大的抗弯截面系数 W_z，也就是说比值 W_z/A 大的截面形状合理。由于在一般截面中，W_z 与其高度的平方成正比，所以尽可能地使横截面面积分布在距中性轴较远的地方，这样在截面面积一定的情况下可以得到尽可能大的抗弯截面系数 W_z，而使最大正应力 σ_{max} 减少，或者在抗弯截面系数 W_z 一定的情况下，减少截面面积，以节省材料和减轻自重。所以，工字形、槽形截面比矩形截面合理，矩形截面立放比平放合理，正方形截面比圆形截面合理。

梁的截面形状的合理性，也可以从正应力分布的角度来说明。梁弯曲时，正应力沿截面高度呈直线分布，在中性轴附近正应力很小，这部分材料没有充分发挥作用。如果将中性轴附近的材料尽可能减少，而把大部分材料布置在距中性轴较远的位置处，则材料就能充分发挥作用，截面形状就显得合理。所以，工程上常采用工字形、圆环形、箱形等截面面形式，如图 4.39 所示。工程中常用的空心板、薄腹梁等就是根据这个道理设计的。

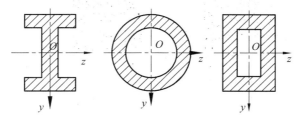

图 4.39　工程中梁常用的截面

　　此外，在梁横截面上距中性轴最远的各点处，分别有最大拉应力和最大压应力。为了充分发挥材料的潜力，应使它们同时达到材料相应的许用应力。例如，T 形截面的钢筋混凝土梁，如图 4.40 所示。

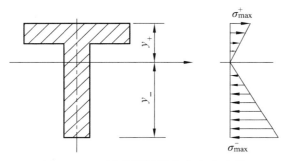

图 4.40　T 形截面梁的应力分布迹线

五、杆件的变形及刚度计算

（一）拉（压）杆的变形

1. 变形和应变

　　通过对金属材料拉（压）实验的分析可知：当杆件受拉时，沿纵向伸展，其轴向尺寸伸长，杆件横向尺寸减小；当杆受轴向压缩时，杆沿纵向缩短，其轴向尺寸减小，其横向尺寸则增加，如图 4.41 所示。

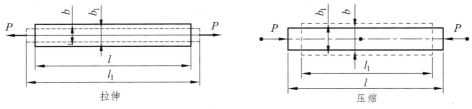

图 4.41

　　设杆件原长为 l，横向尺寸为 b，轴向受力后，杆长变为 l_1，横向尺寸变为 b_1，则

杆的绝对纵向变形量为 $\Delta l = l_1 - l$

杆的绝对横向变形量为 $\Delta b = b_1 - b$

Δl 和 Δb 称为绝对变形，单位为 mm。

绝对变形与杆件的原长度有关，其大小不能反映杆的变形程度，如长度不同的杆件，在相同拉力的作用下，绝对变形是不同的，要衡量杆的变形程度，需计算单位长度内的变形量。单位长度的变形称为相对变形或应变，纵向相对变形或纵向线应变为

$$\varepsilon = \frac{\Delta l}{l}$$

横向相对变形或横向线应变为

$$\varepsilon' = \frac{\Delta b}{b}$$

2. 泊松比

实验表明，对于同一种材料，在一定条件下，其横向相对变形与纵向相对变形成正比关系，而符号则相反，即

$$\varepsilon' = -\mu\varepsilon$$

比例系数 μ 称为泊松比或横向变形系数，μ 是量纲唯一的量，其值与材料有关。工程上常用材料的泊松比见 4.1。

表 4.1　几种常用材料的 E、μ、G 值

材料名称	E/GPa	μ	G/GPa
碳　钢	196~206	0.24~0.28	78.5~79.4
合金钢	194~206	0.25~0.30	78.5~79.4
灰口铸铁	113~157	0.23~0.27	44.1
青　铜	113	0.32~0.34	41.2
硬铝合金	69.6	—	26.5
橡　胶	0.007 85	0.461	—

注：表摘自《机械工程师手册》（第二版）材料力学表 3.1，机械工业出版社，2000 年。

3. 胡克定律

杆件在负载的作用下发生变形，它们之间具有一定的关系。实验表明，轴向拉伸或压缩的杆件在比例极限内，杆的轴向变形与轴向载荷及杆件长度成正比，与杆的横截面面积成反比，即

$$\Delta l \propto \frac{Nl}{A}$$

Δl 与杆的材料性能有关，引入与材料有关的比例系数 E，E 称为弹性模量，可通过试验测定。工程中常用材料的弹性模量见表 4.1。因此，上式可写为

$$\Delta l = \frac{Nl}{EA}$$

上式称为胡克定律。对于长度及横截面面积相同，受力相等的等截面直杆，弹性模量越小，变形就越大。从上式还可看出，长度及受力相同的杆，EA 愈大，杆的变形就越小。乘积

66

EA 称为拉（压）杆的抗拉（压）刚度，它表示杆件抵抗拉伸压缩变形的能力。

上式可改写为

$$\frac{\Delta l}{l} = \frac{N}{A} \times \frac{1}{E}$$

由上面公式可知

纵向线应变 $\varepsilon = \dfrac{\Delta l}{l}$

正应力 $\sigma = \dfrac{N}{A}$

因此 $\sigma = E\varepsilon$

上式是胡克定律的又一表达形式，它表示当应力不超过比例极限时，应力与应变成正比。

例 4.16 计算图 4.42（a）所示正方形截面阶梯形直杆的绝对变形。已知杆件各段材料的弹性模量 $E = 80$ GPa，各段横截面的边长分别为 $a_{AB} = 500$ mm，$a_{BC} = 400$ mm，$a_{CD} = 300$ mm。

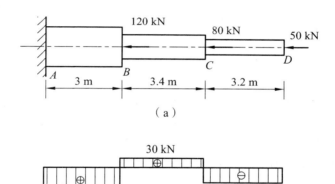

图 4.42

解：（1）作杆件的受力图如图 4.42（b）所示。

（2）计算杆件的变形。

$$\Delta l = \Delta l_{AB} + \Delta l_{BC} + \Delta l_{CD} = \frac{F_{NAB} \cdot l_{AB}}{EA_{AB}} + \frac{F_{NAB} \cdot l_{AB}}{EA_{AB}} + \frac{F_{NCD} \cdot l_{CD}}{EA_{CD}}$$

$$= \frac{-90 \times 10^3 \times 3}{8 \times 10^{10} \times 0.5 \times 0.5}\text{m} + \frac{30 \times 10^3 \times 3.4}{8 \times 10^{10} \times 0.4 \times 0.4}\text{m} + \frac{-50 \times 10^3 \times 3.2}{8 \times 10^{10} \times 0.3 \times 0.3}\text{m}$$

$$= -1.35 \times 10^{-5}\text{m} + 0.80 \times 10^{-5}\text{m} - 2.22 \times 10^{-5}\text{m}$$

$$= -0.027\ 7 \times 10^{-3}\text{m} = -0.027\ 7\ \text{mm}$$

由计算结果可知，整个杆件缩短了 0.027 7 mm。

（二）圆轴扭转时的变形和刚度计算

1. 圆轴扭转时的变形

如图 4.43 所示，圆轴的扭转变形用两横截面的相对转角即扭转角 φ 表示。扭转角 φ 的计算公式为

$$\varphi = \frac{T \times l}{G \times I_{\mathrm{p}}}$$

式中，T 为横截面上的扭矩；l 为两横截面间的距离；G 为材料的切变模量；I_{p} 为横截面对圆心的极惯性矩。

由上式可以看出，扭转角 φ 与扭矩 T、轴长 l 成正比，与 GI_{p} 成反比。GI_{p} 越大，则扭转角 φ 越小。GI_{p} 的大小表示圆轴抵抗扭转变形的能力，称为抗扭刚度。

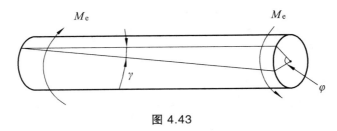

图 4.43

2. 刚度计算

在工程实际中，圆轴在扭转时，除应考虑强度问题外，还要考虑其刚度问题，即要求轴不能有较大的扭转变形，否则影响机器的精度。例如，汽车车轮轴的扭转角过大，汽车在高速行驶或紧急刹车时就会跑偏而造成交通事故；车床传动轴扭转角过大，会降低加工精度；对于精密机械，刚度的要求比强度更严格。

许用扭转角 $[\theta]$ 的数值根据轴的使用精密度、生产要求和工作条件等因素确定。对一般传动轴，通常是要求单位长度的扭转角 Q 不超过某一规定的许用值 $[\theta]$，即 $Q_{\max} < [\theta]$。

单位长度上的扭转角为

$$\theta = \frac{\varphi}{l} = \frac{T}{GI_{\mathrm{p}}}$$

圆轴扭转的刚度条件为

$$\theta_{\max} = \frac{T}{GI_{\mathrm{p}}} \leqslant [\theta] \ (\mathrm{rad/m})$$

式中，$[\theta]$ 为单位长度的许用扭转角；$\theta_{\max}$ 为单位长度的最大扭转角；T 为危险截面上的扭矩。

由于工程中单位长度许用扭转角的单位一般为度/米（°/m），而扭转角 θ 的单位是弧度/米（rad/m），所以要将 $\theta_{\max}$ 的单位换算成（°/m），则上式可写为

$$\theta_{max} = \frac{T}{GI_p} \times \frac{180}{\pi} \leq [\theta] \ (°/m)$$

对于一般传动轴：$[\theta] = 0.5° \sim 1°/m$；

精密机械的轴：$[\theta] = 0.25° \sim 0.5°/m$；

精度要求较低的轴：$[\theta] = 1° \sim 4°/m$。

例 4.17 阶梯轴 AB 如图 4.44（a）所示，AC 段直径 $d_1 = 40 \ mm$，CB 段直径 $d_2 = 70 \ mm$，外力偶矩 $M_A = 500 \ N \cdot m$，$M_B = 800 \ N \cdot m$，$M_C = 1 \ 300 \ N \cdot m$，$G = 80 \ GPa$，$[\tau] = 60 \ MPa$，$[\varphi] = 2 \ (°)/m$。试校核该轴的强度和刚度。

解：（1）用截面法求得 1-1 截面上的扭矩为 $T_1 = M_1 = 500 \ N \cdot m$，2-2 截面的扭矩为 $T_2 = M_2 = 1 \ 300 \ N \cdot m$，绘出的扭矩图如图 4.44（c）所示。

（2）校核轴的强度。

AB 段：$\quad \tau_{max} = \dfrac{T_1}{W_{P1}} = \dfrac{500}{\dfrac{\pi}{16} \times d_1^3} = 39.8 \ MPa \leq [\tau] = 60 \ MPa$

BC 段：$\quad \tau_{max} = \dfrac{T_2}{W_{P2}} = \dfrac{1 \ 300}{\dfrac{\pi}{16} \times d_2^3} = 19.3 \ MPa \leq [\tau] = 60 \ MPa$

可见，AB、BC 段都满足强度条件。

（3）校核轴的刚度。

$$I_{P1} = \frac{\pi d_1^4}{32} = 2.51 \times 10^{-7} \ m^4$$

$$I_{P2} = \frac{\pi d_2^4}{32} = 2.36 \times 10^{-6} \ m^4$$

AB 段：$\quad \varphi'_{max} = \dfrac{T_1}{GI_{P1}} \times \dfrac{180}{\pi} = \dfrac{500}{80 \times 10^9 \times 2.51 \times 10^{-7}} \times \dfrac{180}{\pi} = 1.41 (°)/m \leq 2 (°)/m$

BC 段：$\quad \varphi'_{max} = \dfrac{T_2}{GI_{P2}} \times \dfrac{180}{\pi} = \dfrac{1 \ 300}{80 \times 10^9 \times 2.36 \times 10^{-6}} \times \dfrac{180}{\pi} = 0.40 (°)/m \leq 2 (°)/m$

可见，AB、BC 段都满足刚度条件。

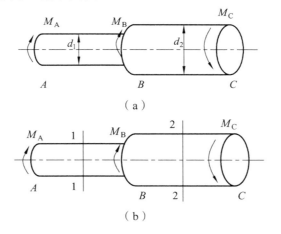

（a）

（b）

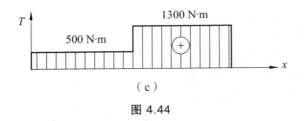

（c）

图 4.44

六、组合变形的强度计算

（一）拉伸（压缩）与弯曲组合变形的强度计算

如果作用在构件上的力，除了横向力外还有轴向力，则杆件将发生弯曲与拉伸（压缩）的组合变形。如图 4.45（a）所示的矩形截面悬臂梁，外力 P 作用于梁的纵向对称平面内且与梁的轴线 x 成一夹角 φ。P 力沿 x、y 方向可分解为两个分力 P_x、P_y，如图 4.45（b）、（c）所示。

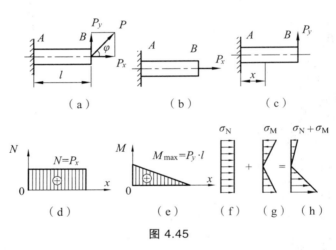

图 4.45

$$P_x = P \cdot \cos\varphi$$

$$P_y = P \cdot \sin\varphi$$

其中，P_x 分力使梁产生轴向拉伸，P_y 分力使梁产生平面弯曲，悬臂梁在外力 P 作用下产生的是拉伸与弯曲的组合变形。

在 P_x 作用下，梁所有横截面上的内力（轴力）N 都相等，均为

$$N = p_x = P \cdot \cos\varphi$$

在 P_y 作用下，梁各横截面上的弯矩可由弯矩方程求得，其方程为

$$M = P_y(l - x)$$

梁的轴力图及弯矩图，如图 4.45（d）、（e）所示，从图中可看出，梁的固定端截面是危险截面，其轴力和弯矩分别为

$$N = P_x = P \cdot \cos\varphi$$

$$M_{\max} = P_y \cdot l = P \cdot l \sin\varphi$$

在危险截面上，与轴力对应的拉伸应力 σ_N 均匀分布，如图 4.45（f）所示，其值为

$$\sigma_N = \frac{N}{\cdot A}$$

与弯矩 $M_{\max}$ 相对应的弯曲应力 σ_M 沿截面高度按线性分布，距中性轴最远处的上下边缘绝对值最大，如图 4.45（g）所示，其值为

$$\sigma_M = \frac{M_{\max}}{W} = \frac{P_y \cdot l}{W}$$

运用叠加原理可得危险截面上任一点处的正应力分布如图 4.45（h）所示，其值为

$$\sigma = \sigma_N + \sigma_M = \frac{N}{A} + \frac{M_{\max}}{W}$$

梁危险截面上、下边缘处的正应力分别为

$$\sigma_{\max} = \frac{N}{A} + \frac{M_{\max}}{W}$$

$$\sigma_{\min} = \frac{N}{A} - \frac{M_{\max}}{W}$$

要使构件受拉伸（或压缩）和弯曲组合变形时具有足够的强度，就要使其最大拉应力（或压应力）不超过许用应力，故强度条件为

$$\sigma_{\max} = \frac{N}{A} + \frac{M_{\max}}{W} \leqslant [\sigma]$$

上式只适用于许用拉应力和许用压应力相等的材料。如果材料的许用拉应力和许用压应力不同，则应分别计算构件危险截面上最大拉应力和最大压应力处的强度。

例 4.18　图 4.46（a）所示为简易起重机，其最大起重量 $G = 15.5$ kN，横梁 AB 为工字钢，许用应力 $[\sigma] = 170$ MPa，$\alpha = 30°$。若梁的自重不计，试按正应力强度条件选择横梁工字钢型号。

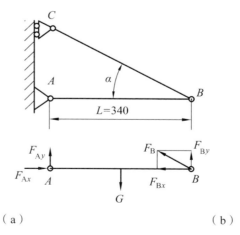

（a）　　　　　　　　　　　（b）

图 4.46

解：（1）横梁的外力分析。

横梁可简化为简支梁，由分析可知，当电葫芦移动到梁跨中点时，梁处于最危险的状态。将拉杆 BC 的作用力 F_B 分解为 F_{Bx} 和 F_{By}，如图 4.46（b）所示，由静力平衡方程可求得

$$F_{By} = F_{Ay} = G\sin\alpha \frac{G}{2} = 7.75 \text{ kN}$$

$$F_{Bx} = F_{Ax} = F_{By}\cot\alpha = 7.75 \times \frac{3.4}{1.5} \text{ kN} = 17.57 \text{ kN}$$

力 G、F_{Ay}、F_{By} 沿 AB 梁横向作用使梁发生弯曲变形；力 F_{Ax} 与 F_{Bx} 沿 AB 梁的轴向作用使梁发生轴向压缩变形，所以梁 AB 发生弯曲与压缩的组合变形。

（2）横梁的内力分析。

当载荷作用于梁跨中点时，简支梁 AB 中点截面的弯矩值最大，其值为

$$M_{max} = \frac{Gl}{4} = \frac{15.5 \text{ kN} \times 3.4 \text{m}}{4} = 13.18 \text{ kN} \cdot \text{m}$$

横梁各截面的轴向压力为

$$F_N = F_{Ax} = 17.57 \text{ kN}$$

（3）初选工字钢型号。

按抗弯强度条件初选工字钢的型号

由

$$\sigma = \frac{M_{max}}{W_z} \leqslant [\sigma]$$

可得

$$W_z \geqslant \frac{M_{max}}{[\sigma]} = \frac{13.18 \times 10^6}{170} \text{ mm}^3 = 77.5 \times 10^3 \text{ mm}^3 = 77.5 \text{ cm}^3$$

查型钢表，初选工字钢型号为 14 号工字钢，其横截面面积和抗弯截面系数分别为

$$A = 21.5 \text{ cm}^2$$

$$W_z = 102 \text{ cm}^3$$

（4）校核横梁抗组合变形强度

横梁最大压应力出现在中点截面的上边缘各点处。由压弯组合变形的强度条件可得

$$\sigma_{c\,max} = \frac{F_N}{A} + \frac{M}{W_z} = \left(\frac{17.57 \times 10^3}{21.5 \times 10^2} + \frac{13.18 \times 10^6}{102 \times 10^3} \right) \text{MPa} = 137 \text{MPa} < [\sigma] = 170 \text{ MPa}$$

选用 14 号工字钢作为横梁强度足够。倘若强度不满足，可以将所选的工字钢型号放大一号再进行校核，直到满足条件为止。

（二）弯曲与扭转组合变形的强度计算

机械中转轴的变形大多是弯曲和扭转组合变形。下面以电机转轴的外伸段为例，研究圆轴弯曲与扭转组合变形时的强度计算。

如图 4.47（a）所示，电机轴的外部轴端装有直径为 D 的皮带轮，皮带紧边张力为 N，松边张力为 N'，如图 4.47（b）所示。轴 AB 段的受力情况如图 4.47（c）所示。横向力 $p = N + N'$，扭矩 $T = (N - N') \times \frac{D}{2}$，横向力 P 使轴产生弯曲变形，其弯矩图如图图 4.47（d）所

示；扭矩 T 使轴产生扭转变形，其扭矩图如图图 4.47（e）所示。从图中可以看出，转轴危险横截面在 A 处，在危险截面上离中性轴最远处分别产生最大弯曲正应力和最大扭转剪应力，其值分别为

$$\sigma_{max} = \frac{M}{W_z}$$

$$\tau_{max} = \frac{T}{W_p}$$

式中，M 和 T 分别为危险截面上的弯矩和扭矩，W_z 和 W_p 分别为抗弯和抗扭截面模量。对于圆截面轴，$W_p = 2W_z$。

因为产生弯曲和扭转变形的转轴多用塑性材料，根据有关强度理论得其强度条件为

$$\sigma_\gamma = \sqrt{\sigma^2 + 4\tau^2} = \frac{\sqrt{M^2 + T^2}}{\omega_z} \leqslant [\sigma]$$

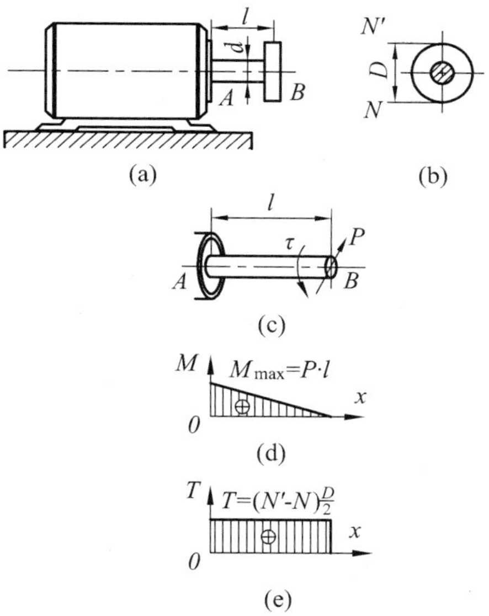

图 4.47

例 4.19 图 4.48 所示传动轴，传递功率 $p = 7.5\ kw$，轴的转速 $n = 100\ r/min$，AB 为皮带轮，A 轮上的皮带为水平，B 轮上的皮带为垂直，若两轮的直径为 600 mm，且已知 $F_1 > F_2$，$F_2 = 1\ 500\ N$，轴材料的许用应力 $[\sigma] = 80\ MPa$，试按第三强度理论计算轴的直径。

解：（1）外力计算。

$$M_e = 9\ 549 \cdot \frac{p}{n} = 9\ 549 \times \frac{7.5}{100} = 716\ N \cdot m$$

因此，由 $(F_1 - F_2) \times \frac{D}{2} = M_e$

可得 $F_1 = 3.89\ kN$

（2）载荷简化及计算简图

$$\sum M_D = 0 \quad F_{Cz} \times 1\,200 - 5.4 \times 800 = 0 \quad F_{Cz} = 3.6 \text{ kN}$$

$$\sum M_C = 0 \quad F_{Dz} \times 1200 - 5.4 \times 400 = 0 \quad F_{CD} = 1.8 \text{ kN}$$

$$\sum M_D = 0 \quad F_{Cy} \times 1200 - 5.4 \times 250 = 0 \quad F_{Cy} = 1.2 \text{ kN}$$

$$\sum M_C = 0 \quad F_{Dy} \times 1200 - 5.4 \times 1450 = 0 \quad F_{Dy} = 6.52 \text{ kN}$$

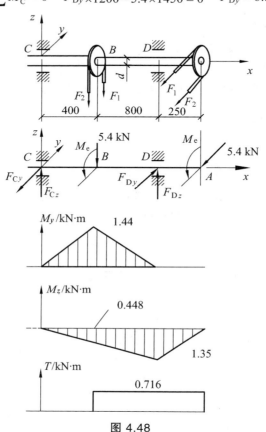

图 4.48

（3）作弯矩图、扭矩图，确定危险截面。

B 截面：
$$M = \sqrt{1.44^2 + 0.448^2} = 1.51 \text{ kN} \cdot \text{m}$$

$$T = 0.716 \text{ kN} \cdot \text{m}$$

由
$$\frac{\sqrt{M^2 + T^2}}{W} \leqslant [\sigma]$$

$$W = \frac{\pi d^3}{32}$$

得
$$\sqrt{m^2 + T^2} = \sqrt{1.51^2 + 0.716^2} = 1.68 \text{ kN} \cdot \text{m}$$

$$d \geqslant \sqrt[3]{\frac{32 \times 1.68}{\pi[\sigma]}} = 59.8 \text{ mm}$$

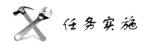

任务实施

任务：校核一级圆柱齿轮减速器低速轴的强度

减速器中的轴是既受弯矩又受扭矩的转轴,较精确的设计方法是按弯矩合成强度来计算各段轴径。一般先初步估算定出轴径,然后按轴上零件的位置,考虑装配、加工等因素,设计出阶梯轴各段直径和长度。确定跨度后,进一步进行强度验算。现已知齿轮的圆周力、径向力和轴向力以及轴承支承点到齿轮中心的距离与任务三中的各项参数一样，且轴材料的许用应力$[\sigma]=160$ MPa,试按第三强度理论进行轴的强度校核。

其受力和各个平面的弯矩图以及合成弯矩图如图 4.49 所示。

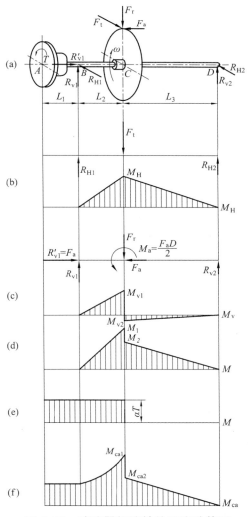

图 4.49　减速器低速轴的强度计算图
（a）受力；（b）水平面的受力和弯矩图；（c）垂直平面的受力和弯矩图；
（d）合成弯矩图；（e）扭矩图；（f）当量弯矩图

复习思考题

一、作图题

1. 画出图 1 中光滑面约束物体 *A* 的受力图。

图 1

2. 画出图 2 中 *AB* 杆的受力图。

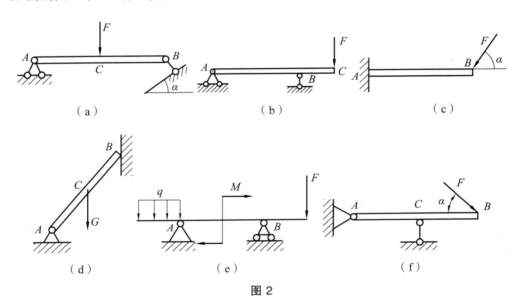

（a）　　　　　　　　（b）　　　　　　　　（c）

（d）　　　　　　　　（e）　　　　　　　　（f）

图 2

3. 画出图 3 中 *AD* 杆和 *BC* 杆的受力图。

4. 画出图 4 中 *ACD* 杆和 *BC* 杆的受力图。

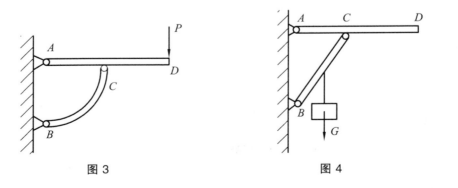

图 3　　　　　　　　　　　图 4

5. 在如图 5 所示的提升系统中，若不计各构件自重，试画出杆 *AC*、*BC*、滑轮 *C* 及销钉的受力图。

6. 画出图 6 所示结构中各构件和整体的受力图，未画重力的物体不计自重。

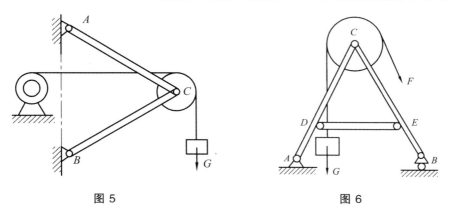

图 5　　　　　　　　　　　图 6

7. 画出图 7 所示各杆的受力图。

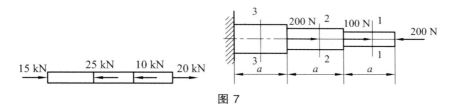

图 7

8. 试作图 8 所示轴的扭矩图。

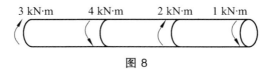

图 8

9. 试作图 9 所示梁的剪力图和弯矩图。

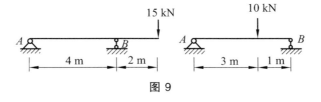

图 9

10. 试作图 10 所示悬臂梁的剪力图和弯矩图。

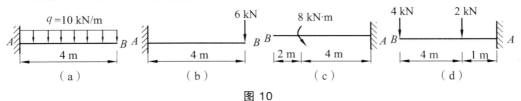

（a）　　　　（b）　　　　（c）　　　　（d）

图 10

二、计算题

1. 如图 11 所示，三角支架由杆 AB、AC 铰接而成，在 A 处作用有重力 $F_G = 20$ kN，试分别求出 AB、AC 所受的力（不计杆自重）。

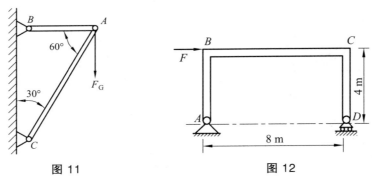

图 11   图 12

2. 图 12 所示平面刚架 $ABCD$ 在 B 点受一水平力 F 作用。设 $F = 20$ kN，不计刚架本身的重量，求 A 与 D 两支座的反力。

3. 试求图 13 中各梁的支座反力。已知 $F = 6$ kN，$q = 2$ kN/m，$M = 2$ kN·m，$a = 1$m。

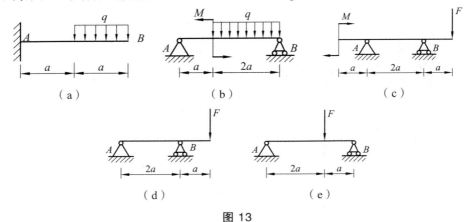

（a）   （b）   （c）

（d）   （e）

图 13

4. 悬臂吊车如图 14 所示。横梁 AB 长 $l = 2.5$ m，重量 $P = 1.2$ kN，拉杆 CB 的倾角 $a = 30°$，质量不计，载荷 $Q = 7.5$ kN。求图示位置 $a = 2$ m 时拉杆的拉力和铰链 A 的约束反力。

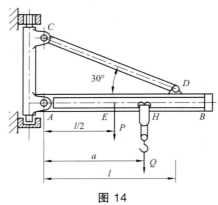

图 14

5. 求图 15 中 1—1，2—2，3—3 截面上的轴力。

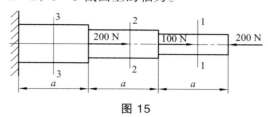

图 15

6. 图 16（a）所示为受扭实心圆轴，其扭矩图如图 16（b）所示，许用剪应力[τ] = 90 MPa，试设计此轴的直径 d。

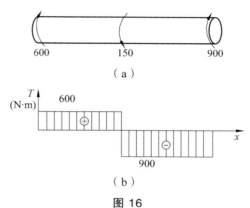

图 16

7. 图 17 所示为矩形截面简支梁，已知长宽比 h/b = 2，材料的许用应力[σ] = 10 MPa，试设计该梁的长宽尺寸 b、h。

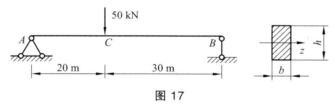

图 17

8. 图 18 所示结构承受截荷 P = 80 kN。已知钢杆 AB 的直径 d = 30 mm，许用应力 [σ]₁ = 160 MPa，木杆 BC 为矩形截面，宽 b = 50 mm，高 h = 100 mm，许用应力 [σ]₂ = 8 MPa，试校核该结构的强度。

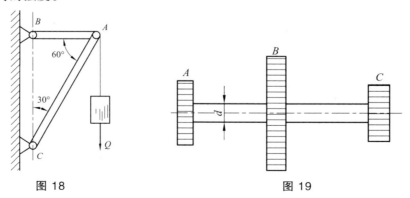

图 18　　　　　　　　　　　　图 19

9. 传动轴的直径 $d = 40\ \text{mm}$，$[\tau] = 60\ \text{MPa}$，$[\theta] = 0.5°/\text{m}$，$G = 80\ \text{GPa}$，功率由 B 轮输入，A 轮输出 $\frac{2}{3}P$，C 轮输出 $\frac{1}{3}P$，传动轴转速 $n = 500\ \text{r/min}$，如图 19 所示，试计算 B 轮输入的功率 P。

10. 如图 20 所示，已知 $F_r = 2\ \text{kN}$，$F_t = 5\ \text{kN}$，$M = 1\ \text{kN·m}$，$l = 600\ \text{mm}$，齿轮直径 $= 400\ \text{mn}$，轴的 $[\sigma] = 100\ \text{MPa}$，求 1 传动轴直径 d。

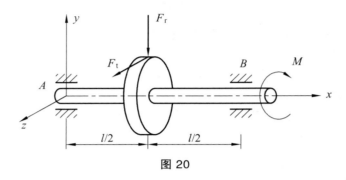

图 20

项目三　常用平面机构

项目目标

（1）掌握机械的组成及机构运动简图的画法。

（2）掌握平面机构自由度的计算及机构具有确定相对运动的条件。

（3）掌握平面连杆机构的基本形式和性质、四杆机构的演化及常见的应用类型。

（4）掌握凸轮机构的特点及应用、能够设计凸轮轮廓曲线。

（5）了解间歇运动机构的类型特点及应用。

任务五　绘制牛头刨床导杆机构的机构运动简图

任务目标

（1）了解牛头刨床的结构和工作原理。

（2）了解牛头刨床导杆机构的组成和工作原理。

（3）绘制牛头刨床导杆机构的机构示意图。

（4）测量牛头刨床导杆机构的尺寸并绘制机构运动简图。

任务引入

　　现实生活和工作中的机器种类可以说是琳琅满目，有不同的外观形态和用途，如图 5.1 所示。如果大家仔细观察，你就可以发现它们其实都是在很简单的机构基础上延伸制造出来的。我们这里所说的简单机构主要是指平面四杆机构，那么，它包括哪些类型，各种类型之间有什么样的内在联系，又有什么样的工作特点呢？

（a）健身器材

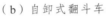

（b）自卸式翻斗车

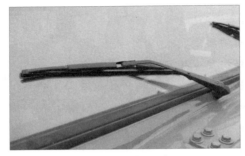

（c）汽车雨刮器

（d）鹤式起重机

图 5.1

 相关知识

一、平面机构的表示方法

所有构件都在同一个平面或平行平面内运动的机构称为平面机构。

（一）运动副的表示方法

1. 转动副

两构件组成转动副的表示方法如图 5.2（a）、（b）、（c）所示。圆圈用来表示转动副，其圆心代表相对转动轴线。 若组成转动副的两个构件都是活动件，则用图 5.2（a）表示；若其中一个为机架，则在代表机架的构件上加上斜线，如图 5.2（b）、（c）所示。图 5.2（g）所示为汽车发动机曲柄连杆机构中的活塞与连杆，连杆与曲轴等就组成了转动副。

2. 移动副

两构件组成移动副的表示方法如图 5.2（d）、（e）、（f）所示。 移动副的导路必须与相对移动方向一致，如图 5.2（h）中的车床小托板就是运动副的应用。

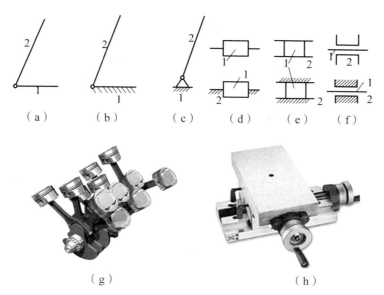

图 5.2　转动副和运动副

（二）构件的表示方法

构件的表示方法如图 5.3 所示。构件可用直线、三角形或方块等图形表示。图 5.3（a）表示为参与组成两个转动副的构件，其应用如图 5.3（e）所示的连杆；图 5.3（b）所示为参与组成一个转动副和一个移动副的构件；图 5.3（c）所示为参与组成三个转动副的构件，它一般用三角形表示，在三角形内加剖面线或在三个内角上涂上焊缝标记，则表明三角形为一个构件；若三个转动副在同一直线上，则可用跨越半圆符号来连接直线，如图 5.3（d）所示。

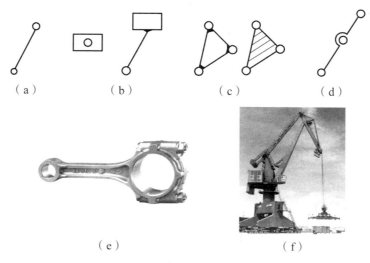

图 5.3　构件的表示方法

对于机械中常用的构件和零件，有时还可采用习惯画法，例如，用粗实线或点划线画出一对节圆来表示互相啮合的齿轮；用完整的轮廓曲线来表示凸轮，见表 5.1。其他常用零部件的表示方法可参看 GB4460-84《机构运动简图符号》。

表 5.1　常用机构示意图符号

名　称	符　号	名　称	符　号
固定构件		外啮合圆柱齿轮机构	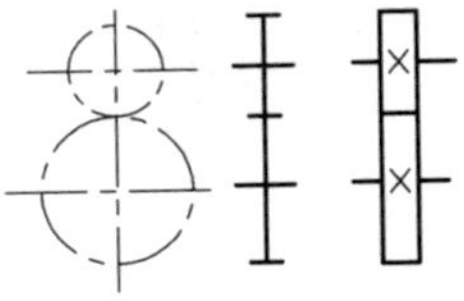
两副元素构件	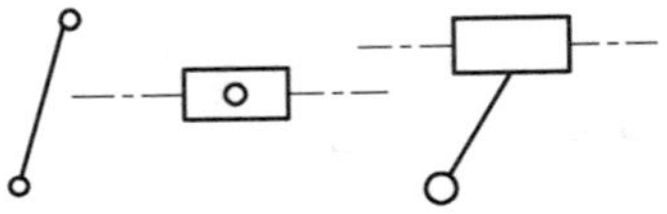	内啮合圆柱齿轮机构	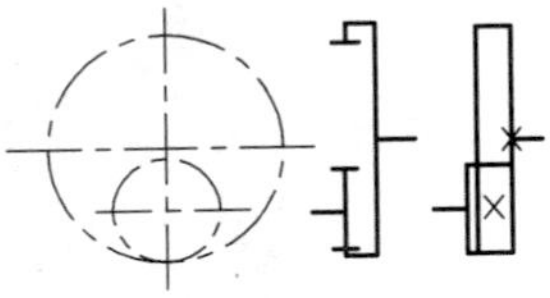
三副元素构件	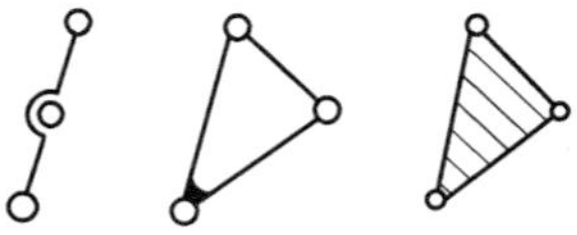	齿轮齿条机构	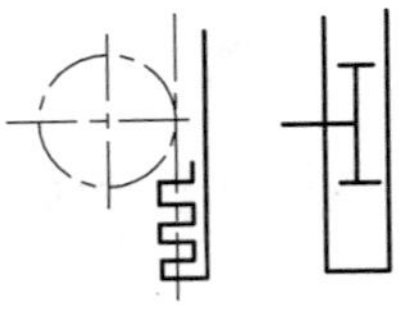
转动副	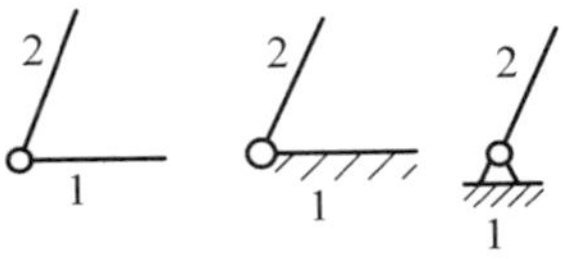	圆锥齿轮机构	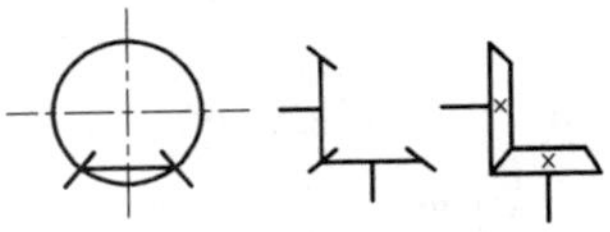
移动副	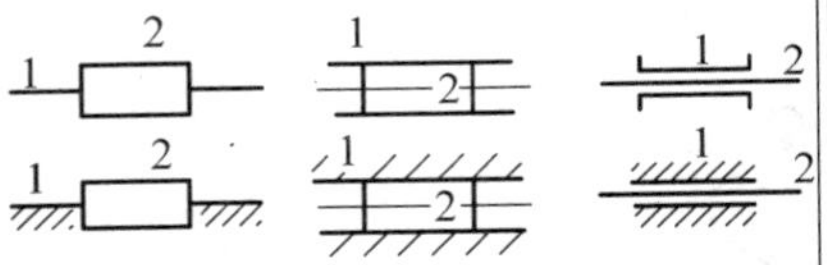	圆锥齿轮机构	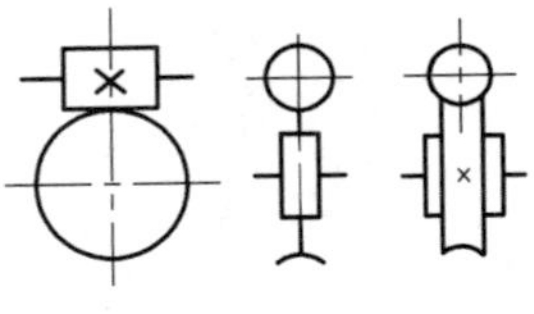
平面高副			
凸轮机构		带传动	类型符号，标注在带轮上方 V带　圆带　平带 ▽　　○　　—
棘轮机构		链传动	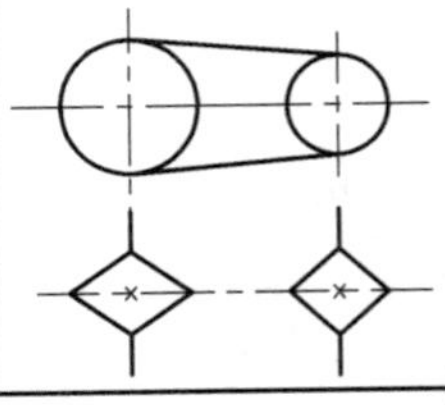 类型符号吧，标注在轮轴连心线上方 滚子链# 齿形W

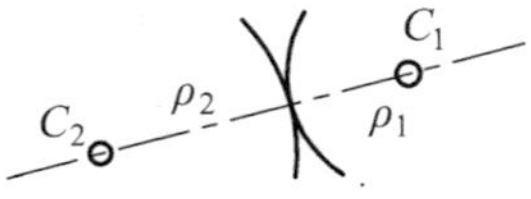

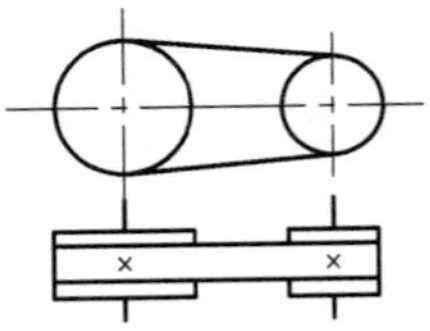

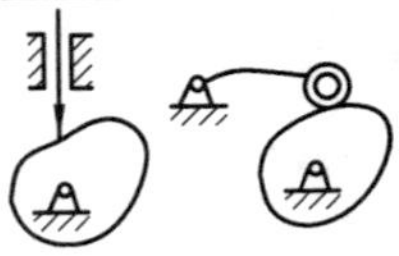

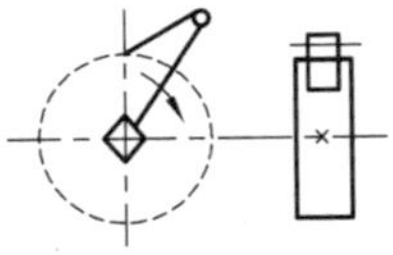

二、平面机构运动简图的绘制

（一）机构运动简图的概念

在研究机构运动特性时，为了使问题简化，只考虑与运动有关的运动副的数目、类型及相对位置，不考虑构件和运动副的实际结构和材料等与运动无关的因素。用简单线条和规定符号表示构件和运动副的类型，并按一定的比例确定运动副的相对位置及与运动有关的尺寸，这种表示机构组成和各构件间运动关系的简单图形，称为机构运动简图。

只是为了表示机构的结构组成及运动原理而不严格按比例绘制的机构运动简图，称为机构示意图。

（二）平面机构运动简图的绘制

绘制平面机构运动简图可按以下步骤进行：

（1）观察机构的运动情况，分析机构的具体组成，确定机架、原动件和从动件。机架即固定件，任何一个机构中必定只有一个构件为机架；原动件也称主动件，即运动规律为已知的构件，通常是驱动力所作用的构件；从动件中还有工作构件和其他构件之分，工作构件是指直接执行生产任务或最后输出运动的构件。

（2）由原动件开始，根据相联两构件间的相对运动性质和运动副元素情况，确定运动副的类型和数目。

（3）根据机构实际尺寸和图纸大小确定适当的长度比例尺 μ_1，按照各运动副间的距离和相对位置，以与机构运动平面平行的平面为投影面，用规定的线条和符号绘图。

$$\mu_1 = \frac{实际尺寸(m)}{图样尺寸(mm)}$$

常用构件和运动副的简图符号在国家标准 GB4460-84 中已有规定，表 5.1 中列出了最常用的构件和运动副的简图符号。

例 5.1 绘制图 5.4 所示内燃机的机构运动简图。

解：（1）分析、确定构件类型。

内燃机内包括三个机构，其运动平面平行，故可视为一个平面机构。活塞 2 为原动件，缸体 1 为机架，连杆 3、曲轴 4、齿轮 5、齿轮 6、凸轮轴 7、进气门顶杆 8、排气门顶杆 9 均为从动件（其中顶杆 8、9 为执行件，连杆 3、曲轴 4、齿轮 5、齿轮 6、凸轮轴 7 为传动件）。

（2）确定运动副类型。

曲柄滑块机构中活塞 2 与缸体 1 组成移动副，活塞 2 与连杆 3、连杆 3 与曲轴 4、曲轴 4 与缸体 1 分别组成转动副。

齿轮机构中齿轮 5 与缸体 1、齿轮 6 与缸体 1 分别组成转动副，齿轮 5 与齿轮 6 组成高副。

凸轮机构中凸轮轴 7 与缸体 1 组成转动副，顶杆 8

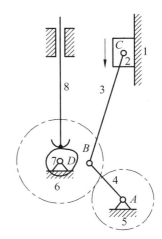

图 5.4 内燃机的机构运动简图
1—缺体；2—活塞；3—连杆；4—曲轴；5、6—齿轮；7—凸轮轴；8—顶杆

与缸体 1 组成移动副，凸轮轴 7 与顶杆 8 组成高副。

（3）定视图方向。

连杆运动平面为视图方向。

（4）选择比例尺，绘制简图。

先画出滑块导路中心线及曲轴中心位置，然后根据构件尺寸和运动副之间的尺寸按选定的比例尺和规定符号绘出，如图 5.4 所示。

例 5.2 绘制图 5.5（a）所示颚式破碎机的机构运动简图。

 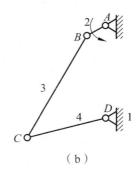

（a）　　　　　　　　　　　　　　　（b）

图 5.5　颚式破碎机的机构运动简图

解：（1）由图可知颚式破碎机主体机构由机架 1、偏心轴 2、动颚板 3、肘板 4 组成。其中，偏心轴 2 为原动件，动颚板和肘板为从动件。

（2）偏心轴与机架在 C 点构成转动副，偏心轴与动颚板在 B 点构成转动副，动颚板与肘板在 C 点构成转动副，肘板与机架在 D 点构成转动副。

（3）根据机构的组成和运动情况，选择构件的运动平面为视图平面。

（4）选择适当的比例尺 μ_l，根据运动副间的尺寸依次确定各转动副的位置 A、B、C、D，然后绘出机构运动简图，如图 5.5（b）所示。

三、平面机构的自由度

机构的各构件之间应具有确定的相对运动。显然，不能产生相对运动或作无规则运动的一对构件难以用来传递运动。为了使组合起来的构件能产生相对运动并具有运动确定性，有必要探讨机构自由度和机构具有确定运动的条件。

（一）机构的自由度计算公式

机构的自由度就是指机构中各构件相对于机架的所有的独立运动的数目，用 F 表示。

设一个平面机构由 N 个构件组成，若不包括机架，则其活动构件数 $n = N - 1$。显然，这 n 个活动构件在未用运动副联接之前共有 $3n$ 个自由度。当用 P_L 个低副和 P_H 个高副将它们联接后，由于每个低副引入 2 个约束，每个高副引入 1 个约束，则平面机构的自由度 F 的计算公式为

$$F = 3n - 2P_{\mathrm{L}} - P_{\mathrm{H}}$$

（二）自由度计算时的注意事项

1. 复合铰链

两个以上的构件同时在一处用转动副相连接就构成复合铰链。图 5.6 所示为三个构件汇交成的复合铰链，K 个构件汇交而成的复合铰链应具有 $K - 1$ 个转动副。

2. 局部自由度

机构中常出现一种与输出构件运动无关的自由度，称为局部自由度（或多余自由度），如图 5.7 所示。在计算机构自由度时应予以排除。

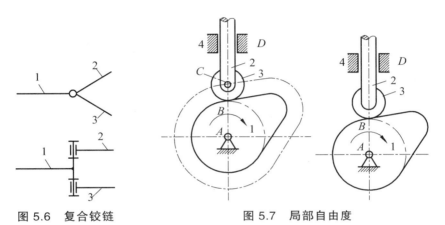

图 5.6　复合铰链　　　　　图 5.7　局部自由度

3. 虚约束

在机构中与其他运动副作用重复，而对构件间的相对运动不起独立限制作用的约束称为虚约束。在计算时将具有虚约束运动副的构件连同它所带入的与机构运动无关的运动副一并不计。常见的虚约束情况如下：

（1）机构中某两构件用转动副相联的联结点，在组成运动副前后，其各自的轨迹重合为一，则此联结带入的约束为虚约束，如图 5.8 所示。

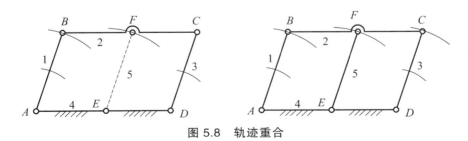

图 5.8　轨迹重合

图 5.8 所示构件的自由度计算式为

$$F = 3n - 2P_{\mathrm{L}} - P_{\mathrm{H}} = 3 \times 3 - 2 \times 4 = 1$$

（2）两构件在多处构成多个移动副，且各移动副的导路重合或平行，则此联结带入的约束为虚约束，如图 5.9（a）所示。

$$F = 3n - 2P_L - P_H = 3 \times 3 - 2 \times 4 = 1$$

$$F = 3n - 2P_L - P_H = 3 \times 2 - 2 \times 2 - 1 = 1$$

（3）两构件在多处构成多个转动副，且各转动副的轴线重合，则此联结带入的约束为虚约束，如图 5.9（b）所示。

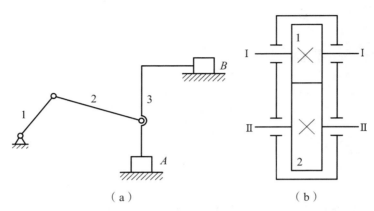

（a）　　　　　　　　　　　　（b）

图 5.9　导路重合或平行

4. 应用实例

例 5.3　计算图 5.10 所示钢板剪切机的自由度。

解：活动构件数 $n = 5$，低副数 $P_L = 7$（B 处为复合铰链，含两个转动副），高副数 $P_H = 0$

$$F = 3n - 2P_L - P_H = 3 \times 5 - 2 \times 7 - 0 = 1$$

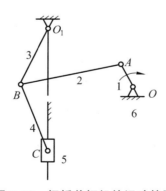

图 5.10　钢板剪切机的运动简图

例 5.4　计算图 5.11（a）所示大筛机构的自由度。

解：机构中的滚子有一个局部自由度；顶杆与机架在 E 和 E' 组成两个导路平行的移动副，其中之一为虚约束；C 处是复合铰链。今将滚子与顶杆焊成一体，去掉移动副 E'，并在 C 点注明转动副数，如图 5.11（b）所示。

构件总数 $N = 8$，活动构件数 $n = 7$，低副数 $P_L = 9$（7 个转动副和 2 个移动副），高副数

$P_H = 1$，则自由度为

$$F = 3n - 2P_L - P_H = 3 \times 7 - 2 \times 9 - 1 = 2$$

因此，此机构的自由度等于2，有两个原动件。

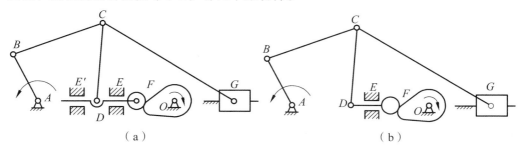

图 5.11 大筛机构

（三）机构具有确定运动的条件

若主动件的数目和机构自由度数相等，则该机构具有确定的运动；若机构中主动件的数目多于机构自由度数目，则将导致机构中最薄弱构件的损坏；若机构中主动件的数目少于机构自由度数目，则机构的运动不确定，首先沿阻力最小的方向运动。

四、平面连杆机构

平面连杆机构是由若干个构件通过低副连接而成的机构，又称平面低副机构。由四个构件通过低副连接而成的平面连杆机构称为平面四杆机构。它是平面连杆机构中最常见的形式，也是组成多杆机构的基础。所有低副均为转动副的平面四杆机构称为铰链四杆机构，它是平面四杆机构中最基本的形式，其他形式的四杆机构都是在它的基础上演化而成的。

平面连杆机构是由若干构件用平面低副联接而成的平面机构，用以实现运动的传递、变换和传送动力。由于平面连杆机构构件形状简单，运动副都是低副，因而压强小，便于润滑，磨损较轻，可以承受较大的载荷。各构件长度不同时，可满足多种运动规律的要求，故平面连杆机构广泛应用于动力机械、轻工机械、重型机械和仪表等各种机械中，诸如活塞发动机的曲柄滑块机构、飞机起落架机构和汽车车门的关闭机构等。人造卫星太阳能板的展开机构、机械手的传动机构、折叠伞的收放机构以及人体的假肢机构，等等，也都用到连杆机构。

（一）铰链四杆机构的类型及演化

1. 铰链四杆机构的基本形式及应用

各构件之间都是用转动副连接的平面四杆机构称为铰链四杆机构。铰链四杆机构是平面四杆机的基本形式。图 5.12 所示为铰链四杆机构，其中，AD 杆为机架，与机架相连的 AB 杆和 CD 杆称为连架杆，与机架相对的

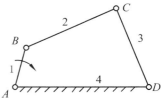

图 5.12 铰链四杆机构

1、3—连架杆；2—连杆；4—机架

89

BC 杆称为连杆。其中，能作整周回转运动的连架杆称为曲柄；只能在一定的范围内摆动的连架杆称为摇杆。

根据机构中有无曲柄和有几个曲柄，铰链四杆机构又可分为三种基本形式：

（1）曲柄摇杆机构。

两连架杆中一个为曲柄而另一个为摇杆的铰链四杆机构称为曲柄摇杆机构。

曲柄摇杆机构的主要用途是改变运动形式，可将回转运动转变为摇杆的摆动，如图 5.13 所示的雷达天线调整机构；也可将摆动转变为回转运动或实现所需的运动轨迹，如图 5.14 所示的脚踏砂轮机构。

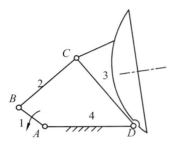

图 5.13　雷达天线调整机构

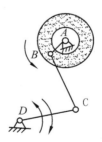

图 5.14　脚踏砂轮机构

（2）双曲柄机构。

两个连架杆都是曲柄的铰链四杆机构称为双曲柄机构。

双曲柄机构可将原动曲柄的等速转动转换成从动曲柄的等速或变速转动。

图 5.15 所示的惯性筛就是利用双曲柄机构的例子。当曲柄 1 等速回转时，另一曲柄 3 变速回转，通过杆 5 带动滑块 6 上的筛子，使其具有所需的加速度，利用加速度产生的惯性力使物料颗粒在筛上往复运动，达到分筛的目的。

在双曲柄机构中，若相对的两杆长度分别相等，则称为平行双曲柄机构。当两曲柄转向相同时，它们的角速度时时相等，连杆也始终与机架平行，四根杆形成一平行四边形，故又称为平行四边形机构，如图 5.16 所示。

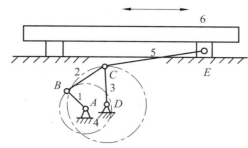

图 5.15　惯性筛

1，3—曲柄；2，5—连杆；4—机架；6—滑块

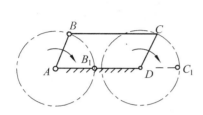

图 5.16　平行四边形机构

在图 5.17 所示的机构中，虽然相对的边长相等，但其中一对边不平行，我们称这种机构为反平行四边形机构，可以作为车门的启闭机构使用。

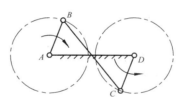

图 5.17　反平行四边形机构

（3）双摇杆机构。

两个连架杆都是摇杆的铰链四杆机构称为双摇杆机构。如图 5.18 所示的鹤式起重机构，能保证货物水平移动。

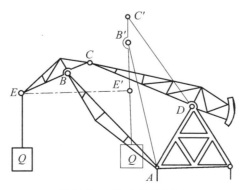

图 5.18　鹤式起重机构

在图 5.19 所示机构中，电动机安装在摇杆 4 上，铰链 A 处装有一个与连杆 1 固结在一起的蜗轮。电动机转动时，电动机轴上的蜗杆带动蜗轮迫使连杆 1 绕 A 点做整周转动，从而使连架杆 2 和 4 做往复摆动，以达到风扇摇头的目的。

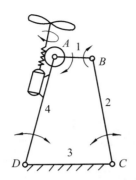

图 5.19　电风扇摇头机构

1—连杆；2，4—摇杆；3—机架

两摇杆长度相等的双摇杆机构称为等腰梯形机构，如图 5.20 所示的汽车前轮转向机构。汽车转弯时，与前轮轴固定的两个摇杆的摆角不相等，如果在任意位置都能使两前轮的轴线的交点 P 落在后轮轴线的延长线上，则当整个车子转向时，能保证四个轮子都是纯滚动，从而可以避免轮胎因滑动而产生过大磨损。

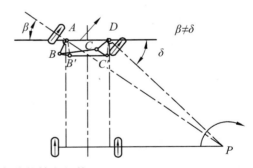

图 5.20　汽车前轮转向机构

2. 铰链四杆机构的演化形式

在平面连杆机构中，除了上述三种形式的铰链四杆机构之外，在实际机器中还广泛采用其他形式的四杆机构。这些四杆机构可认为是通过改变某些构件的形状、相对长度、运动副的尺寸或者选择不同的构件作为机架等方法，由四杆机构的基本形式演化而成的。

（1）曲柄滑块机构。

如图 5.21 所示，通过将摇杆改变为滑块，摇杆长度增至无穷大，可得到曲柄滑块机构。曲柄滑块机构可分为对心曲柄滑块机构和偏心曲柄滑块机构，其偏心的距离 e 称作偏心距，如图 5.22 所示。

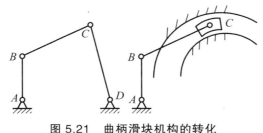

图 5.21　曲柄滑块机构的转化

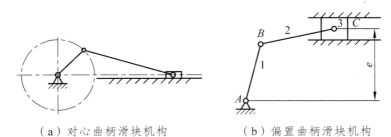

（a）对心曲柄滑块机构　　　　（b）偏置曲柄滑块机构

图 5.22　曲柄滑块机构

　　曲柄滑块机构主要用于将回转运动转变为往复运动的场合，如用在活塞式内燃机、空气压缩机、冲床、自动送料机构等机械中。图 5.23 所示为自动送料机构，图 5.24 所示为冲压机构。

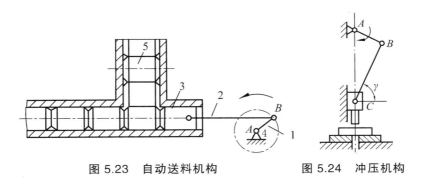

图 5.23　自动送料机构　　　　　图 5.24　冲压机构

（2）取不同构件为机架。

① 导杆机构。

　　图 5.25（a）所示为曲柄滑块机构，若选曲柄作为机架，则演化为导杆机构，如图 5.25（b）所示。导杆机构常用于牛头刨床、插床和回转式油泵之中。

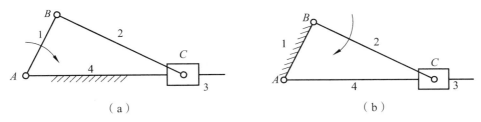

（a）　　　　　　　　　　　　　（b）

图 5.25　曲柄滑块机构演化为导杆机构

如图 5.26（a）所示，当 $L_1<L_2$ 时，杆 2 和杆 4 均可整周回转，称为转动导杆机构；如图 5.26（b）所示，当 $L_1>L_2$ 时，杆 4 只能往复摆动，称为摆动导杆机构。

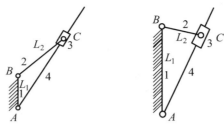

（a）转动导杆机构　　（b）摆动导杆机构

图 5.26　导杆机构

简易刨床的主运动机构利用了转动导杆机构，如图 5.27 所示；牛头刨床的主运动机构利用了摆动导杆机构，如图 5.28 所示。

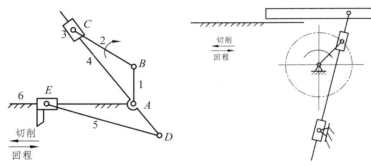

图 5.27　简易刨床的主运动机构　　　　图 5.28　牛头刨床的主运动机构

② 摇块机构。

曲柄滑块机构中，若选连杆作为机架，则演化为摇块机构，如图 5.29 所示。这种机构广泛应用于摆缸式内燃机和液压驱动装置中。图 5.30 所示为摇块机构在自卸货车中的应用。

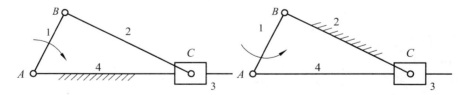

图 5.29　曲柄滑块机构演化为摇块机构

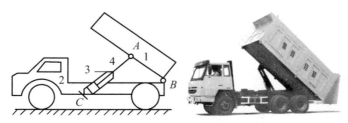

图 5.30　自卸货车

③ 定块机构。

曲柄滑块机构中，若选滑块作为机架，则演化为定块机构，如图 5.31（a）所示。这种机构常用于抽水唧筒[见图 5.31（b）]和抽油泵中。

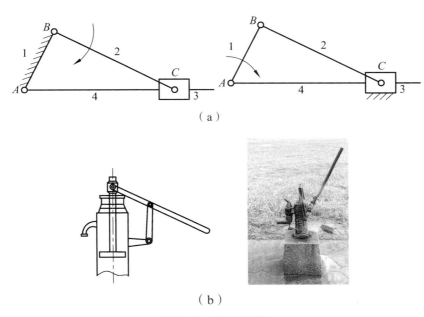

（a）

（b）

图 5.31　抽水唧筒

（3）偏心轮机构。

在图 5.32 所示曲柄滑块机构中，当转动副 B 的半径扩大到超过曲柄的长度时，则曲柄演化为一个几何中心与转动中心不重合（偏心距用 e 表示）的圆盘[见图 5.32（b）]，该圆盘称为偏心轮，偏心轮两中心间的距离等于曲柄的长度。此机构称为偏心轮机构。偏心轮机构在各种机床和夹具中广泛应用。

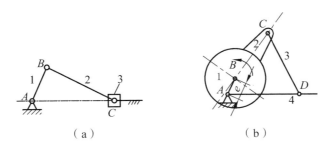

（a）　　　　　　　　　（b）

图 5.32　曲柄滑块机构演化为偏心轮机构

（二）铰链四杆机构曲柄存在的条件

铰接四杆机构中是否存在曲柄，取决于名构件长度之间的关系。分析表明，边架杆成为曲柄必须满足下列两条件：

（1）杆长和条件——最长杆与最短杆之和小于或等于其他两杆的长度之和。

（2）最短杆条件——连架杆或机架中必有一杆是最短杆。

上述两个条件必须同时满足，否则机构不存在曲柄。

由曲柄存在的条件可知，若铰链四杆机构中最短构件与最长构件长度之和大于其余两构件长度之和时，则此机构中必不存在曲柄，这时无论以哪个构件为机架，都是双摇杆机构。

若铰链四杆机构中存在曲柄，则：

（1）当以最短杆为连架杆时，该机构成为曲柄摇杆机构。

（2）当以最短杆为机架时，该机构成为双曲柄机构。

（3）当以最短杆为连杆时，该机构成为双摇杆机构。

例 5.5 铰链四杆机构 $ABCD$ 如图 5.33 所示。请根据基本类型判别准则，说明机构分别以 AB、BC、CD、AD 各杆为机架时属于何种机构。

解：经测量得到各杆长度，如图 5.33 所示，分析题目给出铰链四杆机构知，最短杆为 $AD = 20$ mm，最长杆为 $CD = 55$ mm，其余两杆 $AB = 30$ mm，$BC = 50$ mm。

因为 $AD + CD = 20 + 55 = 75$

$AB + BC = 30 + 50 = 80 > L_{min} + L_{max}$

故满足曲柄存在的第一个条件。

（1）以 AB 或 CD 为机架时，即最短杆 AD 成连架杆，故为曲柄摇杆机构；

（2）以 BC 为机架时，即最短杆 AD 成连杆，故机构为双摇杆机构；

（3）以 AD 为机架时，即以最短杆 AD 为机架，机构为双曲柄机构。

（三）铰链四杆机构的基本工作特性

1. 压力角与传动角

在如图 5.34 所示的曲柄摇杆机构中，若不考虑运动副的摩擦力及构件的重力和惯性力的影响，同时连杆上不受其他外力，则原动件 AB 经过连杆 BC 传递到 CD 上 C 点的力 P，将沿 BC 方向。

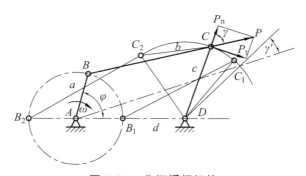

图 5.34　曲柄摇杆机构

力 P 可以分解为沿点 C 速度方向的分力 P_t 和沿 CD 方向的分力 P_n，而 P_n 不能推动从动件 CD 运动，只能使 CD 杆产生径向拉力，P_t 才是推动 CD 运动的有效分力。由图可知

$$P_t = P\cos\alpha = P\sin\gamma$$

式中，α 是作用于 C 点的力 P 与 C 点绝对速度方向所夹的锐角，我们称为机构在此位置的压力角；$\gamma = 90° - \alpha$ 是压力角的余角，亦即连杆 BC 与摇杆 CD 所夹锐角，我们称为机构在此位置的传动角。

显然，γ 越大，有效分力 P_t 越大，P_n 越小，对机构的传动就越有利。所以，在连杆机构中也常用传动角的大小及变化情况来描述机构传动性能的优劣。

由于在机构运动过程中，传动角 γ 的大小是变化的，为了保证机构在每一瞬时都有良好的传力性能，设计时通常取 $\gamma_{min} \geqslant 40°$；重载情况下，应取 $\gamma_{min} \geqslant 50°$。对于只传递运动，不在设计四杆机构中，为了保证机构具有良好的传力性能，应考虑满足最小传动角的要求，应使最小传动角 γ_{min} 不小于某一许用值 $[\gamma]$，一般取 $[\gamma] = 40° \sim 50°$。传递功率较大时，取较大值；而在控制机构和仪表中，可取较小值，甚至可以小于 $40°$。

2. 急回特性和行程速比系数

在图 5.35 所示的曲柄摇杆机构中，设曲柄 AB 为原动件，则曲柄每转一周，有两个位置与连杆共线，这时摇杆 CD 分别位于两个极限位置 C_1D 和 C_2D，其夹角为 ψ。曲柄摇杆机构的这两个位置称为极位。机构处在两个极位时，原动件 AB 的两个位置 AB_1 和 AB_2 所夹的锐角 θ 称为极位夹角。此时摇杆两位置的夹角 ψ 称作摇杆最大摆角。

当曲柄以等加速度 ω 顺时针转过 $\alpha_1 = 180° + \theta$ 时，摇杆由位置 C_1D 运动到 C_2D，称为工作行程，设所需时间为 t_1，C 点平均速度为 V_1；当曲柄继续转过 $\alpha_2 = 180° - \theta$ 时，摇杆又从 C_2D 转回到 C_1D，称空回行程，所需时间为 t_2，C 点的平均速度为 V_2。摇杆往复摆动的摆角虽然均为 ψ，但对应的曲柄转角不同，$\alpha_1 > \alpha_2$，而曲柄是做等角速度回转，所以 $t_1 > t_2$，从而 $V_2 > V_1$，也就是回程速度要快。由此说明：曲柄 AB 虽作等速转动，而摆杆 CD 空回行程的平均速度却大于工作行程的平均速度，这种性质称为机构的急回特性。

在某些机械中（如牛头刨床、插床或惯性筛等），常利用机构的急回特性来缩短空回行程的时间，以提高生产率。

为了表明急回运动的急回程度，通常我们用行程速度变化系数（或称行程速比系数）K 来衡量，即

$$K = \frac{V_2}{V_1} = \frac{\overline{C_1C_2}/t_2}{\overline{C_1C_2}/t_1} = \frac{t_1}{t_2} = \frac{\alpha_1}{\alpha_2} = \frac{180° + \theta}{180° - \theta}$$

由此我们可以看出，当曲柄摇杆机构有极位夹角 θ 时，就就有急回运动特性，而且 θ 角越大，K 值就越大，机构的急回特性就越显著。

在进行机构设计时，若预先给出 K 值，则可以求出 θ 值，即

$$\theta = \frac{K-1}{K+1} \times 180°$$

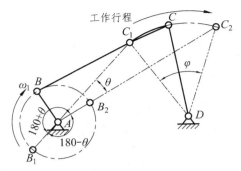

图 5.35 平面连杆机构的急回特性

3. 死点位置

当压力角 $\alpha = 90°$ 时，对从动件的作用力或力矩为零，此时连杆不能驱动从动件工作。机构处在这种位置称为止点，又称死点。如图 5.36（a）所示的曲柄摇杆机构，当从动曲柄 AB 与连杆 BC 共线时，出现压力角 $\alpha = 90°$，传动角 $\gamma = 0$。如图 5.36（b）所示的曲柄滑块机构，如果以滑块作主动，则当从动曲柄 AB 与连杆 BC 共线时，外力 F 无法推动从动曲柄转动。机构处于死位置，一方面驱动力作用降为零，从动件要依靠惯性越过死点；另一方面是方向不定，可能因偶然外力的影响造成反转。

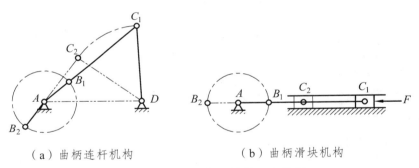

（a）曲柄连杆机构   （b）曲柄滑块机构

图 5.36 平面四杆机构的死点位置

四杆机构是否存在死点取决于从动件是否与连杆共线。例如，图 5.34 所示的曲柄摇杆机构，如果改摇杆主动为曲柄主动，则摇杆为从动件，因连杆 BC 与摇杆 CD 不存在共线的位置，故不存在死点。又如，图 5.36（b）所示的曲柄滑块机构，如果改曲柄为主动，就不存在死点。

死点的存在一般来说对机构运动是不利的，应尽量避免出现死点。当无法避免出现死点时，一般可以采用加大从动件惯性的方法，靠惯性帮助通过止点。例如，内燃机曲轴上的飞轮。也可以采用机构错位排列的方法，靠两组机构止点位置差的作用通过各自的止点。

在实际工程应用中，有许多场合是利用止点位置来实现一定工作要求的。图 5.37（a）所示为一种快速夹具，要求夹紧工件后夹紧反力不能自动松开夹具，所以将夹头构件 1 看成主动件，当连杆 2 和从动件 3 共线时，机构处于止点，夹紧反力 N 对摇杆 3 的作用力矩为零。这样，无论 N 有多大，也无法推动摇杆 3 而松开夹具。当我们用手搬动连杆 2 的延长部分时，因主动件的转换破坏了止点位置而轻易地松开工件。图 5.37（b）所示为飞机起落架处于放下机轮的位置，地面反力作用于机轮上使 AB 件为主动件，从动件 CD 与连杆 BC 成一直线，机构处于止点，只要用很小的锁紧力作用于 CD 杆即可有效地保持着支撑状态。当飞机升空离地要收起机轮时，只要用较小力量推动 CD，因主动件改为 CD 破坏了止点位置而轻易地收起机轮。此外，还有汽车发动机盖、折叠椅等。

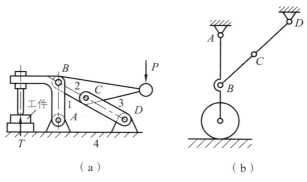

（a）　　　　　　　　　（b）

图 5.37 机构止点位置的应用

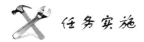

一、任务：牛头刨床中导杆机构运动简图的绘制

牛头刨床（见图 5.38）主要用于单件小批生产中，刨削中小型工件上的平面、成形面和沟槽。滑枕带着刨刀，作直线往复运动的刨床，因滑枕前端的刀架形似牛头而得名。中小型牛头刨床的主运动大多采用曲柄摇杆机构传动，故滑枕的移动速度是不均匀的。大型牛头刨床多采用液压传动，滑枕基本上是匀速运动。滑枕的返回行程速度大于工作行程速度。由于采用单刃刨刀加工，且在滑枕回程时不切削，所以，牛头刨床的生产率较低。

图 5.38

普通牛头刨床由滑枕带着刨刀作水平直线往复运动，刀架可在垂直面内回转一个角度，并可手动进给，工作台带着工件作间歇的横向或垂直进给运动，常用于加工平面、沟槽和燕尾面等，如图 5.39 所示。仿形牛头刨床是在普通牛头刨床上增加一仿形机构，用于加工成形表面，如透平叶片。移动式牛头刨床的滑枕与滑座还能在床身（卧式）或立柱（立式）上移动，适用于刨削特大型工件的局部平面。下面我们的主要任务就是绘制牛头刨床中导杆机构运动简图。

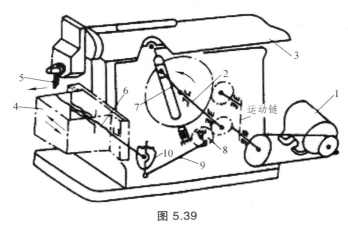

图 5.39

1—电动机；2—主导轴；3—滑枕；4—工作台；5—刨刀；6—丝杠；
7—主曲柄；8—曲柄；9—连杆；10—棘轮

二、任务要求

（1）了解牛头刨床的结构和工作原理。
（2）了解牛头刨床导杆机构的组成和工作原理。
（3）绘制牛头刨床导杆机构的机构示意图。
（4）测量牛头刨床导杆机构的尺寸并绘制机构运动简图。

三、任务所需的实验设备

学院制造中心牛头刨床、测量工具、图纸、图板。

四、任务实施步骤

（1）拆卸。
（2）测量。
（3）绘图。

任务六 设计内燃机配气机构中的凸轮机构

 任务目标

（1）了解凸轮机构的分类及应用。

（2）了解从动件常用运动规律的选择原则。

（3）掌握在确定凸轮机构的基本尺寸时应考虑的主要问题。

（4）能根据选定的凸轮类型和推杆运动规律设计凸轮的轮廓曲线。

 任务引入

内燃机（Internal combustion engine）是将液体或气体燃料与空气混合后，直接输入机器内部燃烧产生热能再转化为机械能的一种热机。内燃机具有体积小、质量小、便于移动、热效率高、起动性能好的特点；但是内燃机一般使用石油燃料，排出的废气中含有害气体的成分较高。

内燃机是一种动力机械，它是通过使燃料在机器内部燃烧，并将其放出的热能直接转换为动力的热力发动机，如图 6.1 所示。

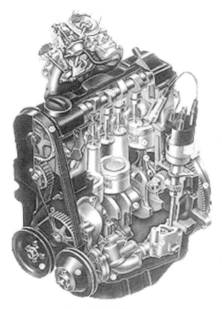
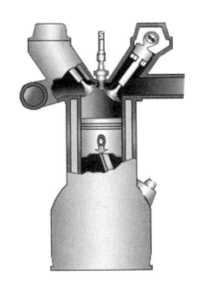

多缸发动机

单缸发动机

图 6.1 发动机

广义上的内燃机不仅包括往复活塞式内燃机、旋转活塞式发动机和自由活塞式发动机，也包括旋转叶轮式的燃气轮机、喷气式发动机等，但通常所说的内燃机是指活塞式内燃机。

配气机构是进、排气管道的控制机构，它按照气缸的工作顺序和工作过程的要求，准时地开闭进、排气门，向气缸供给可燃混合气（汽油机）或新鲜空气（柴油机）并及时排出废气。另外，当进、排气门关闭时，保证气缸密封。四行程发动机都采用气门式配气机构。

配气机构大多采用顶置气门式配气机构，一般由气门组、气门传动组和气门驱动组组成，如图 6.2 所示。

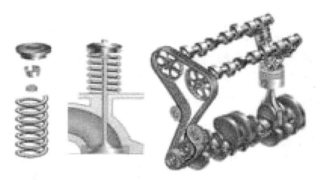

图 6.2　配气机构

 相关知识

一、凸轮机构的应用、类型和特点

（一）凸轮机构的应用

凸轮机构是由凸轮、从动件和机架组成的含有高副的传动机构。它广泛应用于各种机器中。

图 6.3 所示为内燃机中利用凸轮机构实现进排气门控制的配气机构。当具有一定曲线轮廓的凸轮 1 等速转动时，它的轮廓迫使从动件 2（气门从动件）上下移动，以便按内燃机的工作循环要求启闭阀门，实现进气和排气。

图 6.4 所示为自动机床上控制刀架运动的凸轮机构。当圆柱凸轮 1 回转时，凸轮凹槽侧面迫使杆 2 运动，以驱使刀架运动。凹槽的形状将决定刀架的运动规律。

图 6.5 所示为利用靠模法车削手柄的移动凸轮机构。凸轮 1 作为靠模被固定在床身上，滚轮 2 在弹簧作用下与凸轮轮廓紧密接触，当拖板 3 横向运动时，和从动件相连的刀头便走出与凸轮轮廓相同的轨迹，因而切削出工件的复杂形面。

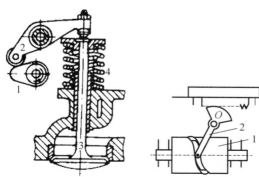

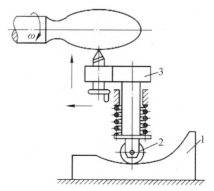

图 6.3 内燃机配气机构　　图 6.4 自动机床走刀机构　　图 6.5 移动凸轮机构

102

从以上例子可以看出：凸轮机构一般是由凸轮、从动件和机架三个基本构件组成的高副机构。其中，凸轮是一个具有曲线轮廓或凹槽的构件，它运动时，通过高副接触可以使从动件获得连续或不连续的任意预期往复运动。

同时，我们可以看出：凸轮机构的从动件是在凸轮控制下，按预定的运动规律运动的，这种机构具有结构简单、运动可靠等优点。但是，由于是高副机构，接触应力较大，易于磨损，因此，多用于小载荷的控制或调节机构中。

（二）凸轮机构的分类

根据凸轮及从动件的形状和运动形式的不同，凸轮机构的分类方法有以下四种：

1. 按凸轮的形状分

（1）盘形凸轮。这种凸轮是一个绕固定轴转动并且具有变化的轮廓向径的盘形构件，它是凸轮的最基本形式，如图 6.3 所示。

（2）圆柱凸轮。将移动凸轮卷曲成圆柱体即成为圆柱凸轮，一般制成凹槽形状，如图 6.4 所示。

（3）移动凸轮。当盘形凸轮的回转中心趋于无穷远时，凸轮相对于机架作直线运动，如图 6.5 所示，这种凸轮称为移动凸轮。

2. 按从动件端部结构分

根据从动件与凸轮接触处结构形式的不同，从动件可分为三类：

（1）尖顶从动件，如图 6.6（a）、（b）、（f）所示。这种从动件结构简单，但尖顶易于磨损（接触应力很高），故只适用于传力不大的低速凸轮机构中。

（2）滚子从动件，如图 6.6（c）、（d）、（g）所示。由于滚子与凸轮间为滚动摩擦，所以不易磨损，可以实现较大动力的传递，应用最为广泛。

（3）平底从动件，如图 6.6（e）、（h）所示。这种从动件与凸轮间的作用力方向不变，受力平稳，而且在高速情况下，凸轮与平底间易形成油膜而减小摩擦与磨损。其缺点是：不能与具有内凹轮廓的凸轮配对使用，也不能与移动凸轮和圆柱凸轮配对使用。

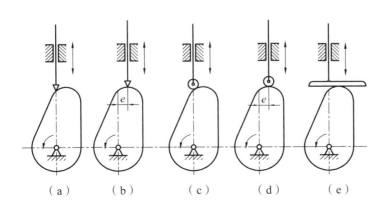

（a）　　　　（b）　　　　（c）　　　　（d）　　　　（e）

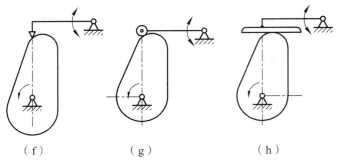

（f）　　　　　　（g）　　　　　　（h）

图 6.6　凸轮的分类

3. 按从动件的运动形式分

（1）直动从动件。作往复直线移动的从动件称为直动从动件，如图 6.6（a）、（b）、（c）、（d）（e）所示。若直动从动件的尖顶或滚子中心的轨迹通过凸轮的轴心，则称为对心直动从动件，否则称为偏置直动从动件；从动件尖顶或滚子中心轨迹与凸轮轴心间的距离 e，称作偏距。

（2）摆动从动件。作往复摆动的从动件成为摆动从动件，如图 6.6（f）、（g）、（h）所示。

4. 按凸轮与从动件锁合方式分

为了使凸轮机构能够正常工作，必须保证凸轮与从动件始终相接触，保持接触的措施称为锁合。

锁合方式分为力锁合和形锁合两类。力锁合是利用从动件的重力、弹簧力（见图 6.3、6.5）或其他外力使从动件与凸轮保持接触，形锁合是靠凸轮与从动件的特殊结构形状（见图 6.7）来保持两者接触。

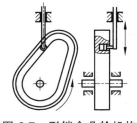

图 6.7　形锁合凸轮机构

（三）凸轮机构的特点

1. 凸轮机构的优点

（1）不论从动件要求的运动规律多么复杂，都可以通过适当地设计凸轮轮廓来实现，而且设计很简单。

（2）结构简单紧凑、构件少，传动累积误差很小，因此，能够准确地实现从动件要求的运动规律。

（3）能实现从动件的转动、移动、摆动等多种运动要求，也可以实现间歇运动要求。

（4）工作可靠，非常适合于自动控制中。

2. 凸轮机构的缺点

（1）凸轮与从动件以点或线接触，易磨损，只能用于传力不大的场合。

（2）与圆柱面和平面相比，凸轮加工要困难得多。

二、平面凸轮机构的工作过程和运动参数

通过上面的介绍已经知道，凸轮机构是由凸轮旋转或平移带动从动件进行工作的。所以设计凸轮结构时，首先就是要根据实际工作要求确定从动件的运动规律，然后依据这一运动

规律设计出凸轮轮廓曲线。由于工作要求的多样性和复杂性，要求从动件满足的运动规律也是各种各样的。在本节中，我们将介绍几种常用的运动规律。为了研究这些运动规律，我们首先介绍一下凸轮机构的工作过程和运动参数。

图 6.8（a）所示为一对心直动尖顶从动件盘形凸轮机构，从动件移动导路至凸轮旋转中心的偏距为 e。以凸轮轮廓的最小向径 r_b 为半径所作的圆称为基圆，r_b 为基圆半径，凸轮以等角速度 ω 逆时针转动。在图示位置，尖顶与 A 点接触，A 点是基圆与开始上升的轮廓曲线的交点，此时，从动件的尖顶离凸轮轴最近。凸轮转动时，向径增大，从动件被凸轮轮廓推向上，到达向径最大的 B 点时，从动件距凸轮轴心最远，这一过程称为推程。与之对应的凸轮转角 δ_0 称为推程运动角，从动件上升的最大位移 h 称为行程。当凸轮继续转过 δ_s 时，由于轮廓 BC 段为一向径不变的圆弧，从动件停留在最远处不动，此过程称为远停程，对应的凸轮转角 δ_s 称为远停程角。当凸轮又继续转过 δ_0' 角时，凸轮向径由最大减至 r_b，从动件从最远处回到基圆上的 D 点，此过程称为回程，对应的凸轮转角 δ_0' 称为回程运动角。当凸轮继续转过 δ_s' 角时，由于轮廓 DA 段为向径不变的基圆圆弧，从动件继续停在距轴心最近处不动，此过程称为近停程，对应的凸轮转角 δ_s' 称为近停程角。此时，$\delta_0 + \delta_s + \delta_0' + \delta_s' = 2\pi$，凸轮刚好转过一圈，机构完成一个工作循环，从动件则完成一个"升-停-降-停"的运动循环。

上述过程可以用从动件的位移曲线来描述。以从动件的位移 s 为纵坐标，对应的凸轮转角为横坐标，将凸轮转角或时间与对应的从动件位移之间的函数关系用曲线表达出来的图形称为从动件的位移线图，如图 6.8（b）所示。

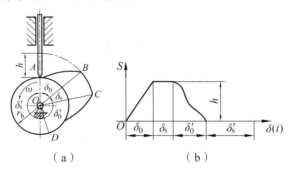

图 6.8　尖顶直动从动件盘形凸轮机构

从动件在运动过程中，其位移 s、速度 v、加速度 a 随时间 t（或凸轮转角）的变化规律，称为从动件的运动规律。由此可见，从动件的运动规律完全取决于凸轮的轮廓形状。工程中，从动件的运动规律通常是由凸轮的使用要求确定的。因此，根据实际要求的从动件运动规律所设计凸轮的轮廓曲线，完全能实现预期的生产要求。

三、常用从动件的运动规律

常用的从动件运动规律有等速运动规律、等加速-等减速运动规律、余弦加速度运动规律以及正弦运动规律等。

1. 等速运动规律

从动件推程或回程的运动速度为常数的运动规律，称为等速运动规律，其运动线图如图 6.9 所示。

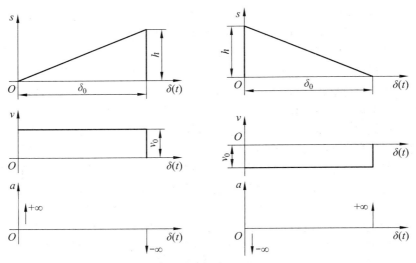

图 6.9 等速运动规律

由图可知，从动件在推程（或回程）开始和终止的瞬间，速度有突变，其加速度和惯性力在理论上为无穷大，会致使凸轮机构产生强烈的冲击、噪声和磨损，因此，等速运动规律只适用于低速、轻载的场合。

2. 等加速等减速运动规律

从动件在一个行程 h 中，前半行程作等加速运动，后半行程作等减速运动，这种运动规律称为等加速等减速运动规律。通常加速度和减速度的绝对值相等，其运动线图如图 6.10 所示。

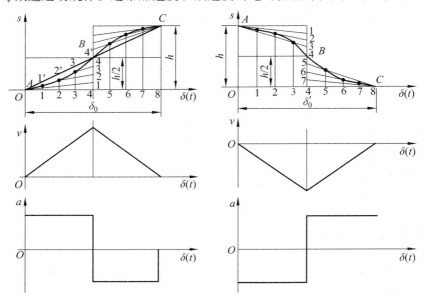

图 6.10 等加速等减速运动规律

由运动线图可知，这种运动规律的加速度在 A、B、C 三处存在有限的突变，因而会在机构中产生有限的冲击，这种冲击称为柔性冲击。与等速运动规律相比，其冲击程度大为减小。因此，等加速等减速运动规律适用于中速、中载的场合。

106

3. 简谐运动规律（余弦加速度运动规律）

当一质点在圆周上作匀速运动时，它在该圆直径上投影的运动规律称为简谐运动。因其加速度运动曲线为余弦曲线，故也称余弦运动规律，其运动线图如图 6.11 所示。

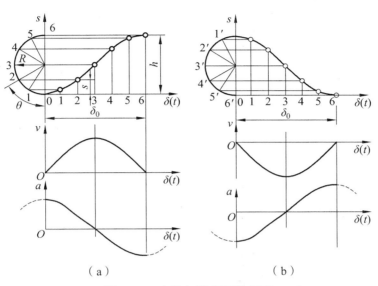

图 6.11　余弦加速度运动规律

由余弦加速度线图可知，此运动规律在行程的始末两点加速度存在有限突变，故也存在柔性冲击，通常只适用于中速场合；但当从动件作无停歇的"升-降-升"连续往复运动时，则得到连续的余弦曲线，柔性冲击被消除，这种情况下可用于高速场合。

4. 摆线运动规律（正弦加速度运动规律）

当一圆沿纵轴作匀速纯滚动时，圆周上某定点 A 的运动轨迹为一摆线，而定点 A 运动时，在纵轴上投影的运动规律即为摆线运动规律。因其加速度按正弦曲线变化，故又称正弦加速度运动规律，其运动规律运动线图如图 6.12 所示。

从动件按正弦加速度规律运动时，在全行程中无速度和加速度的突变，因此不产生冲击，适用于高速场合。

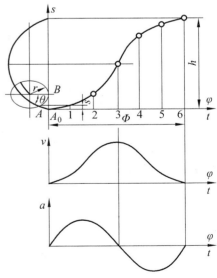

图 6.12　正弦加速度运动规律

以上介绍了从动件常用的运动规律，在实际生产中还有更多的运动规律，如复杂多项式运动规律、改进型运动规律等，了解从动件的运动规律，便于我们在凸轮机构设计时，根据机器的工作要求进行合理选择。

四、凸轮机构基本尺寸的确定

1. 凸轮机构中的作用力及凸轮机构的压力角

图 6.13 所示为一尖顶式对心直动从动件盘形凸轮机构在推程中的一个位置。在不考虑摩擦力时，把凸轮作用于从动件的法向力 F_n 方向与从动件的运动方向间所夹的锐角 α 称为压力角。法向力可以分解为沿导路方向和垂直于导路方向的两个力，即

$$\left.\begin{array}{l} F_t = F_n \cos \alpha \\ F_r = F_n \sin \alpha \end{array}\right\}$$

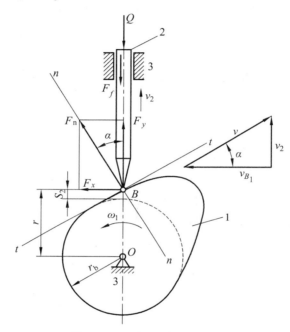

图 6.13　凸轮机构的压力角

显然，F_t 是推动从动件运动的有效力，而 F_r 为垂直于导路方向将使从动件产生摩擦力的有害力。由上述关系可知，压力角 α 越大，有效力 F_t 越小，有害力 F_r 越大，对传动不利。因此，压力角也是凸轮机构传力性能好坏的衡量标准。当压力角 α 增大到一定数值时，有效力 F_t 将无法克服有害力 F_r 产生的摩擦力（$F_f = \mu F_r$），这时，无论外力 F_n 多大，从动件都不会运动，这种现象称为自锁。

为了保证凸轮机构的正常工作，必须对凸轮机构的压力角加以限制。能够保证机构正常工作的压力角称为许用压力角，用 $[\alpha]$ 表示。设计时，应满足 $\alpha_{\max} \leqslant [\alpha]$。根据工程应用经验，推荐推程的许用压力角为

移动从动件：$[\alpha] = 30°$

摆动从动件：$[\alpha] = 45°$

回程时，使从动件返回的力不是凸轮提供的，而是利用凸轮或从动件特殊的外形或外力（如弹簧力）锁合作用。此时不存在自锁问题，但为了使从动件不致产生过大的加速度引起不良后果，通常推荐：$[\alpha] = 70° \sim 80°$。

2. 凸轮基圆半径的确定

凸轮基圆的大小直接影响到凸轮机构的尺寸，更重要的是凸轮基圆半径与凸轮机构的受力状况及压力角的大小直接有关。在相同运动规律条件下，基圆半径 r_b 越大，凸轮机构的压力角就越小，其传力性能越好。因此，从传力性能考虑应选较大的基圆半径。但是，r_b 越大，机构所占空间就越大。为了兼顾传力性能和结构紧凑两方面要求，应适当选择 r_b。

3. 滚子半径的确定

对于滚子从动件中滚子半径的选择，要考虑其结构、强度及凸轮廓线的形状等诸多因素。滚子的半径也不能太小，通常取：$r_T = (0.1 \sim 0.5)r_b$。

五、凸轮机构常用材料及结构设计

1. 凸轮和从动件的材料

凸轮机构工作时，往往承受冲击载荷，凸轮与从动件接触部分磨损较严重，因此，必须合理地选择凸轮与滚子的材料，并进行适当的热处理，使滚子和凸轮的工作表面具有较高的硬度和耐磨性，而芯部具有较好的韧性。

常用的材料有：45、20Cr、18CrMnTi 或 T9、T10 等并经过表面淬火处理。

2. 凸轮的结构

盘形凸轮的结构通常分为整体式和组合式。

整体式结构如图 6.14 所示，它具有加工方便、精度高和刚性好的优点。

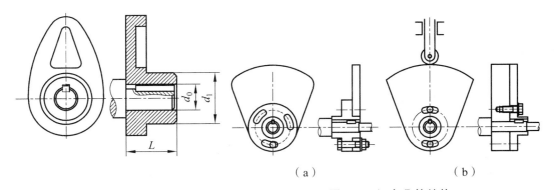

（a）　　　　　　　　　（b）

图 6.14 整体凸轮结构　　　　　　　图 6.15 组合凸轮结构

对于大型低速凸轮机构的凸轮或经常调整轮廓形状的凸轮，常用组合凸轮结构，如图 6.15 所示。图 6.15（a）所示为凸轮与轮毂分开的结构，利用圆弧槽可调整轮盘与轮毂的相对角度；图 6.15（b）所示为可以通过调整凸轮盘之间的相对位置来改变从动件在最远位置的停留时间的凸轮结构。

凸轮与轴的固定可采用紧定螺钉、键及销钉等方式，如图 6.16 所示。在精度要求不高的情况下可采用键固定，如图 6.16（a）所示；销固定如图 6.16（b）所示，通常是在装配时调整好凸轮位置后，配钻定位销，或用紧定螺钉定位后，再用锥销固定。

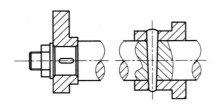

图 6.16　凸轮与轴的固定

3. 滚子及其联接

图 6.17 所示为常见的几种滚子结构。图 6.17（a）所示为专用的圆柱滚子及其联接方式，即滚子与从动件底端用螺栓联接。图 6.17（b）、（c）所示为滚子与从动件底端用销轴联接，其中，图 6.17（c）直接采用合适的滚动轴承代替。但无论上述那种情况，都必须保证滚子能自由转动。

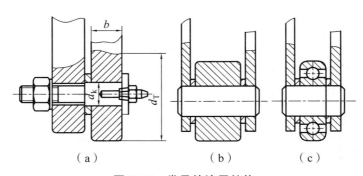

（a）　　　　　　　　（b）　　　　　　　　（c）

图 6.17　常见的滚子结构

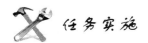任务实施

一、任务：用图解法设计汽车配气凸轮轮廓曲线

已知：汽车配气凸轮为对心直动滚子从动件盘形凸轮，滚子半径 $r_T = 10$ mm，凸轮顺时针匀速转动，基圆半径 $r_b = 40$ mm，$h = 30$mm，从动件的运动规律见表 6.1。

表 6.1　从动件的运动规律

δ	0～90°	90°～180°	180°～240°	240°～360°
运动规律	等速上升	停止	等加速等减速下降	停止

二、用图解法设计凸轮廓线的基本原理——反转法

根据工作要求选定凸轮机构的形式，并且确定凸轮的基圆半径及选定从动件的运动规律

后，在凸轮转向已定的情况下，就可以进行凸轮轮廓曲线的设计。其方法有图解法和解析法。图解法简单，但受到作图精度的限制，适用于一般要求的场合。解析法计算较麻烦，但设计精度较高，利用计算机辅助设计能够获得很好的设计效果，目前主要用于运动精度要求较高或直接与数控机床联机自动加工的场合。本书主要以介绍图解法为主。

凸轮机构工作时凸轮与从动件都在运动，为了绘制凸轮轮廓，假定凸轮相对静止。根据相对运动原理，假想给整个凸轮机构附加上一个与凸轮转动方向相反（$-\omega$）的转动，此时各构件的相对运动保持不变，但此时凸轮相对静止，而从动件一方面和机架一起以$-\omega$转动，同时还以原有运动规律相对于机架导路作往复移动，即从动件作复合运动，如图 6.18 所示。可以看出，从动件在复合运动时，尖点的轨迹就是凸轮的轮廓曲线。

因此，在设计时，根据从动件的位移线图和设定的基圆半径及凸轮转向，沿反方向（$-\omega$）做出从动件的各个位置，则从动件尖点的运动轨迹，即为要设计的凸轮的轮廓曲线。利用这种方法绘制凸轮轮廓曲线的方法称为反转法。用反转法设计凸轮轮廓就是按对应转角沿$-\omega$方向绘制从动件位置，然后把尖点轨迹用光滑曲线连接起来即可。

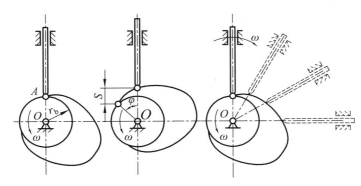

图 6.18　凸轮的轮廓曲线

三、图解法设计凸轮廓线

1. 对心直动尖顶从动件盘形凸轮机构

所谓对心是指从动件移动导路中心线通过凸轮回转中心。直动就是从动件作往复直线移动。由于尖顶式最简单，同时又是其他形式凸轮机构设计的基础，因此，下面先介绍尖顶式对心直动从动件盘形凸轮的轮廓设计。

已知凸轮顺时针方向转动，基圆半径r_b已确定，从动件的位移线图如图 6.19（b）所示。

（1）确定作图比例尺：长度比例尺u_l和角度比例尺u_δ。

（2）作基圆，并以能通过基圆中心的任一直线作为从动件中心线，以其与基圆交点B_0作为从动件尖点的起始位置。

（3）确定推程和回程的等分数，并以B_0点为初始点按$-\omega$方向对应分段等分基圆圆周。一般先按推程角δ_t、远休止角δ_s、回程角δ_h、近休止角δ_s'分大段，再分别将推程角δ_t和回程

111

角 δ_h 细分为要求的等份数。如图 6.19（a）中的推程角和回程角各 4 等分，得到等分点为 B_1'、B_2'、B_3'、B_4'、B_5'、B_6'、B_7'、B_8'。

（4）通过基圆圆心向外作各等分点的射线，作出从动件在各分点的位置。

（5）以射线与基圆的交点为基点顺次在各射线上截取对应点的位移，得到截取点分别为 B_1、B_2、B_3、B_4、B_5、B_6、B_7。然后以光滑曲线顺次连接各截取点，即可得到要设计的凸轮轮廓曲线，如图 6.19（a）所示。

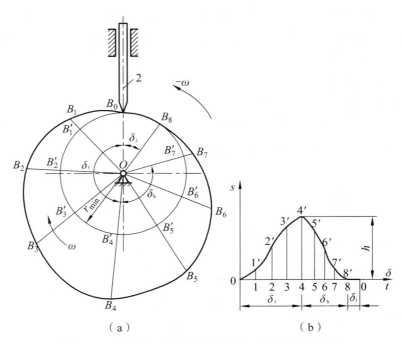

（a）　　　　　　　　　（b）

图 6.19　尖顶式对心直动从动件盘形凸轮轮廓设计

2. 对心直动滚子从动件盘形凸轮机构

滚子式与尖顶式的区别在于尖端变为滚子，如图 6.20 所示。可以设想：以尖点为圆心，以给定的滚子半径 r_T 为半径作一系列滚子圆，然后再作这些滚子圆的内（或外）包络线，则该包络线即为要制造的凸轮的工作轮廓。因此，为了叙述方便，规定按尖顶式绘制的凸轮轮廓曲线为凸轮的理论轮廓；把通过滚子圆的内（或外）包络线绘制的凸轮轮廓称为实际轮廓。这样，滚子式对心直动从动件盘形凸轮轮廓曲线的设计方法归纳如下：

① 先按尖顶式绘制凸轮的理论轮廓曲线；

② 以理论轮廓曲线上各点为圆心绘制一系列滚子圆；

③ 作滚子圆的内包络线，即得到要设计凸轮的实际轮廓，如图 6.20 所示。

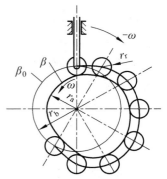

图 6.20　对心直动平底从动件盘形

任务七　设计转塔车床刀架转位机构

 任务目标

（1）能掌握棘轮机构、槽轮机构的工作原理、运动特点、功能和适用场合。

（2）能分析间歇运动机构在设计中对从动件的动、停时间和位置的要求及对其动力性能的要求。

 任务引入

具有能装多把刀的转塔刀架的车床，其转塔刀架可以转位，过去大多呈六角形，故转塔车床旧称六角车床，如图7.1所示。转塔车床是美国的J.菲奇于1845年发明的。通常用于对夹持在弹簧夹头中的棒料或装在卡盘中的坯件进行车削、钻削和铰削等加工。采用附加装置后，还可进行螺纹加工和仿形加工。转塔车床适用于成批生产。

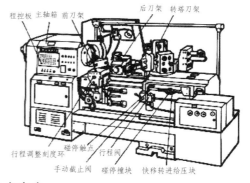

图7.1　六角车床

转塔刀架的轴线大多垂直于机床主轴，可沿床身导轨作纵向进给。一般大、中型转塔车床是滑鞍式的，转塔溜板直接在床身上，移动如图7.1所示。小型转塔车床常是滑板式的，在转塔溜板与床身之间还有一层滑板，转塔溜板只在滑板上作纵向移动，工作时滑板固定在床身上，只有当工件长度改变时才移动滑板的位置。机床另有前后刀架，可作纵、横向进给。

在转塔刀架上能装多把刀具，各刀具都按加工顺序预先调好，切削一次后，刀架退回并转位，再用另一把刀进行切削，故能在工件的一次装夹中完成较复杂型面的加工。机床上具有控制各刀具行程终点位置的可调挡块，调好后可重复加工出一批工件，缩短辅助时间，生产率较高。此外，还有半自动转塔车床，采用插销板式程序控制实现加工的半自动循环。

 相关知识

一、棘轮机构

在许多机械中，常要求原动件作连续运动时，从动件作周期性的间歇运动，这类输出运动具有停歇特性的机构称为间歇运动机构。例如，自动机床的进给、送料和刀架的转动机构，包装机械的送进机构，等等，都广泛应用着各种间歇运动机构。常用的间歇运动机构有棘轮机构、槽轮机构、不完全齿轮机构和凸轮式间歇运动机构等。图 7.2 所示的地铁门禁机构属于典型的棘轮机构。

图 7.2　地铁门禁机构

（一）棘轮机构的工作原理和类型

1. 棘轮机构的工作原理

图 7.3（a）所示为轮齿式外啮合棘轮机构，棘轮机构主要由棘轮、棘爪和机架组成。棘轮 3 固联在轴 2 上，原动杆 1 空套在轴 2 上。当原动杆 1 逆时针方向摆动时，与其相联的驱动棘爪 4 便借助弹簧或自重插入棘轮的齿槽内，使棘轮随着转过一定的角度。当原动杆 1 顺时针摆动时，驱动棘爪 4 在棘轮的齿背上滑过，制动棘爪 5 起着阻止棘轮逆时针方向转动的作用，此时，棘轮静止不动。所以，当原动杆 1 作连续的往复摆动时，棘轮 3 作单向的间歇运动。图 7.3（b）所示为轮齿式内啮合棘轮机构。图 7.3（c）所示为棘条的单向间歇传动机构。

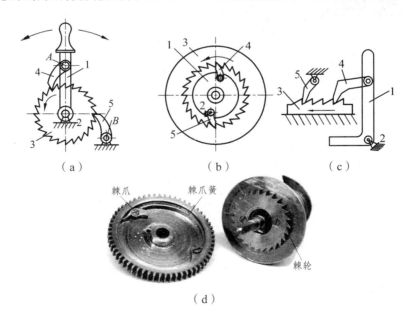

图 7.3　棘轮机构

2. 棘轮机构的类型

按照结构特点，常用的棘轮机构有下列两大类：

（1）齿式棘轮机构。

轮齿式棘轮机构有外啮合齿式棘轮机构[见图 7.3（a）]和内啮合齿式棘轮机构[见图 7.3（b）]两种型式。当棘轮的直径为无穷大时，变为棘条[见图 7.3（c）]，此时棘轮的单向转动变为棘条的单向移动。

根据棘轮的运动，齿式棘轮又可分为：

①单动式棘轮机构，如图 7.3（a）所示。它的特点是摇杆向一个方向摆动时，棘轮沿同方向转过某一角度；而摇杆反向摆动时，棘轮静止不动。

②双动式棘轮机构，如图 7.4 所示。当摇杆往复摆动时，都能使棘轮沿单一方向转动。

③可变向棘轮机构，如图 7.5 所示。它的特点是当棘爪 1 在图示位置时，棘轮 2 沿逆时针方向间歇运动；若将棘爪提起（销子拔出），并绕本身轴线转 180°后放下（销子插入），则可实现棘轮沿顺时针方向间歇运动。

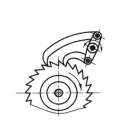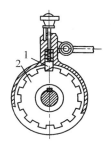

图 7.4　双动式棘轮机构　　　　图 7.5 可变向棘轮机构

如要调节棘轮的转角，可以改变棘爪的摆角或改变拨过棘轮齿数的多少。如图 7.6 所示，在棘轮上加一遮板，变更遮板的位置，即可使棘爪行程的一部分在遮板上滑过，不与棘轮的齿接触，从而改变棘轮转角的大小。

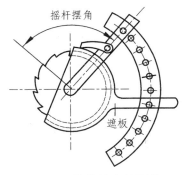

图 7.6　棘轮转角的调节

（2）摩擦式棘轮机构。

图 7.7 所示为摩擦式棘轮机构。这种棘轮机构是通过棘轮 2 与棘爪 3 之间的摩擦而使棘

爪实现间歇传动的。摩擦式棘轮机构可无级变更棘轮转角，且噪声小，但与棘轮之间容易产生滑动。为增大摩擦力，可将棘轮做成槽轮形。

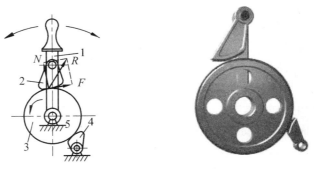

图 7.7　摩擦式棘轮机构

在棘轮机构中，棘轮多为从动件，由棘爪推动其运动。而棘爪的运动则可用连杆机构、凸轮机构或电磁装置等来实现。

（二）棘轮机构的特点和应用

轮齿式棘轮机构结构简单、运动可靠、棘轮的转角容易实现有级的调节，但是这种机构在回程时，棘爪在棘轮齿背上滑过会产生噪声；在运动开始和终了时，由于速度突变而产生冲击，运动平稳行差，且棘轮轮齿容易磨损，故常用于低速轻载等场合。摩擦式棘轮传递运动较平稳、无噪声，棘轮角可以实现无级调节，但运动准确性差，不宜用于运动精度高的场合。

棘轮机构常用在各种机床、自动机、自行车、螺旋千斤顶等各种机械中。棘轮还被广泛地用在防止机械逆转的制动器中，这类棘轮制动器常用在卷扬机、提升机、运输机和牵引设备中。图 7.8 所示为提升机中的棘轮制动器，重物 W 被提升后，由于棘轮受到止动爪的制动作用，卷筒不会在重力作用下反转下降。

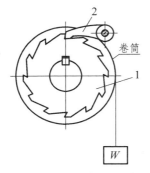

图 7.8　提升机中的棘轮制动器

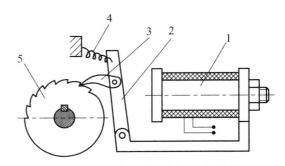

图 7.9　棘轮机构的应用——计数器

此外，棘轮机构还可以用来做计数器，如图 7.9 所示，当电磁铁 1 的线圈通入脉冲直流信号电流时，电磁铁吸动衔铁 2，把棘爪 3 向右拉动，棘爪在棘轮 5 的齿上滑过；当断开信号电流时，借助弹簧 4 的恢复力作用，使棘爪向左推动，这时棘轮转过一个齿，表示计入一个数字，重复上述动作，便可实现数字计入运动。

二、槽轮机构

（一）槽轮机构的工作原理和类型

1. 槽轮机构的工作原理

图 7.10 所示为外啮合槽轮机构，它是由具有均布开口径向槽的槽轮 2 和带有圆柱销的拨盘 1 及机架组成。

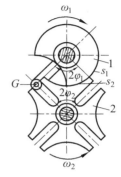

图 7.10　外啮合槽轮机构

拨盘上有一个带缺口的圆盘，该圆盘起定位作用。拨盘是主动件，它以等速回转。当圆柱销进入槽轮的开口槽中时，拨盘定位盘的外凸圆弧面与槽轮上的内凹圆弧面开始脱离接触，拨盘通过圆柱销驱使槽轮转动。当拨盘与槽轮各自转过一定角度后，圆柱销与槽轮的开口槽分开，而拨盘继续转动。这时槽轮的内凹圆弧面被拨盘的外凸圆弧面卡住，故槽轮静止不动。当拨盘再继续回转一定角度后，圆柱销又进入槽轮的另一个径向槽中，驱使槽轮又转动。这样，周而复始，槽轮便获得单向的间歇转动。

2. 槽轮机构的类型

① 外啮合槽轮机构，如图 7.10 所示。它的特点是槽轮上径向槽的开口是自圆心向外，主动构件与槽轮转向相反。

② 另一种是内槽轮机构，如图 7.11 所示。它的特点是槽轮上径向槽的开口是向着圆心的，主动构件与槽轮的转向相同，这两种槽轮机构都用于传递平行轴的运动。

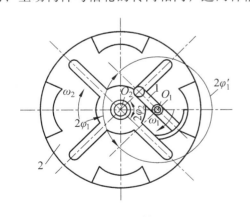

图 7.11　外啮合槽轮机构

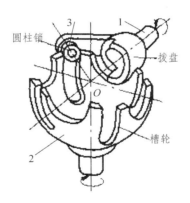

图 7.12　球面槽轮机构

③ 球面槽轮机构，如图 7.12 所示。它是用于传递两垂直相交轴的间歇运动机构，从动槽轮 2 呈半球形，主动构件 1 的轴线与销 3 的轴线都通过球心 O，当主动构件 1 连续转动时，球面槽轮 2 得到间歇转动。

（二）槽轮机构的特点和应用

槽轮机构结构简单，外形尺寸小，工作可靠，机械效率高，在进入和退出啮合时运动比较平稳，但槽轮的转角大小不能调节，而且在运动过程中，加速度变化较大，圆销与径向槽之间冲击严重，所以它一般用于转速不高，要求间歇转动一定角度的分度装置和自动化机械。

图 7.13 所示为电影放映机中使用的槽轮机构。

图 7.14 所示的自动传送链装置。运动由主动构件 1 传给槽轮 2，再经一对齿轮 3、4 使与齿轮 4 固连的链轮 5 作间歇转动，从而得到传送链 6 的间歇移动，传送链上装有装配夹具的安装支架 7，故可满足自动线上的流水装配作业要求。

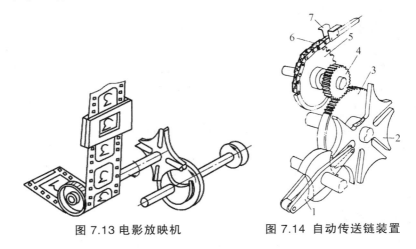

图 7.13 电影放映机　　　图 7.14 自动传送链装置

三、不完全齿轮机构和凸轮式间歇运动机构

1. 不完全齿轮机构

不完全齿轮机构是由普通渐开线齿轮机构演变而成的间歇运动机构。它与普通渐开线齿轮机构的主要区别在于该机构中的主动轮仅有一个或几个齿，它常用作间歇传动机构。

如图 7.15 所示，当主动轮 1 的有齿部分作用时，从动轮 2 被驱使转动，当主动轮 1 的无齿圆弧部分作用时，从动轮停止不动，因而当主动轮连续转动时，从动轮获得时转时停的间歇运动。为了防止从动轮在停歇时游动，两轮轮缘上各装有锁住弧。

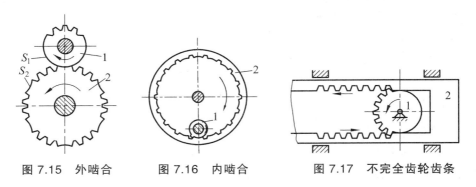

图 7.15　外啮合　　　　图 7.16　内啮合　　　　图 7.17　不完全齿轮齿条

不完全齿轮机构的类型有：外啮合（见图 7.15）、内啮合（见图 7.16）。当轮 2 的直径为无穷大时，变为不完全齿轮齿条（见图 7.17），这时轮 2 的转动变为齿条 2 的移动。

由于从动轮每转一周的停歇时间、运动时间及每次转动的角度变化范围都较大，所以设计较灵活；但加工工艺复杂，从动轮在运动开始、终了时冲击较大，故一般用于低速、轻载场合。如在自动机和半自动机中用于工作台的间歇转位以及要求具有间歇运动的进给机构、计数机构，等等。

2. 凸轮间歇运动机构

图 7.18 所示为凸轮式间歇运动机构。主动凸轮 1 驱动从动转盘 2 上的滚子，将凸轮的连续转动变换为转盘的间歇转动。

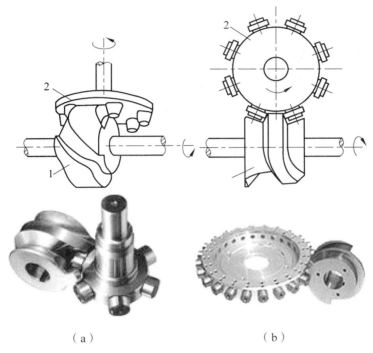

（a） （b）

图 7.18 凸轮式间歇运动机构

图 7.18（a）中，主动凸轮 1 呈圆柱形，从动转盘 2 的端面均布着若干滚子，其轴线平行于转盘的轴线，称为圆柱凸轮间歇运动机构。图 7.18（b）中，主动凸轮 1 的形状像圆弧面蜗杆，从动转盘 2 的圆柱表面均布着若干滚子，其轴线垂直于转盘的轴线，称为蜗杆凸轮间歇运动机构。这种蜗杆凸轮间歇运动机构，可以通过调整凸轮与转盘的中心距来调节滚子与凸轮轮廓之间的间隙，以保证机构的运动精度。

凸轮式间歇运动机构传动平稳，工作可靠，常用于传递交错轴间的分度运动和高速分度转位的机械中。

✕ 任务实施

如图 7.19 所示为六角车床的刀架转位机构，刀架上可装六把刀具并与具有相应的径向槽的槽轮固联。拨盘每转一周，圆销 A 驱使槽轮（即刀架）转 60°，从而将下一工序的刀具转换到工作位置，实现自动换刀。

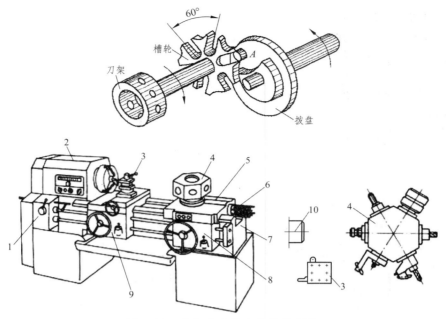

图 7.19 六角车床的刀架转位机构

1—进给箱；2—主轴箱；3—横刀架；4—转塔刀架；5—转塔刀架滑板；
6—定程装置；7—床身；8—转塔刀架溜板箱；
9—横刀架溜板箱；10—工件

复习思考题

一、问答题

1. 机构运动简图有何用途？怎样绘制机构运动简图？

2. 平面四杆机构的基本形式是什么？它有哪些演化形式？演化的方式有哪些？

3. 什么是平面连杆机构的死点？举出避免死点和利用死点进行工作的例子。

4. 平面铰链四杆机构的主要演化形式有哪几种？它们是如何演化来的？

5. 凸轮机构的应用场合是什么？凸轮机构的组成是什么？通常用什么办法保证凸轮与从动件之间的接触？

6. 为什么滚子从动件是最常用的从动件形式？

7. 从现有的机器上找出两个凸轮机构应用实例，分析其类型和运动规律。

8. 试比较棘轮机构、槽轮机构、不完全齿轮机构及凸轮间歇运动机构的特点和用途

9. 试判定图 1 中的构件组合体能否运动？若要使它们成为具有确定运动的机构，在结构上应如何改进？

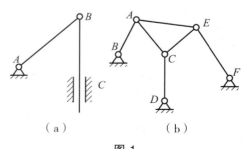

（a）　　　　　　　　（b）

图 1

二、作图题

1. 在图 2 所示活塞泵机构中，3 为扇形齿轮，4 为齿条活塞，5 为缸体。当轮 1 回转时，

120

活塞在气缸中往复运动。试绘制该机构的运动简图，并计算其自由度。

2. 试标出图 3 位移线图中的行程 h、推程运动角 δ_0、远停程角 δ_s、回程角 δ'_0 和近停程角 δ_s。

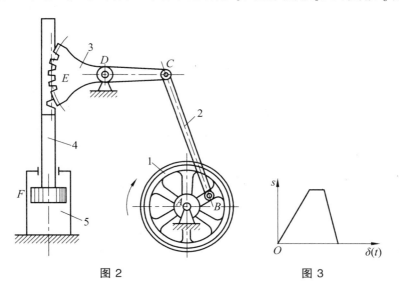

图 2   图 3

三、计算题

1. 计算图 4 所示各机构的自由度（若有复合铰链、局部自由度或虚约束，应明确指出），并判断机构的运动是否确定。（图中绘有箭头的构件为原动件）

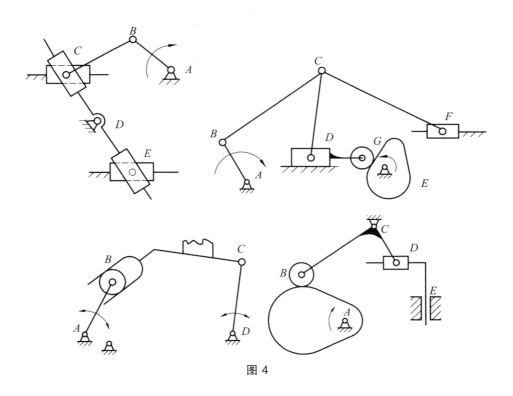

图 4

2. 试判断图 5 所示铰链四杆机构的类型。

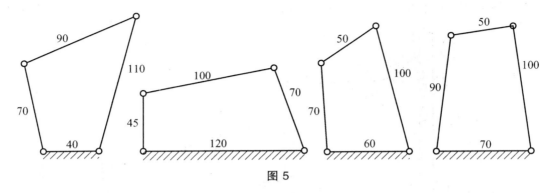

图 5

3. 设计一尖顶对心直动从动件盘形凸轮机构。凸轮顺时针匀速转动,基圆半径 $r_b = 40$ mm,从动件的运动规律见表 1。

表 1　从动件运动规律

δ	$0 \sim 180°$	$180° \sim 240°$	$240° \sim 300°$	$300° \sim 360°$
运动规律	等速上升 40mm	停止	等加速等减速下降	停止

项目四　常用机械传动

项目目标

（1）掌握带传动、齿轮传动和螺旋传动等常见传动形式的结构组成、工作特点和适宜的工作环境。

（2）能根据传动要求选择合适的传动类型，并能进行一定的设计计算。

（3）掌握合理结构设计的基本方法。

任务八　设计带式运输机带传动

任务目标

（1）掌握带传动的工作原理，带的类型、结构、特点和应用。

（2）掌握带轮的类型、结构特点、几何尺寸确定、主要参数的选择。

（3）弄清带传动在工作中受力、运动和弹性滑动的关系，掌握带的打滑与弹性滑动的区别。

（4）能进行带传动的结构和尺寸设计计算。

（5）掌握带传动的安装、使用与维护的基本知识。

任务引入

带传动广泛应用于人们的生产生活实践之中，如图8.1所示，主要起到动力和运动的传递、变换的作用，那么，其传动的基本原理是什么？与其他传动相比，带传动有何优缺点？应当如何扬长避短地去使用带传动？在家用缝纫机中，为何选择圆带传动？选择带传动中带的类型应综合考虑哪些因素？带传动应如何进行结构和尺寸设计？带传动怎样进行安装、使用和维护？

（a）大理石切割机平带传动　　　（b）轿车同步带传动　　　（c）LC型罗茨泵

（d）离心通风机 V 带传动　　（e）缝纫机用圆形带　　　（f）多楔带的应用

图 8.1　各类带传动

 相关知识

一、带传动的类型与特点

带传动是一种常用的机械传动形式，其主要作用是传递动力（通常为扭矩）、传递运动、改变运动速度或转向。

带传动主要由主动带轮、从动带轮和传动带组成，如图 8.2 所示。当用带轮 1 作主动轮时，从动端速度较主动端低，为减速传动；反之，当用带轮 2 为主动轮时，为增速传动。

带传动的工作原理：

摩擦带传动：靠带与带轮表面的摩擦力传递运动和动力，如图 8.1（a）所示。

啮合带传动：靠带内侧齿与带轮外缘齿槽的啮合传递运动和动力，如图 8.3 所示的同步齿形带传动。

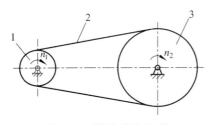

图 8.2　带传动的组成

1—小带轮；2—传动带；3—大带轮

图 8.3　啮合带传动

1. 带传动的特点

（1）中心距变化范围大，适宜较远距离的传动；

（2）过载时，带在带轮表面打滑，从动端停止，可防止其他零件的损坏，起到过载保护作用；

（3）制造和安装精度低、结构简单、价格低廉；

（4）绝大部分带的主要材料是橡胶，具有弹性，能缓冲和吸振，传动平稳，噪音低；

（5）摩擦型带传动不具有恒定的传动比，传动精度不高；

（6）外廓尺寸和带对轴的压力较大；

（7）带传动的效率较低，带的寿命较短；

（8）不宜用于有酸、碱、油、水和高温的工作环境。

2. 带传动的类型

按传动原理分，带传动可分为：

（1）摩擦型带传动。

（2）啮合型带传动。

按用途分，带传动可分为：

（1）传动带：主要传递动力。

（2）输送带：主要由于输送物品，如图 8.4 所示。

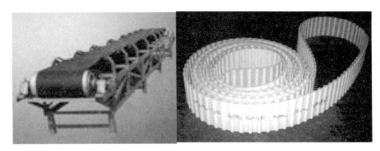

图 8.4　环形输送带

按传动带的截面形状分类，带传动可分为：

（1）平带。

平带的截面形状为狭长的矩形，容易弯曲，主要用于带轮较小、两轴轴线平行、转向相同、较远距离两轴间的传动，如图 8.5（a）所示。平带传动的结构最简单，传动中心距较大，带轮易制造，但由于有接头，噪音较大。常用的平带有帆布芯平带、编织平带（棉织、毛织和缝合棉布带）、锦纶片复合平带等几种，其中，以帆布芯平带应用最广，其标准可查阅国家标准或手册。

（2）V 带。

V 带的截面形状为梯形，两侧面为工作表面，带轮轮槽截面也为梯形。在相同张紧力和相同摩擦因数的条件下，V 带产生的摩擦力约为平带摩擦力的 3.07 ~ 3.63 倍，所以 V 带的传动能力比平带强，结构更紧凑。在各类带传动中，V 带应用最广泛，如图 8.5（b）所示。

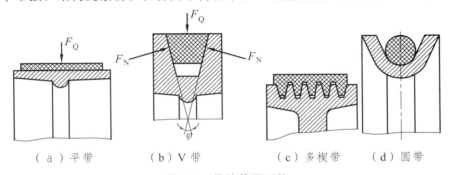

（a）平带　　　　（b）V 带　　　　（c）多楔带　　　（d）圆带

图 8.5　带的截面形状

（3）多楔带。

多楔带是将平带和V带的结构进行综合，具有平带的柔软性好和V带传动能力高的优点，同时解决了多根V带长短不一而使各带受力不均的问题，如图8.5（c）所示。多楔带主要用于传递功率大且要求结构紧凑的场合。

（4）圆带。

圆带结构简单，如图8.5（d）所示，其材料常为皮革、棉、麻、锦纶、聚氨酯等，通常用于如缝纫机、仪器等低速小功率传动。

（5）同步齿形带。

同步齿形带通过带内侧等距分布的横向齿与带轮上的齿槽啮合来传递运动和动力，如图8.3所示。与摩擦带传动相比，同步带传动的带与带轮间无相对滑动，能保证准确传动比，但对中心距的尺寸稳定性要求较高，同步带传动能够适应的转速和传递的功率都比摩擦带传动高。

二、V带和V带轮的结构、标准

V带已标准化，制成无接头的环形，V带的主要类型有普通V带、窄V带、联组V带、齿形V带、大楔角V带和宽V带等，其中，普通V带应用最广泛。

1. 普通V带的结构和标准

普通V带横截面结构如图8.6所示，由包布层、抗拉体、顶胶和底胶组成，抗拉体部分承受拉伸时的主拉力。按抗拉体材料的不同，普通V带可分为帘布芯V带和线绳芯V带两种。帘布芯结构制造方便，抗拉强度高，型号齐全，应用较多；线绳芯V带柔韧性好，抗弯能力强，适用于带轮直径较小、转速较高和载荷较小的场合。

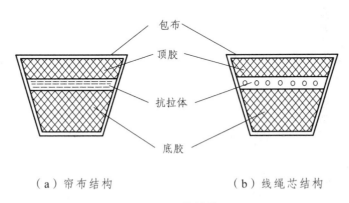

（a）帘布结构　　　　　　　　（b）线绳芯结构

图8.6　普通V带横截面结构

当带受纯弯曲变形时，带的外层顶胶受拉伸长，内层底胶受压缩短。两层之间长度不变的层面为节面，节面处带的宽度称为节宽，用 b_p 表示。节面处带的周线长度称为带的基准长度，用 L_d 表示。V带的基准长度已标准化，见表8.1。

表 8.1　普通 V 带基准长度系列值与带长修正系数 K_L（GB/T13575.1－1992）

基准长度 L_d(mm)	带长公差(mm)		带长修正系数 K_L						
基本尺寸	极限偏差	配组公差	Y	Z	A	B	C	D	E
200～500	略，可参看 GB/T13575.1－1992								
560	+13		0.94						
630	－6		0.96	0.81					
710	+15		0.99	0.82					
800	－7	2	1.00	0.85					
900	+17		1.03	0.87	0.81				
1 000	－8		1.06	0.89	0.84				
1 120	+19		1.08	0.91	0.86				
1 250	－10		1.11	0.93	0.88				
1 400	+23		1.13	0.96	0.90				
1 600	－11	4	1.16	0.99	0.93	0.84			
1 800	+27		1.18	1.01	0.95	0.85			
2 000	－13			1.03	0.98	0.88			
2 240	+31			1.06	1.00	0.91			
2 500	－16	8		1.09	1.03	0.93			
2 800	+37			1.11	1.05	0.95	0.83		
3 150	－18			1.13	1.07	0.97	0.86		
3 550	+44			1.17	1.10	0.98	0.89		
4 000	－22	12		1.19	1.13	1.02	0.91		
4 500	+52				1.15	1.04	0.93	0.90	
5 000	－26				1.18	1.07	0.96	0.92	
5 600	+63					1.09	0.98	0.95	
6 300	－32	20				1.12	1.00	0.97	
7 100	+77					1.15	1.03	1.00	
8 000	－38					1.18	1.06	1.02	
9 000	略，可参看 GB/T13575.1－1992								
16 000									

　　根据国家标准规定，V 带用规定张紧力安装在 V 带轮上，V 带轮上与所配用 V 带节面宽度 b_p 相对应位置的带轮直径，称为带轮的基准直径，用 d_d 表示。带轮的基准直径系列见表 8.2。

表 8.2 普通 V 带轮的基准直径系列值

带型	基准直径 d_d
Y	20, 22.4, 25, 28, 31.5, 35.5, 40, 45, 50, 56, 63, 71, 80, 90, 100, 112, 125
Z	50, 56, 63, 71, 75, 80, 90, 100, 112, 125, 132, 140, 150, 160, 180, 200, 224, 250, 280, 315, 355, 400, 500, 630
A	75, 80, 85, 90, 95, 100, 106, 112, 118, 125, 132, 140, 150, 160, 180, 200, 224, 250, 280, 315, 355, 400, 450, 500, 560, 630, 710, 800
B	125, 132, 140, 150, 160, 170, 180, 200, 224, 250, 280, 315, 355, 400, 450, 500, 560, 600, 630, 710, 750, 800, 900, 1000, 1120
C	200, 212, 224, 236, 250, 265, 280, 300, 315, 335, 355, 400, 450, 500, 560, 600, 630, 710, 750, 800, 900, 1 000, 1 120, 1 250, 1 400, 1 600, 2 000
D	355, 375, 400, 425, 450, 475, 500, 560, 600, 630, 710, 750, 800, 900, 1 000, 1 060, 1 120, 1 250, 1 400, 1 500, 1 600, 1 800, 2 000
E	500, 530, 560, 600, 630, 670, 710, 800, 900, 1 000, 1 120, 1 250, 1 400, 1 500, 1 600, 1 800, 2 000, 2 240, 2 500

V 带的高度 h 与节宽 b_p 之比称为相对高度，普通 V 带的相对高度约为 0.7，窄 V 带的相对高度约为 0.9。按国家标准，普通 V 带根据截面尺寸由小到大，分为 Y、Z、A、B、C、D、E 七种型号；窄 V 带分为 SPZ、SPA、SPB、SPC 四种型号，相同型号下窄 V 带的传动能力比普通 V 带强，适用于传递功率大且要求传动装置紧凑的场合。V 带的截面尺寸见表 8.3。

表 8.3 带的截面尺寸、V 带轮轮槽尺寸（GB/T1135 – 1997、GB/T13575.1 – 1992）

尺寸参数		V 带型号					
		Y	Z（SPZ）	A（SPA）	B（SPB）	C（SPC）	D	E
V 带	节宽 b_p（mm）	5.3	8.5（8）	11.0	14.0	19.0	27.0	32.0
	顶宽 b（mm）	6.0	10.0	13.0	17.0	22.0	32.0	38.0
	高度 h（mm）	4.0	6.0（8）	8.0（10）	11.0（13）	14.0（18）	19.0	23.0
	楔角 α	40°						
	截面面积 A（mm^2）	18	47（57）	81（94）	138（167）	230（278）	476	692
	线密度 q（kg/m）	0.04	0.06（0.07）	0.10（0.12）	0.17（0.20）	0.30（0.37）	0.60	0.87

续表 8.3

V带轮	基准宽度 b_d（mm）	5.3	8.5	11.0	14.0	19.0	27.0	32.0
	槽顶宽 b（mm）	6.3	10.1	13.2	17.2	23.0	32.7	38.7
	槽顶高 $h_{a\,min}$（mm）	1.6	2.0	2.75	3.5	4.8	8.1	9.6
	槽底高 $h_{f\,min}$（mm）	4.7	7.0（9.0）	8.7（11.0）	10.8（14.0）	14.3（19.0）	19.9	23.4
	第一槽对称面至端面距 f（mm）	7±1	8±1	10^{+2}_{-1}	12.5^{+2}_{-1}	17^{+2}_{-1}	23^{+3}_{-1}	29^{+4}_{-1}
	槽间距 e（mm）	8±0.3	12±0.3	15±0.3	19±0.4	25.5±0.5	37±0.6	45±0.7
	最小轮缘厚度 δ（mm）	5	5.5	6	7.5	10	12	15
	轮缘宽 B（mm）	$B=（z-1）e+2f$						
	轮缘外径 d_a（mm）	$d_a=d_d+2h_a$						
	轮槽数 z 范围	1~3	1~4	1~5	1~6	3~10	3~10	3~10
	槽角 φ　32□　对带轮基准直径 d_d	≤60						
	34□		≤80	≤118	≤190	≤315		
	36□	>60					≤475	≤600
	38□		>80	>118	>190	>315	>475	>600

普通 V 带的标记：B2500 GB/T11544－1997，其含义为：B 型普通 V 带，带的基准长度 2 500 mm，标准号为 GB/T11544－1997。

2. 普通 V 带轮的结构

（1）普通 V 带带轮的设计要求。

V 带轮的结构和加工工艺性应合理，应在保证使用要求的前提下，减轻带轮的重量，降低成本；减小铸造及加工中的内应力，防止变形和开裂；高转速带轮必须进行动平衡试验，以减轻振动；轮槽工作面的粗糙度要合理，既减轻带的磨损又不致使造价太高；轮槽尺寸和槽角应有足够精度，使载荷沿轮槽高度均匀分布，防止带的局部磨损。

（2）带轮的材料。

带轮的常用材料主要是铸铁，常用牌号为 HT150、HT200。铸铁带轮的最大转速为 25 m/s，当转速高于 25 m/s 或传递功率较大时，一般采用铸钢或钢板冲压后焊接带轮。如果传动中需经常正反转、高速或传递小功率时，可用铝合金铸造或工程塑料制造带轮。

（3）普通 V 带轮的结构。

V 带轮结构一般由轮缘、轮辐（腹板）和轮毂三部分组成，V 带轮的轮缘及轮槽部分尺寸可查表 8.3，其余尺寸一般依据经验公式计算选取。

V 带轮的结构类型主要有：实心式（代号 S）、辐板式（代号 P）、孔板式（代号 H）、椭圆轮辐式（代号 E）。

V 带轮结构类型的选取：当带轮基准直径 $d_d \leq （2.5 \sim 3）d$ 时（d 为安装带轮处轴的直

径），选实心式带轮 S；当带轮基准直径 $d_d \leqslant 300$ mm 时，可采用辐板式带轮 P；当带轮基准直径 $250 \leqslant d_d \leqslant 400$ mm，且轮缘与轮毂间的距离大于 100 mm 时，为减轻重量和减小内应力，采用孔板式带轮 H；当带轮基准直径 $d_d > 300$ mm 时，可采用椭圆轮辐式带轮 E。V 带轮的结构如图 8.7 所示。

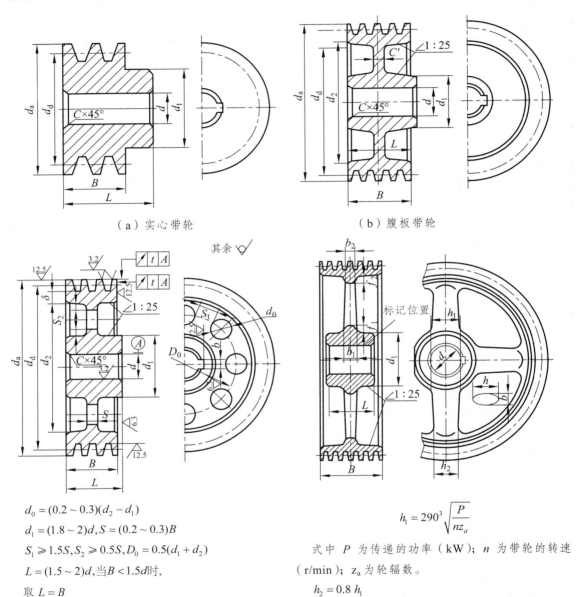

（a）实心带轮　　　　　　　　　　　（b）腹板带轮

$$d_0 = (0.2 \sim 0.3)(d_2 - d_1)$$
$$d_1 = (1.8 \sim 2)d, S = (0.2 \sim 0.3)B$$
$$S_1 \geqslant 1.5S, S_2 \geqslant 0.5S, D_0 = 0.5(d_1 + d_2)$$
$$L = (1.5 \sim 2)d,当 B < 1.5d 时，$$
$$取 L = B$$

$$h_1 = 290^3\sqrt{\dfrac{P}{nz_a}}$$

式中 P 为传递的功率（kW）；n 为带轮的转速（r/min）；z_a 为轮辐数。

$$h_2 = 0.8\,h_1$$
$$b_1 = 0.4h_1, b_2 = 0.8b_1$$
$$f_1 = 0.2h_1, f_2 = 0.2h_2$$

（c）孔板带轮　　　　　　　　　　　（d）椭圆轮辐带轮

图 8.7　V 带轮的结构

三、带传动工作情况分析

1. 带传动的受力分析

带以一定的张紧力张紧在带轮上，在传递动力前，带在带轮两边的拉力相等，称为初拉力，用 F_0 表示。

带传动工作时，主动带轮被输入扭矩，以速度 v_1 运动，主动带轮作用在带上摩擦力的方向与主动带轮速度方向相同，使带轮下侧带拉紧，称为紧边，拉力值增大到 F_1；上侧带被放松，称为松边，拉力值减小到 F_2，这种拉力差使从动带轮产生转矩，即将动力从主动轮传到从动轮，如图 8.8 所示。

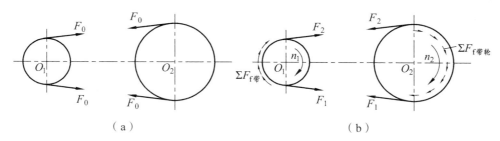

图 8.8　带传动的受力分析

2. 带传动的弹性滑动与打滑

带传动正常工作时，紧边拉力大于松边。在主动带轮端，绕在带轮表面的带，其内部张力从紧边向松边逐步减小，由于带的弹性，带的速度也逐步降低，带轮速度快于带速，造成传动带弹性向后滑动；从动带轮端，带内张力从松边向紧边逐步增大，带的伸长量逐步增大，造成带的速度逐步高于带轮，即带弹性向前滑动，从动带轮外缘处线速度低于带速，这样，造成从动带轮外缘处线速度低于主动带轮外缘处线速度，即出现带传动的弹性滑动，弹性滑动的滑动率 $\varepsilon = 1\% \sim 2\%$。这种弹性滑动是不可避免的，且随传递功率变化而变化。当带所需传递功率增大到一定值，传动所需有效拉力超过小带轮上带与带轮的最大静摩擦力时，带就在小带轮上明显相对滑动，称为带的打滑。带的打滑虽具有过载保护作用，但影响正常传动，是有害的现象，应当避免。因此，带的弹性滑动与打滑具有根本的区别。

四、带传动的设计计算

1. 设计准则和单根 V 带的许用功率 [P]

带传动的主要失效形式是打滑和疲劳破坏。因此，带传动的设计准则为：在保证不打滑的前提下，带传动具有合理的疲劳强度和寿命。

单根 V 带的基本额定功率，经过理论推导计算并结合生产实践，已编制成表，实际应用中可查 GB/T13575.1 – 1992 和 GB/T13575.2 – 1992 确定。表 8.4 中摘录了 A、B 型普通 V 带在规定条件（包角 180°、特定带长、载荷平稳）下的基本额定功率 P_0 值。

表 8.4　单根 V 带的基本额定功率 P_0（kW）

带型	小带轮基准直径 d_{d1}	小带轮转速 n_1（r/min）									
		400	700	800	950	1 200	1 450	1 600	2 000	2 400	2 800
A	75	0.26	0.40	0.45	0.51	0.60	0.68	0.73	0.84	0.92	1.00
	90	0.39	0.61	0.68	0.77	0.93	1.07	1.15	1.34	1.50	1.64
	100	0.47	0.74	0.83	0.95	1.14	1.32	1.42	1.66	1.87	2.05
	112	0.56	0.90	1.00	1.15	1.39	1.61	1.74	2.04	2.30	2.51
	125	0.67	1.07	1.19	1.37	1.66	1.92	2.07	2.44	2.74	2.98
	140	0.78	1.26	1.41	1.62	1.96	2.28	2.45	2.87	3.22	3.48
	160	0.94	1.51	1.69	1.95	2.36	2.73	2.54	3.42	3.80	4.06
	180	1.09	1.76	1.97	2.27	2.74	3.16	3.40	3.93	4.32	4.54
B	125	0.84	1.30	1.44	1.64	1.93	2.19	2.33	2.64	2.85	2.96
	140	1.05	1.64	1.82	2.08	2.47	2.82	3.00	3.42	3.70	3.85
	160	1.32	2.09	2.32	2.66	3.17	3.62	3.86	4.40	4.75	4.89
	180	1.59	2.53	2.81	3.22	3.85	4.39	4.68	5.30	5.67	5.76
	200	1.85	2.96	3.30	3.77	4.50	5.13	5.46	6.13	6.47	6.43
	224	2.17	3.47	3.86	4.42	5.26	5.97	6.33	7.02	7.25	6.95
	250	2.50	4.00	4.46	5.10	6.04	6.82	7.20	7.87	7.89	7.14
	280	2.89	4.61	5.13	5.85	6.90	7.76	8.13	8.60	8.22	8.80

单根 V 带的基本额定功率是在规定试验条件下得到的，在实际工作条件下，由于带长、传动比和小带轮包角等发生变化，单根 V 带传动功率会发生相应变化，因此，需对单根 V 带基本额定功率进行修正，得到单根 V 带实际传动中的许用功率[P]，即

$$[p] = (p_0 + \triangle P_0)K_\alpha K_L$$

式中，$\triangle P_0$ 为单根 V 带基本额定功率增量，见表 8.5；K_α 为包角修正系数，见表 8.6；K_L 为带长修正系数，见表 8.1。

表 8.5　单根普通 V 带额定功率的增量 $\triangle P_0$（kW）

带型	传动比 i	小带轮转速 n_1（r/min）									
		400	700	800	950	1 200	1 450	1 600	2 000	2 400	2 800
A	1.13～1.18	0.02	0.04	0.04	0.05	0.07	0.08	0.09	0.11	0.13	0.15
	1.19～1.24	0.03	0.05	0.05	0.06	0.08	0.09	0.11	0.13	0.16	0.19
	1.25～1.34	0.03	0.06	0.06	0.07	0.10	0.11	0.13	0.16	0.19	0.23
	1.35～1.50	0.04	0.07	0.08	0.08	0.11	0.13	0.15	0.19	0.23	0.26
	1.51～1.99	0.04	0.08	0.09	0.10	0.13	0.15	0.17	0.22	0.26	0.30
	≥2.00	0.05	0.09	0.10	0.11	0.15	0.17	0.19	0.24	0.29	0.34

带型	传动比 i	小带轮转速 n_1 (r/min)									
		400	700	800	950	1 200	1 450	1 600	2 000	2 400	2 800
B	1.13~1.18	0.06	0.10	0.11	0.13	0.17	0.20	0.23	0.28	0.34	0.39
	1.19~1.24	0.07	0.12	0.14	0.17	0.21	0.25	0.28	0.35	0.42	0.49
	1.25~1.34	0.08	0.15	0.17	0.20	0.25	0.31	0.34	0.42	0.51	0.59
	1.35~1.50	0.10	0.17	0.20	0.23	0.30	0.36	0.39	0.49	0.59	0.69
	1.51~1.99	0.11	0.20	0.23	0.26	0.34	0.40	0.45	0.56	0.68	0.79
	≥2.00	0.13	0.22	0.25	0.30	0.38	0.46	0.51	0.63	0.76	0.89

表 8.6 包角修正系数 K_α

小带轮包角 α (°)	180	175	170	165	160	155	150	145	140	135	130	125	120
k_α	1.00	0.99	0.98	0.96	0.95	0.93	0.92	0.91	0.89	0.88	0.86	0.84	0.82

2. 普通 V 带传动的设计计算

设计 V 带传动时一般的已知条件：传动的工况、用途和环境，传动功率 P，两轮的转速 n_1、n_2（或传动比）。

设计步骤：

（1）确定计算功率 P_C。

$$P_C = K_A P$$

式中，P 为实际传动功率（又称名义功率）；K_A 为工作情况系数，见表 8.7。

表 8.7 工作情况系数 K_A

工况		K_A					
		空载、轻载启动			重载启动		
载荷性质	工作机	每工作日工作小时数（h）					
		<10	10~16	>16	<10	10~16	>16
载荷变动最小	液体搅拌机、通风机和鼓风机（≤7.5 kW）、离心式水泵、压缩机、轻负荷输送机	1.0	1.1	1.2	1.1	1.2	1.3
载荷变动小	带式输送机和通风机(>7.5 kW)、旋转式水泵和压缩机、发动机、金属切削机床、印刷机等	1.1	1.2	1.3	1.2	1.3	1.4
载荷变动较大	斗式提升机、往复式水泵和压缩机、起重机、冲剪机床、橡胶机械、纺织机械等	1.2	1.3	1.4	1.3	1.4	1.6

注：在反复启动、正反转频繁等场合，设计时应将查出的工作情况系数乘以 1.2。

（2）选择普通 V 带的型号。

选择 V 带型号主要根据计算功率 P_C 和小带轮转速 n_1 查图 8.9。若选取点靠近两种型号分界线时，应选取两种型号分别计算，然后选择其中最好的方案。

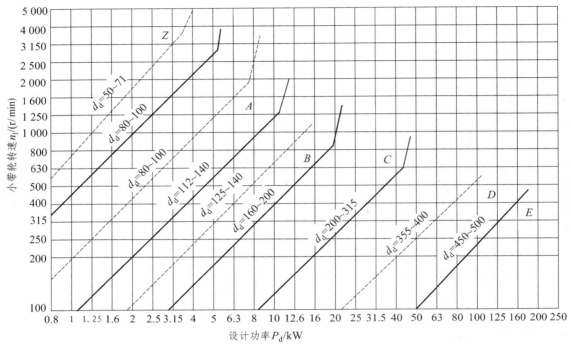

图 8.9　普通 V 带选型图

（3）确定带轮直径。

带轮直径越小，传递相同功率下带的根数就越多，同时占用空间越小，结构越紧凑，但带的弯曲应力也增大，使带的寿命降低；反之，传动所需空间就会增大，带的根数减少，结构的合理性会受影响。所以，选取小带轮直径时，按照选带型号时交点所在位置提供的带轮直径范围，选取中间值进行试算。若结果中带的根数偏多，应增加小带轮的直径，反之，减小小带轮直径。然后，按公式 $d_{d2} \approx \dfrac{n_1}{n_2} d_{d1}$ 计算大带轮直径，应当注意：所选带轮直径应符合带轮标准直径系列。

（4）验算带速。

按公式 $v = \dfrac{\pi d_{d1} n_1}{60\ 000}$ 计算带速，普通 V 带合理带速范围是 5～25 m/s。如果 $v < 5$ m/s，则应适当增加小带轮直径，重新计算。

（5）确定中心距 a 和带的基准长度 L_d。

带传动中，如果中心距太大，则带的疲劳寿命会增加，但传动中带易颤动，容易引发振动，存在安全隐患；如果中心距过小，则带的疲劳寿命降低，小带轮上的包角减小。所以，选取中心距时应综合考虑。对于 V 带传动，参考传动系统对空间的要求按下式先初步确定中

心距 a_0，即

$$0.7(d_{d1} + d_{d2}) \leqslant a_0 \leqslant 2(d_{d1} + d_{d2})$$

中心距初定后，估算对应的带长 L_0，即

$$L_0 \approx 2a_0 + \frac{\pi}{2}(d_{d1} + d_{d2}) + \frac{(d_{d2} - d_{d1})^2}{4a}$$

再查表 8.1 选取最接近 L_0 的基准长度为带长 L_d，实际中心距可由下式计算，即

$$a \approx a_0 + \frac{L_d - L_0}{2}$$

考虑安装调整的需要，中心距应有一定的调整范围，一般取

$$\begin{cases} a_{\min} = a - 0.015L_d \\ a_{\max} = a + 0.030L_d \end{cases}$$

（6）验算小带轮包角。

小带轮的包角会影响带传动的有效圆周力，为保证带传动一定的工作能力，一般要求小带轮包角 $\alpha_1 \geqslant 120°$（特殊情况下 $\geqslant 90°$）。小带轮包角按下式计算

$$\alpha_1 = 180° - \frac{d_{d2} - d_{d1}}{a} \times 57.3°$$

当小带轮包角不满足要求时，可适当增大传动中心距或减小传动比。

（7）确定带的根数。

带的根数 z 可按下式计算

$$z = \frac{p_c}{[p]} = \frac{p_c}{(p_0 + \Delta p_0)k_\alpha k_L}$$

带的根数应取整数，当带的根数过多时，应增大小带轮基准直径；当带的根数过少时，应适当减小小带轮直径。

（8）计算初拉力 F_0 和带对轴的压力 F_Q。

带传动中，如果初拉力过小，则带的传动能力降低，容易打滑；如果初拉力过大，则带的疲劳寿命降低，且对轴的压力增大。因此，带传动的张紧应适当，合适的初拉力按下式计算

$$F_0 = \frac{500P_c}{zv}\left(\frac{2.5}{K_\alpha} - 1\right) + qv^2$$

带对带轮轴的压力大小，直接影响轴的强度和轴承的寿命，因此，必须计算出压轴力，即

$$F_Q = 2zF_0 \sin\frac{\alpha_1}{2}$$

（9）带轮的结构设计。

参照上述内容计算和确定出带轮的各结构尺寸，绘制成带轮的零件工作图。

五、V 带传动的张紧、安装与维护

1. V 带传动的张紧

根据带的摩擦传动原理，带必须在预张紧后才能正常工作。V 带使用一定时间以后，会发生塑性伸长，工作能力降低，因此应适当予以张紧，通常根据传动装置的特点制订适当的张紧方法，进而设计合适的张紧装置。

带的张紧程度可以用经验测定法确定：当两带轮中心距为 1 m 时，以大拇指能按下 15 mm 为安装张紧程度合适，即挠度 $y = 0.016\,a$，如图 8.10 所示。

图 8.10　带张紧程度的经验测定法

张紧装置分定期张紧和自动张紧两种，见表 8.8。

表 8.8　张紧装置

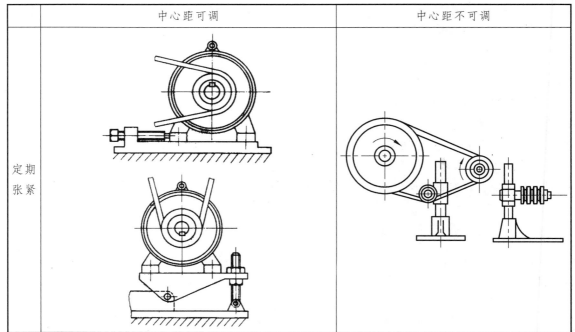

136

续表 8.8

中心距可调	中心距不可调
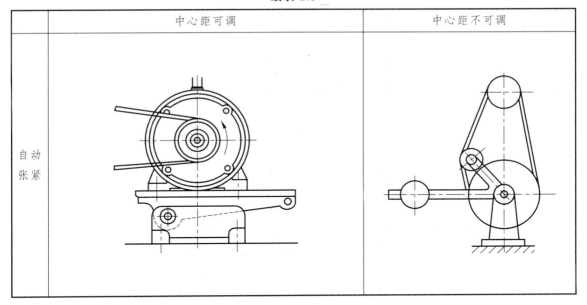	

自动
张紧

2. 带传动的使用和维护

（1）安装时不能硬撬（应先缩小 a 或顺势盘上），两带轮轴线应平行，避免带扭曲而使其侧面过早磨损，如图 8.11 所示。

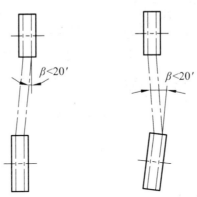

图 8.11　轮槽错位和轴线偏斜

（2）安装时，两轮对应轮槽应对正，处于同一平面。

（3）带的根数较多时，其长度不能相差太大，应配组使用，以免受力不均。

（4）V 带在轮槽中的位置要正确，不能过高或过低。

（5）在可能造成安全事故处，应安装防护罩。

（6）不能新旧带混用（多根带时），以免载荷分布不匀。

（7）带禁止与矿物油、酸、碱等介质接触，以免腐蚀带，不能用于高温环境或经受日光曝晒。

（8）带传动应定期张紧。

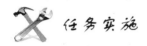任务实施

一、任务：带式运输机带传动设计

带式输送机是一种摩擦驱动以连续方式运输物料的机械，主要由机架、输送带、托辊、滚筒、张紧装置、传动装置等组成。它可以将物料在一定的输送线上，从最初的供料点到最终的卸料点间形成一种物料的输送流程。它既可以进行碎散物料的输送，也可以进行成件物品的输送。除进行纯粹的物料输送外，还可以与各工业企业生产流程中的工艺过程的要求相配合，形成有节奏的流水作业运输线。

设计图 8.12 所示带式输送机用普通 V 带传动。已知原动机为 Y 系列三相异步电动机，功率 $P = 7.5$ kW，转速 $n_1 = 1\,440$ r/min，带式输送机转速 $n_2 = 630$ r/min，每天工作 16 小时，希望中心距不超过 700mm。其工作平稳，单向运转，工作中有较小冲击。

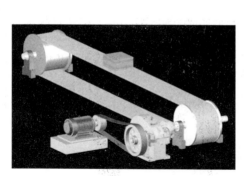
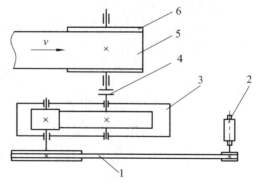

图 8.12　带式运输机运动简图

1—V 带传动；2—电动机；3—圆柱齿轮减速器；
4—联轴器；5—输送带；6—滚筒

二、任务所需的实验设备

带式运输机成套设备。

三、任务要求

（1）通过传递功率计算选定合适的电动机型号；
（2）计算出 V 带传动的中心距，选定带的型号，确定出带的根数、初拉力和压轴力；
（3）选择带轮的类型，设计带轮的结构，绘制成零件工作图。

任务九　设计带式运输机的齿轮传动

任务目标

（1）掌握齿轮传动的传动特点（与带传动的特点相比较）。

（2）掌握齿轮的各种分类方法，熟悉渐开线性质，理解渐开线齿廓啮合特点。

（3）掌握齿轮的基本参数和概念、掌握直齿圆柱齿轮基本尺寸计算。

（4）理解齿轮的正确啮合条件、重合度的意义。

（5）了解齿轮的基本加工方法，掌握齿轮传动的失效形式和各种失效形成的条件，会灵活运用失效的防止措施，提高齿轮使用寿命。

（6）会直齿、斜齿齿轮的结构和参数设计。

任务引入

齿轮传动是机械传动中最重要的传动形式，应用范围广泛，如图9.1所示。其结构紧凑，传动精确，传递功率和速度的范围大，传动功率可达数十万甚至数千万，转速可达 300 m/s，齿轮的结构尺寸稳定，使用寿命长，工作可靠性高。那么，齿轮齿廓能够精确传动的原因是什么？齿轮的正确啮合和连续传动条件是什么？齿轮的基本参数、主要结构尺寸如何计算？如何选择齿轮的结构形式以及如何进行结构设计？齿轮的加工制造方法有哪些？有哪些失效形式？有何防止措施？应怎样正确安装、使用和维护？

（a）直齿圆柱齿轮传动

（b）直齿圆锥齿轮传动

（c）斜齿圆柱齿轮传动

（d）变速器齿轮传动

（e）机床齿轮传动

图 9.1　各类齿轮传动

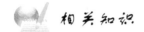相关知识

一、齿轮传动的特点和类型

（一）齿轮传动的主要特点

齿轮传动主要用来传递任意两轴间的运动和动力，其圆周速度可达到 300 m/s，传递功率可达 106 kW，齿轮直径可从不到 1 mm 到 150 m 以上，是现代机械中应用最广泛的一种机械传动形式。

齿轮传动与带传动相比主要有以下优点：

（1）能保证恒定的传动比，能传递任意夹角两轴间的运动和动力。

（2）传递动力大、传动效率高。

（3）使用寿命长，工作平稳，可靠性高。

（4）结构紧凑，占用空间较小，能应用于较高温度、湿度或有酸、碱、油等特殊工作环境。

齿轮传动与带传动相比主要有以下缺点：

（1）需专门加工设备，制造、安装精度要求较高，因而成本也较高。

（2）一般不宜作远距离传动。

（3）使用和维护较困难，无过载保护作用。

（二）齿轮传动的类型

1. 按齿轮轴线间相对位置关系分类

（1）平行轴齿轮传动：两齿轮轴线平行的齿轮传动，如图 9.2（a）～（e）所示。

（2）相交轴齿轮传动：两齿轮轴线相交的齿轮传动，如图 9.2（f）、（g）所示。

（3）交错轴齿轮传动：两齿轮轴线为空间交错关系的齿轮传动，如交错轴斜齿轮传动、蜗杆蜗轮传动等，如图 9.2（h）、（i）、（j）所示。

2. 按工作条件分类

（1）开式齿轮传动：适于低速及不重要的场合，主要依靠定时、手工加油润滑。

（2）半开式齿轮传动：主要应用于农业机械，建筑机械及简单机械设备，只有简单防护罩。

（3）闭式齿轮传动：润滑、密封良好，主要用于汽车、机床及航空发动机等齿轮传动中。

3. 按齿形分类

（1）渐开线齿轮传动：齿轮齿廓线为渐开线，是机械等行业应用最广泛的齿轮。

（2）摆线齿轮传动：主要用于计时仪器。

（3）圆弧齿齿轮传动：承载能力较强，主要用于重型机械的大型齿轮传动，如图 9.2（h）所示。

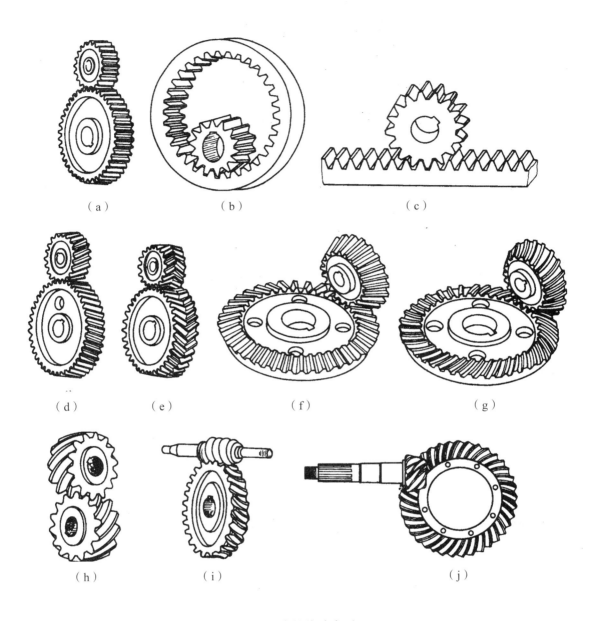

图 9.2 齿轮传动类型

4. 按齿面硬度分类

（1）软齿面齿轮：齿面硬度≤350HBS。

（2）硬齿面齿轮：齿面硬度＞350HBS。

二、渐开线的形成及特性

1. 渐开线的形成

如图 9.3 所示，当发生线 BK 绕基圆周（回转半径为 r_b 的圆周）作纯滚动时，发生线上

任意点 K 运动轨迹为曲线 AK，该曲线 AK 即为基圆 r_b 的渐开线。角 θ_K 称为渐开线 AK 段的展角。

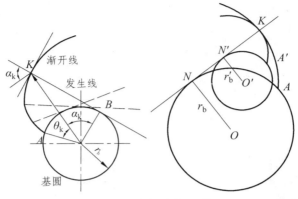

图 9.3　渐开线的形成

2. 渐开线的性质

根据渐开线的形成过程可知，渐开线具有以下性质：

（1）发生线沿基圆滚过的长度，等于基圆上被滚过的弧长，即 $\overline{BK} = \overset{\frown}{AB}$。

（2）发生线 BK 是渐开线在任意点 K 处的法线，即渐开线上任意点的法线必与基圆相切。

（3）发生线与基圆的切点 B 是渐开线在 K 点的曲率中心，线段 BK 为渐开线在 K 点的曲率半径。渐开线上越接近基圆的点，曲率半径越小，渐开线在基圆上 A 点的曲率半径为零。

（4）渐开线的形状取决于基圆的大小：基圆半径越小，渐开线越弯曲；基圆半径越大，渐开线越平直；当基圆半径为无穷大时（如齿条），渐开线趋近直线（齿条齿廓为直线齿廓）。

（5）基圆以内无渐开线。

3. 渐开线齿廓传动的特性

（1）中心距可分性。

两齿轮的传动比为 $i_{12} = \dfrac{\omega_1}{\omega_2} = \dfrac{r_{b1}}{r_{b2}}$，可见两齿轮的传动比是两齿轮基圆半径的反比。而两齿轮加工完成后，基圆半径就已经确定，传动比就为一确定的恒定值，与两齿轮的中心距没有关系。所以，当两齿轮的设计中心距与实际值有误差或受力后引起变形时，不会影响传动比大小，传动比保持为定值。这一特性称为齿轮传动中心距可分性，对齿轮的加工和装配具有重要的实际意义。

（2）传动的平稳性。

两齿轮的齿廓无论在何处接触，其公法线都为同一条内公切线 N_1N_2，所有的啮合点都在 N_1N_2 上，所以，N_1N_2 又称为理论啮合线。又因为两齿轮的齿廓接触为光滑面约束，所以，正压力始终沿公法线方向，即啮合线方向。因此，啮合齿廓间的正压力方向始终保持不变，这一特性称为渐开线齿轮传动的平稳性。该特性对齿轮传动减少振动，提高寿命非常有利。

三、渐开线标准齿轮的参数和几何尺寸

（一）齿轮各部分的名称与符号（见图 9.4）

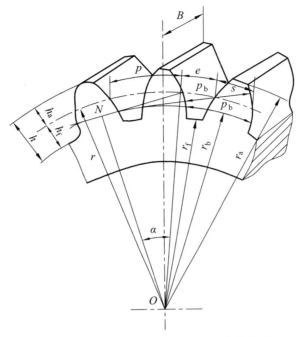

图 9.4　直齿圆柱齿轮各部分的名称和符号

1. 齿顶圆

齿轮齿顶所在的圆周称为齿顶圆，用 d_a 和 r_a 表示其直径和半径。

2. 齿根圆

齿轮各轮齿之间齿槽底部所在的圆周，称为齿根圆，用 d_f 和 r_f 表示其直径和半径。

3. 分度圆

齿轮上具有标准模数和压力角的位置所对应的圆周称为分度圆，用 d 和 r 分别表示分度圆的直径和半径。

4. 基　圆

形成齿轮渐开线的基础圆称为基圆，用 d_b 和 r_b 表示其直径和半径。

5. 齿　厚

单个轮齿在任意圆周上的弧长称为齿厚，用 S_k 表示。

6. 齿槽宽

单个齿槽在任意选定圆周上的弧长称为齿槽宽，用 e_k 表示。

7. 齿　距

在任意的选定圆周上,相邻两齿同侧齿廓对应点之间的圆弧线长度称为齿距,用 P_K 表示,
$P_K = S_k + e_k$。

8. 齿顶高

齿轮分度圆与齿顶圆之间的径向距离称为齿顶高,用 h_a 表示。

9. 齿根高

齿轮分度圆与齿根圆之间的径向距离称为齿根高,用 h_f 表示。

10. 全齿高（简称齿高）

齿轮齿顶圆与齿根圆之间的径向距离称为全齿高,用 h 表示。

11. 齿　宽

齿轮轮齿沿平行于轴线方向测量的宽度称为齿宽,用 B 表示。

（二）齿轮基本参数

1. 齿　数

齿轮圆周上轮齿的总数称为齿数,用 z 表示。

2. 模　数

齿轮中,分度圆是齿轮几何尺寸计算的依据。

因为分度圆周长 $= \pi d = zp$,所以 $d = \dfrac{p}{\pi} \times z$

由于 π 是无理数,为了方便齿轮的设计计算、加工制造和测量,人为规定 $\dfrac{p}{\pi}$ 为一简单的数值,并把这一比值定义为模数,用 m 表示,单位为 mm。即 $m = \dfrac{p}{\pi}$,这样就可以得出

$$d = m \times z$$

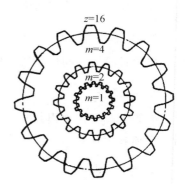

图 9.5　不同模数的轮齿

齿轮的模数是齿轮几何尺寸计算的基本参数,模数越大,齿轮轮齿越粗大,齿轮的承载能力就越强,所以,齿轮的承载能力主要取决于齿轮的模数,如图 9.5 所示。

当齿轮模数一定时,若齿数 z 不同,则齿廓渐开线形状也不同。

$$d_b = d \cos\alpha = mz \cos\alpha$$

上式中,模数不变,压力角为标准值（20°）,当 z 变化时,基圆直径 d_b 变化,所以渐开线形状改变。

齿轮的模数已经标准化，设计齿轮时，应采用我国国家标准规定的标准模数系列，标准模数系列值见表 9.1。

表 9.1　渐开线标准圆柱齿轮模数

第一系列	0.1，0.12，0.15，0.2，0.25，0.3，0.4，0.5，0.6，0.8，1，1.25，1.5，2，2.5，3，4，5，6，8，10，12，16，20，25，32，40，50
第二系列	0.35，0.7，0.9，1.75，2.25，2.75，（3.25），3.5，（3.75），4.5，5.5，（6.5），7，9，（11），14，18，22，28，（30），36，45

注：一般优先选用第一系列，括号内的值尽量不选。

3. 压力角

通常情况下，压力角是指齿轮分度圆上的压力角，即在分度圆上，齿轮啮合传动中法向压力的方向与该点运动速度方向之间所夹的锐角。国家标准规定，齿轮分度圆压力角标准值 $\alpha = 20°$，在某些场合，可以使用 $\alpha = 14.5°$、$15°$、$22.5°$、$25°$ 等角度作为齿轮分度圆压力角值。压力角计算公式为

$$\cos\alpha = \frac{r_b}{r}$$

4. 齿顶高系数 h_a^* 和顶隙系数 c^*

为了使用模数 m 表示齿轮几何尺寸，国标规定了齿顶高和齿根高的计算，即

$$h_a = h_a^* m$$
$$h_f = h_a + c = (h_a^* + c^*)m$$

我国标准规定：

正常齿：　　　$h_a^* = 1$，$c^* = 0.25$

短齿：　　　　$h_a^* = 0.8$，$c^* = 0.30$

（三）标准直齿圆柱齿轮几何尺寸计算

标准直齿圆柱齿轮是指齿轮的模数、压力角、齿顶高系数和顶隙系数都是标准值，且分度圆上的齿厚 s 等于齿槽宽 e（即 $s = e = \dfrac{p}{2} = \dfrac{\pi m}{2}$）的齿轮。而实际应用中的标准齿轮通常 $e > s$，主要在制造齿轮时通过控制齿厚极限偏差实现，以便适应各种误差、补偿热变形和方便润滑。对外啮合标准直齿圆柱齿轮的几何尺寸计算见表 9.2。

表 9.2　外啮合标准直齿圆柱齿轮的几何尺寸计算公式

名称	代号	计算公式
齿顶高	h_a	$h_a = h_a^* m = m(h_a^* = 1)$
齿根高	h_f	$h_f = (h_a^* + c^*)m = 1.25m(c^* = 0.25)$
全齿高	h	$h = h_a + h_f = 2.25m$

名称	代号	计算公式
分度圆直径	d	$d = mz$
齿顶圆直径	d_a	$d_a = d + 2h_a = m(z + 2)$
齿根圆直径	d_f	$d_f = d - 2h_f = m(z - 2.5)$
基圆直径	d_b	$d_b = d\cos\alpha = mz\cos\alpha$
齿距	p	$p = \pi m$
齿厚	s	$s = p/2 = \pi m/2$
齿槽宽	e	$e = p/2 = \pi m/2$
基圆齿距	p_b	$p_b = p\cos\alpha = \pi m\cos\alpha$
中心距	a	$a = (d_1 + d_2)/2 = \pi m(z_1 + z_2)/2$

四、渐开线标准直齿圆柱齿轮的啮合传动

（一）正确啮合条件

如图 9.6 所示，由于齿轮的啮合点必然落在啮合线上，所以，两齿轮要正确啮合，沿啮合线方向的齿距（即法向齿距，指齿轮相邻两齿同侧齿廓与法线的交点之间的直线距离，用 P_n 表示，且 $P_n = P_b$）必须相等。

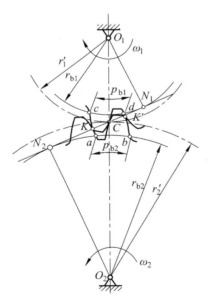

图 9.6　标准直齿圆柱齿轮啮合条件

即　　　　$P_{n1} = P_{n2}$

所以　　　$\pi m_1 \cos\alpha_1 = \pi m_2 \cos\alpha_2$

因为模数 m 和压力角 α 的数值不连续，要满足上式，则必须有以下条件：

$$m_1 = m_2 = m$$
$$\alpha_1 = \alpha_2 = \alpha$$

由此得出渐开线标准直齿圆柱齿轮的正确啮合条件:两齿轮的模数和压力角应分别相等。据此,一对齿轮啮合传动的传动比可写为

$$i_{1,2} = \frac{\omega_1}{\omega_2} = \frac{r_2}{r_1} = \frac{z_2}{z_1}$$

(二)重合度与连续传动条件

一对齿轮啮合时,所有的啮合点都在内公切线 N_1N_2 上, N_1N_2 为齿轮啮合可能达到的极限长度,所以 N_1N_2 又称为理论啮合线。两个齿轮的齿顶圆与理论啮合线的交点 K_1K_2 为实际啮合点的运动范围,所以把 K_1K_2 线段称为实际啮合线,如图 9.7(a)所示。

一对齿轮若要保证连续传动,则前一对齿到实际啮合线终点 K_2(即将脱离啮合的点)时,后一对齿至少要进入到实际啮合线的起点 K_1(开始进入啮合的点),如图 9.7(b)所示。

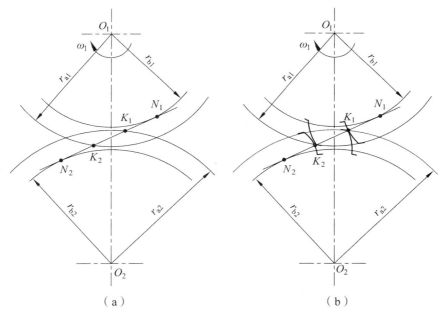

图 9.7 渐开线齿轮的重合度与连续传动条件

综上所述,得出齿轮连续传动条件:一对啮合齿轮的实际啮合线长度应大于或等于齿轮的基(法)节,即

$$\overline{K_1K_2} \geqslant P_b \quad 或 \quad \frac{\overline{K_1K_2}}{P_b} \geqslant 1$$

通常比值 $\dfrac{\overline{K_1K_2}}{P_b}$ 称为重合度,用 ε 表示,即

$$\varepsilon = \frac{\overline{K_1K_2}}{P_b} \geqslant 1$$

不同工况下，对重合度都规定有数值范围，称为许用重合度$[\varepsilon]$，见表9.3。

表 9.3　许用重合度

使用场合	一般机械制造业	汽车、拖拉机	金属切削机床
$[\varepsilon]$	1.4	1.1-1.2	1.3

若一对齿轮啮合传动时的重合度$\varepsilon = 1.3$，则表示有30%的时间为2对齿啮合，70%的时间为1对齿啮合。可见，重合度越大，表示同时啮合的齿的对数越多，传动越平稳，传动能力越强。一对标准直齿圆柱齿轮啮合的重合度最大值$\varepsilon_{\max} = 1.981$。

五、渐开线齿轮的加工方法与根切现象

（一）仿形法

仿形法就是使用轴剖面刀刃形状与齿槽形状相同的铣刀加工齿轮的方法，如图9.8所示。常用的刀具有盘铣刀和指状铣刀，设备采用卧式或立式铣床。

如图9.8（a）所示，切削加工时，铣刀顺时针方向旋转，毛坯向右沿轴线移动一个行程，这样就切制出一个齿槽，然后毛坯退回起点，用分度头将毛坯转过$\dfrac{360°}{z}$，再切制下一个齿槽，直到齿轮加工完成。盘铣刀通常用于卧式铣床加工单件和小批量地维修软齿面齿轮。

（a）　　　　　　　　　　　　　　（b）

图 9.8　仿形法

图9.8（b）所示为在立式铣床上用指状铣刀铣削齿轮，其加工方法与盘铣刀加工基本相同，但指状铣刀加工的效率和表面质量低于盘铣刀（因其线速度较低），一般用于加工较大模数（$m>20$）的齿轮或人字齿齿轮。

由于齿廓渐开线的形状随基圆直径大小改变而改变，而基圆直径$d_b = mz\cos\alpha$，所以，齿廓形状与齿轮的模数、压力角和齿数有关。采用仿形法加工齿轮，当模数和压力角不变时，渐开线的形状将随齿数的改变而变化，而实际上又不可能一种齿数一把刀。所以，在工程上，

通常同样模数和压力角的齿轮加工时，根据齿数不同，备有 8 把或 15 把一套的铣刀，每个刀号加工一定的齿数范围，见表 9.4。

表 9.4　8 把一组各号铣刀切制齿轮的齿数范围

刀号	1	2	3	4	5	6	7	8
加工齿数范围	19～13	14～16	17～20	21～25	26～34	35～54	55～134	135 以上

用仿形法加工齿轮时，由于采用刀号制，其齿廓有一定的误差，因此，加工的精度较低。由于仿形法加工不连续，生产效率低，所以不宜成批大量生产。但是，仿形法加工不需专用设备，所以一般用于单件、小批量和修配齿轮的加工。

（二）范成法

范成法是将一对啮合齿轮之一变为刀具，而另一个作为毛坯，并使二者仍按照原传动比传动，从而加工齿轮的方法。这种方法是加工齿轮最常用的一种方法，加工效率、精度都较高，适宜成批大量生产。常用刀具有齿轮插刀、齿条插刀和齿轮滚刀。

1. 齿轮插刀

齿轮插刀的外形像一个具有刀刃的渐开线外齿轮，刀刃的后刀面留有后角，形成铲形齿。插齿加工时，插齿运动主要包括：① 范成运动；② 切削运动；③ 让刀运动；④ 进给运动。如图 9.9 所示，插刀与轮坯相对以选定传动比转动，作范成运动；插刀沿轮坯轴线方向作上下往复切削运动；为了防止损伤已加工表面和造成刀具后刀面磨损，工作台带动工件作径向让刀运动；另外，为了切出全齿高，插刀还需要向轮坯中心移动，即作径向进给运动。

（a）　　　　　　　（b）　　　　　　　（c）

图 9.9　齿轮插刀插齿加工

2. 齿条插刀

齿条插刀加工原理与齿轮插刀相同，只是在范成运动中，由齿轮插刀刀具的旋转运动变成齿条刀具的直线运动，如图 9.10 所示。

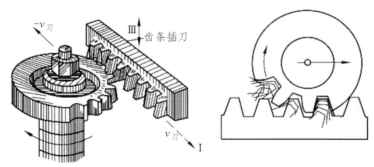

图 9.10　齿条插刀加工齿轮

插齿加工方法由于切削不连续，且插刀往复运动会产生惯性力，容易引起振动，限制了切削速度的提高，从而影响了切削生产效率的提高。所以，生产中更广泛地应用齿轮滚刀加工齿轮。

3. 齿轮滚刀

图 9.11 所示的滚刀，旋转起来后外形像一根螺杆，由于其轴剖面的形状相当于一齿条，所以加工原理与用齿条插刀加工基本相同，但由于滚刀是作旋转运动，容易提高其转速，且其为连续切削，所以生产效率极高。生产中，广泛应用齿轮滚刀切制齿轮。齿轮滚刀除旋转运动外，还沿轮坯轴线方向作轴向进给运动，以便切出全齿宽。

用范成法加工齿轮时，只要刀具与被加工齿轮的模数 m 和压力角 α 相同，则无论被加工齿轮的齿数是多少，都可以用同一把刀具加工，即没有刀号制，减少了刀具的数量，且其生产效率高，所以广泛用于成批大量生产之中。

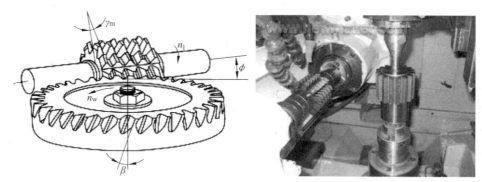

图 9.11　滚齿加工

（三）齿轮的根切现象与最少齿数

用展成法加工齿轮时，被加工齿轮齿根附近的渐开线齿廓将被切去一部分，这种现象称为根切，如图 9.12 所示。根切不仅削弱了轮齿的抗弯强度，还使重合度减小，将可能导致传动的不平稳，生产中应设法避免。

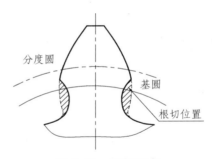

分度圆
基圆
根切位置

图 9.12 根切现象

产生根切的原因：若刀具的齿顶线（或齿顶圆）超过理论啮合线极限点 N_1，切削运动进行时，刀尖便会将轮齿根部正常齿廓切去一部分，造成根切。为了避免根切，则需刀具顶线不超过极限啮合点 N_1，N_1 点的高度与基圆半径有关。所以，齿轮采用范成法加工时，是否出现根切主要取决于齿轮的齿数。经过推算，不出现根切的最少齿数为：

标准齿轮：$z_{min} = 17$

短齿齿轮：$z_{min} = 14$

六、齿轮常用材料与传动精度

（一）常用的齿轮材料

根据齿轮应用场合和应用要求不同，生产中需相应选取适当的齿轮材料。常用的齿轮材料主要有：钢、铸铁和非金属材料。

1. 钢

钢材的强度高，韧性好，耐冲击，并可通过热处理或表面化学热处理改善其力学性能，是制造齿轮应用最广泛的材料。

（1）锻钢。

锻钢适宜制造结构形状简单的中小型齿轮，一般选用含碳量为 0.15% ~ 0.6% 的碳钢或合金钢，这种含碳量的钢综合力学性能优良，通过一定的热处理，容易获得所需使用性能。制造软齿面（≤350 HBS）齿轮时，由于软齿面齿轮对强度、精度和运动速度要求不高，因此，在锻成毛坯后一般经过正火或调质处理，切齿加工后即为成品，其经济精度一般为 8 级，精切齿可达 7 级精度，这类齿轮制造成本低，加工简便，生产效率高。制造硬齿面齿轮（>350HBS）时，由于要求轮齿表面硬度高（58 ~ 65HRC）、表面耐磨性要好，因此一般在粗加工或半精加工之后，进行表面硬化处理（表面淬火、渗碳淬火、氮化、软氮化或氢化），然后进行磨齿、研齿等精加工，精度等级可达 4 ~ 5 级。这类齿轮主要用于高速、重载及精密传动设备中，如航空齿轮、精密机床用齿轮等。其制造难度较大、周期较长，生产成本高。

（2）铸钢。

铸钢的耐磨性和强度均较好，这类材料常用于尺寸较大或形状复杂的齿轮，毛坯件需经过退火及正火处理，必要时也可调质处理。

（3）合金钢。

合金钢是在碳钢基体中，加入一定数量和成分的合金金属或非金属元素，从而使材料的强度、韧性、抗冲击性、耐磨性及抗胶合等性能获得提高，这样，金属的力学性能、表面硬度和一些特殊理化性能比碳钢优越。生产中常用于制造高速、重载而又要求结构尺寸小的齿轮，或某些特殊用途齿轮，如耐腐蚀齿轮。所用牌号有 20CrMnTi、20Cr2Ni4 等。

2. 铸　铁

灰铸铁硬而脆，抗胶合和点蚀的能力较好；但不能靠热处理提高力学性能，抗冲击性、韧性和承载能力都较差，主要用于制造形状复杂、尺寸大、工作平稳的较小功率低速齿轮。

3. 非金属材料

对高速轻载及传动精度要求不高的齿轮传动，为了减小噪音，增加抗磨性，降低对环境的污染，常用非金属材料（如尼龙、夹布胶木和工程塑料）制造齿轮，一般用于啮合中的小齿轮。

常用的齿轮材料及力学性能见表 9.5。

表 9.5　齿轮常用材料及其力学性能

材料	热处理	强度极限 σ_b（MPa）	屈服极限 σ_s（MPa）	齿面硬度（HBS）	许用接触应力 $[\sigma_H]$（MPa）	许用弯曲应力 $[\sigma_F]$（MPa）
HT300		300		187～255	290～347	80～105
QT600-3		600		190～270	436～535	262～315
ZG310-570	正火	580	320	163～197	270～301	171～189
ZG340-640		650	350	179～207	288～306	182～196
45		580	290	162～217	468～513	280～301
ZG340-640	调质	700	380	241～269	468～490	248～259
45		650	360	217～255	513～545	301～315
35SiMn		750	450	217～269	585～648	388～420
40Cr		700	500	241～286	612～675	399～427
45	调质后表面淬火			40～50HRC	927～1053	427～504
40Cr				48～55HRC	1 035～1 098	483～518
20Cr	渗碳后淬火	650	400	56～62HRC	1 350	645
20CrMnTi		1 100	850	56～62HRC	1 350	645

（二）齿轮的精度

齿轮在加工生产和安装中，都会出现一定的误差，这样会对齿轮传动造成一定的影响。生产实践中，齿轮传动正常工作的主要要求有：传动准确性要求，传动平稳性要求，载荷分布均匀性要求和适当的侧隙。

（1）传动准确性：主要指齿轮运动一周中，传动比的变化量大小，它直接影响传递运动的准确程度。

（2）传动平稳性：在齿轮运转一周中，瞬时传动比的变化速度直接影响作用力的变化大小，因而影响传递运动的平稳程度。

（3）载荷分布均匀性：在齿轮传动中，载荷沿齿宽方向分布的均匀程度。

（4）侧隙：轮齿啮合时，非啮合齿侧轮齿间的间隙。齿侧间隙应根据具体工作情况确定，例如，工作中需经常正反转，齿侧间隙宜小；工作温差大、重载、单向传动等场合，齿侧间隙宜稍大。

影响以上四方面要求的因素很多，而齿轮和齿轮副的误差大小直接影响齿轮传动的工作性能，因此齿轮和齿轮副必须有适当的精度。

1. 精度等级

根据国标规定，齿轮精度分为12个等级，1级精度最高，12级精展最低。其中1、2级精度为待发展级，3～5级为高精度等级，6～8级为中等精度等级，9～12为低精度等级。一般常用精度等级为6～9级精度。

2. 公差等级

按误差特性和对工作性能的影响，国标把检验项目分为三个公差组：影响传动准确性的第Ⅰ公差组；影响传动平稳性的第Ⅱ公差组；影响载荷分布均匀性的第Ⅲ公差组。每个公差组由若干个检验组组成，见表9.6。

表9.6　常用的检验组

公差组	精度等级					公差或极限偏差值
	6～8	6	6～8	7～8	9	
Ⅰ	$\Delta F_2'$	ΔF_r 与 ΔF_{pK}	ΔF_r 与 ΔF_W	ΔF_p	ΔF_r 与 ΔF_W	见圆柱齿轮第Ⅱ、Ⅲ公差组及极限偏差值
Ⅱ	$\Delta f_2'$	Δf_f 与 Δf_{pb} 或 Δf_f 与 Δf_{pt}			Δf_{pt} 与 Δf_{pb}	同上
Ⅲ	ΔF_β					见圆柱齿轮第Ⅲ公差组齿向公差
	ΔE_{Wm}			ΔE_{Wm} 或 ΔE_S ③		见齿厚极限偏差

注：① 需要时可加检 Δf_{pb}；② ΔE_{Wm} 为公法线平均长度偏差；③ ΔE_S 为齿厚偏差；④ 接触斑点的分布位置和大小确有保证时，则此齿轮副中单个齿轮的第Ⅲ公差组项目可不予考核。

七、齿轮的结构和失效形式

（一）齿轮的结构

齿轮的结构组成由轮缘、轮辐和轮毂三部分组成，圆柱齿轮的结构应综合考虑其强度、刚度、工艺性和经济性等方面要求。通常按经验公式或数据确定齿轮的形状及尺寸，根据齿轮的尺寸、制造方法和生产批量不同，齿轮的结构形状可分为齿轮轴式、实心式、腹板式、轮辐式、镶圈式和剖分式六种类型。

1. 齿轮轴

对直径过小的齿轮，如果 $\delta < (2 \sim 2.5)\,m$（m 为模数）时，将齿轮与轴制造成一个整体，称为齿轮轴，如图 9.13、9.14 所示。

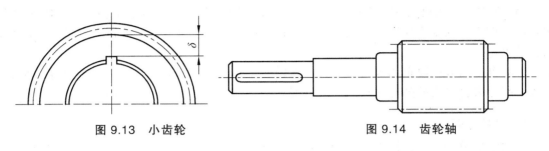

图 9.13　小齿轮　　　　　　　　　　　图 9.14　齿轮轴

2. 实心式齿轮

当齿轮的 $\delta > 2.5\,m$，且齿顶圆直径 $d_a \leqslant 200\,mm$ 时，可采用锻造毛坯的实心式齿轮结构，如图 9.15 所示。

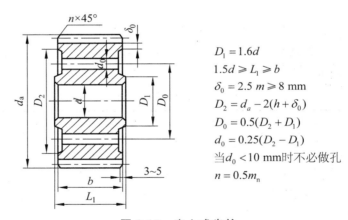

$$D_1 = 1.6d$$
$$1.5d \geqslant L_1 \geqslant b$$
$$\delta_0 = 2.5\,m \geqslant 8\,mm$$
$$D_2 = d_a - 2(h + \delta_0)$$
$$D_0 = 0.5(D_2 + D_1)$$
$$d_0 = 0.25(D_2 - D_1)$$

当 $d_0 < 10\,mm$ 时不必做孔

$$n = 0.5m_n$$

图 9.15　实心式齿轮

3. 腹板式齿轮

当齿轮的齿顶圆直径 $d_a = 200 \sim 500\,mm$ 时，可将齿轮作成腹板式，以减轻重量、减小内应力，腹板上开孔数量一般取偶数，以方便制造和搬运，如图 9.16 所示。

4. 轮辐式齿轮

当齿轮的齿顶圆直径 $d_a = 400 \sim 1\,000\,mm$ 时，可将齿轮作成轮辐式，以减轻重量、节省材料。轮辐式齿轮一般采用铸造结构，单件或小批量生产也可采用焊接毛坯，如图 9.17 所示。

5. 镶圈式齿轮

当齿轮直径很大 $d_a > 600\,mm$ 时，为节约贵重金属材料（轮缘部分用优质材料，而轮芯可用铸铁或铸钢，在接缝处用紧定螺钉连接），采用镶圈式结构，如图 9.18 所示。

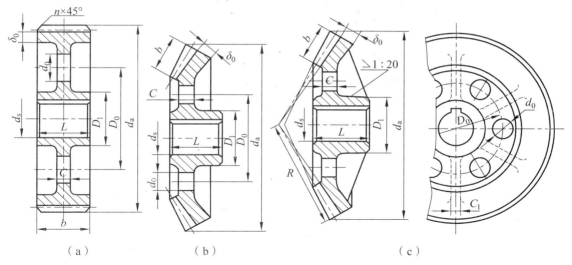

（a） （b） （c）

$D_1 = 1.6d_s$（钢材）；$D_1 = 1.8d_s$（铸铁）；

D_0、d_0 按结构而定；

圆柱齿轮：　$L = (1.2 \sim 1.5)d_s \geqslant b$ ；　$\delta_0 = (2.5 \sim 4)m_n \geqslant 10$ mm ；

$C = (0.2 \sim 0.3)b$ ；　$n = 0.5\, m_n$

圆锥齿轮：　$L = (1.0 \sim 1.2)d_s$ ；　$\delta_0 = (3 \sim 4)m \geqslant 10$ mm

$C = (0.1 \sim 0.17)R$ ；　$C_1 = 0.8\, c$

图 9.16　腹板式齿轮

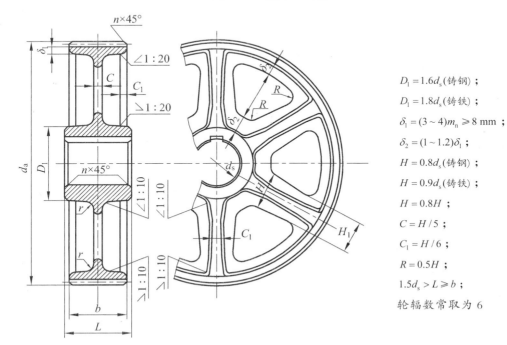

$D_1 = 1.6d_s$（铸钢）；

$D_1 = 1.8d_s$（铸铁）；

$\delta_1 = (3 \sim 4)m_n \geqslant 8$ mm ；

$\delta_2 = (1 \sim 1.2)\delta_1$ ；

$H = 0.8d_s$（铸钢）；

$H = 0.9d_s$（铸铁）；

$H = 0.8H$ ；

$C = H/5$ ；

$C_1 = H/6$ ；

$R = 0.5H$ ；

$1.5d_s > L \geqslant b$ ；

轮辐数常取为 6

图 9.17　轮辐式齿轮

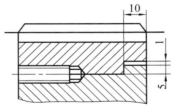

图 9.18　镶圈式齿轮

6. 剖分式齿轮

对于直径极大的齿轮，由于制造、装配和运输等方面的限制，不能整体制造时，可采用剖分为多部分然后连接的剖分式结构，如图 9.19 所示。

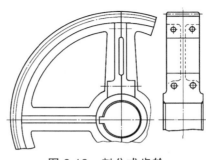

图 9.19　剖分式齿轮

（二）齿轮传动的失效形式及防止措施

齿轮的齿圈、轮辐、轮毂等部位的尺寸，在结构设计时是根据经验公式确定的，其承载能力较宽裕，实践中极少失效，齿轮传动的失效主要是轮齿的失效。轮齿失效的具体形式主要有：

1. 轮齿折断

轮齿折断主要分疲劳折断和过载折断两类。

疲劳折断是由于轮齿齿根部分受到较大交变载荷的多次重复作用，当达到某一限度时，在齿根受拉的一侧产生疲劳裂纹，随着裂纹不断扩展，最后导致轮齿折断。疲劳折断的主要防止措施是：提高齿面硬度，增大齿面疲劳强度；提高齿轮加工精度，降低表面粗糙度，这样，可增大接触面积，降低表面接触压强；在齿根处采用如碾压、喷丸等表面强化处理措施，以提高齿根处的疲劳强度；进行抗疲劳的强度设计计算。

过载折断是由于轮齿受到短时严重过载或冲击载荷作用引起的突然折断。防止措施：结构设计中，采取措施进行过载保护；适当增大齿轮的模数，提高轮齿的承载能力；热处理后，应使轮齿心部有良好塑性和韧性，提高轮齿抗冲击的能力。

在一般的使用过程中，齿轮最主要的失效形式是疲劳折断。

轮齿折断的形式有全齿宽折断和局部折断，如图 9.20 所示。

156

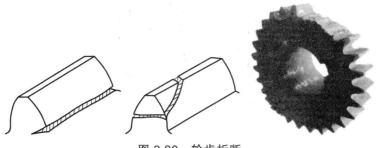

图 9.20　轮齿折断

2. 齿面点蚀

闭式软齿面齿轮传动工作时，轮齿表面接触应力呈周期性脉动循环变化。在工作一段时间后，齿根靠近节线附近的表面产生疲劳裂纹，此疲劳裂纹在正压力和切向摩擦力作用下（同时，润滑油渗入裂纹，当裂纹随轮齿啮合而闭合后，封闭在裂纹中的润滑油受挤压，油压增高，促使裂纹加速扩张蔓延），轮齿表层材料沿摩擦力方向产生撕裂，最终使轮齿表面金属呈小片状剥落而形成凹坑（麻点），这种现象称为疲劳点蚀，又称点蚀，如图 9.21 所示。通常，出现齿面点蚀的时间周期较长。

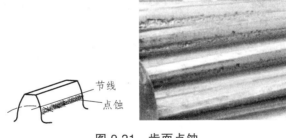

图 9.21　齿面点蚀

齿面点蚀的防止措施：提高齿面硬度或表面强化处理；适当增大润滑油黏度；提高齿轮加工精度；降低表面粗糙度；提高齿轮的安装精度等。

3. 齿面磨损

在开式齿轮传动中，轮齿接触表面间相对滑动时，由于受金属杂物和空气中灰尘（主要成分为硬度很高的石英砂和铝硅酸盐）等的影响，而引起的磨粒和磨料磨损称为齿面磨损，如图 9.22 所示。严重的磨损将使齿廓失去正常渐开线形状，齿侧间隙增大，导致传动的冲击和噪声增大，甚至因齿厚减薄而发生轮齿折断。

图 9.22　齿面磨损

防止措施：提高齿面硬度；选用合理的润滑方式；提高齿轮加工精度、降低表面粗糙度；采用防护罩（有条件时，尽量使用闭式传动）等。

由于造成齿面磨损的原因很多，场景不一，所以，齿面磨损很难精确计算。生产中，除采用上述措施外，设计时一般适当放大齿轮的模数，以预留一定的磨损量。

4. 齿面胶合

对于高速重载的齿轮传动（如航空发动机的主传动齿轮），由于齿面间的压力大，温度高，会使润滑油变稀而降低润滑效果，导致齿面软化，摩擦增大，发热增多。这样，将会使齿面上接触的点熔合焊接在一起，在两齿面相对滑动时，焊在一起的地方又被撕开。于是，在齿面上沿相对滑动的方向形成伤痕，如图9.23所示。这种现象称作齿面胶合。

齿面胶合的防止措施：提高齿面硬度或表面强化处理；采用抗胶合能力强的润滑油；提高齿轮加工精度；降低表面粗糙度；采用强制润滑以尽快带走热量，降低工作区的温度等。

图9.23 齿面胶合

5. 齿面塑性变形

软齿面齿轮承受重载时，齿面在高压及大摩擦力作用下，轮齿表层金属材料因屈服而沿滑动方向产生明显的塑性流动，从而在从动齿齿面节线附近出现凸脊，在主动齿齿面节线附近出现凹沟，如图9.24所示。这种现象称为齿面塑性变形。

齿面塑性变形的防止措施：提高齿面硬度，适当增大润滑油黏度，提高齿轮加工精度，降低表面粗糙度，增大轮齿宽度以降低压强等。

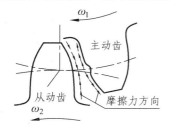

图9.24 齿面塑性变形

八、设计准则和直齿圆柱齿轮传动的强度计算

针对不同的齿轮传动失效形式，设计准则也有所不同，具体设计准则如下：

1. 闭式软齿面齿轮传动

按齿面接触疲劳强度进行设计，确定传动的尺寸，而后按齿根弯曲疲劳强度进行校核。

2. 闭式硬齿面齿轮传动

按齿根弯曲疲劳强度进行设计，然后验算齿面接触疲劳强度；

3. 开式传动

由于开式传动的失效形式主要是轮齿磨损，造成轮齿变薄，产生断齿，故按弯曲疲劳强度计算进行设计，再适当放大齿轮的模数，以增大磨损后轮齿强度，防止断齿。

（一）受力分析

为简化分析，常以作用在齿宽中点处的集中力代替均布力，忽略摩擦力的影响。如图 9.25（a）所示，该集中力为沿啮合线指向齿面的法向力。法向力分解为两个力，即切向力和径向力。以节点 P 处的啮合力为分析对象，并不计啮合轮齿间的摩擦力，可得

$$F_t = \frac{2T_1}{d_1}$$

$$F_r = F_t \tan \alpha$$

$$F_n = \frac{F_t}{\cos \alpha} = \frac{2T_1}{d_1 \cos \alpha}$$

式中，d_1 为小齿轮分度圆直径，mm；α 为压力角，对于标准齿轮，$\alpha = 20°$；T_1 为小齿轮传递的转矩，N·mm。

通常已知小齿轮传动的功率 P_1(kW) 及其转速 n_1(r/min)，所以小齿轮上的理论转矩为

$$T_1 = 9.55 \times 10^6 \times \frac{P_1}{n_1}$$

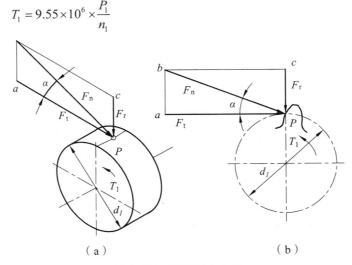

（a）   （b）

图 9.25　轮齿受力分析

力的方向判断如下：

切向力：在从动轮上为驱动力，与其回转方向相向；在主动轮上为阻力，与其回转方向相反。

径向力：对于外齿轮，指向其齿轮中心，如图 9.25（b）所示；对内齿轮，则背离其齿轮中心。

（二）齿轮的许用应力

1. 许用接触应力

齿轮的许用接触应力按下式计算

$$[\sigma]_H = \frac{\sigma_{H\,lim}}{S_{H\,min}}$$

式中，$\sigma_{H\,lim}$ 为试验齿轮的齿面接触疲劳极限（MPa），其值按图 9.26 查取；$S_{H\,min}$ 为齿面接触强度的最小安全系数，其值可查表 9.7。

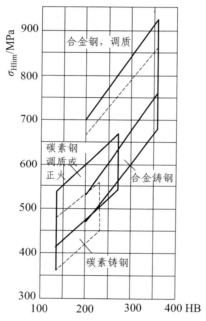

图 9.26　齿轮的齿面接触疲劳极限 $\sigma_{H\,lim}$

表 9.7　最小安全系数 $S_{H\,min}$ 和 $S_{F\,min}$

齿轮传动装置的重要性	$S_{H\,min}$	$S_{F\,min}$
一般	1	1
齿轮损坏会引起严重后果	1.25	1.5

2. 齿根的许用弯曲应力

齿根的许用弯曲应力按下式计算

$$[\sigma]_F = \frac{\sigma_{F\,lim}}{S_{F\,min}Y_{sr}}$$

160

式中，σ_{Flim} 为试验齿轮的齿面弯曲疲劳极限（MPa），其值按图 9.27 查取；S_{Fmin} 为齿面弯曲强度的最小安全系数，其值可查表 9.8；Y_{sr} 为齿根危险截面处的相对应力集中系数，它是考虑计算齿轮的齿根应力集中与试验齿轮的齿根应力集中不相同时对 σ_{Flim} 的影响，标准直齿圆柱齿轮 Y_{sr} 的值可查表 9.8。

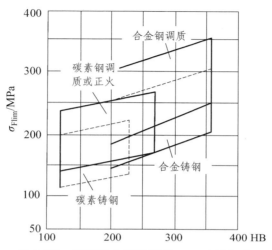

图 9.27　齿轮弯曲疲劳极限 σ_{Flim}（MPa）

表 9.8　渐开线标准齿轮的相对应力集中系数

齿轮材料	齿数 $Z(Z_v)$											
	14	17	20	22	25	30	40	50	60	80	100	150
调质钢	0.81	0.83	0.85	0.86	0.88	0.90	092	0.94	0.95	0.96	0.98	1
渗碳钢	0.84	0.86	0.88	0.89	0.90	0.91	0.93	0.95	0.96	0.97	0.99	1
铸件	0.88	0.90	0.91	0.92	0.93	0.94	0.95	0.96	0.97	0.98	0.99	1

试验齿轮的齿面接触疲劳极限 σ_{Hlim}、弯曲疲劳极限 σ_{Flim} 是在一定的试验条件下测得的，由于齿轮材料的成分、性能和热处理质量以及加工方法等的差异，σ_{Hlim} 和 σ_{Flim} 具有较大的离散性，应用时一般取框图中的中间值；只有当材料和热处理的质量高，并经严格的质量控制和检验时，方可取框图中上半部的值。在对称循环变应力下工作的齿轮（如中间齿轮、行星齿轮等），应将图中查得的数值乘以系数 0.7 作为 σ_{Flim} 值。

（三）直齿圆柱齿轮传动强度计算

1. 齿面接触疲劳强度计算

齿面接触疲劳强度计算主要针对闭式软齿面齿轮齿面点蚀失效。

齿面接触疲劳强度的设计式为

$$d_1 \geqslant \sqrt[3]{\frac{2KT_1}{\psi_d} \cdot \frac{u \pm 1}{u} \left(\frac{Z_H Z_E}{[\sigma_H]}\right)^2}$$

齿面接触疲劳强度的校核式为

$$\sigma_H = \sqrt{\frac{2KT_1}{bd_1^2} \frac{u \pm 1}{u}} Z_E Z_H \leqslant [\sigma_H]$$

式中，Z_E 为材料的弹性系数（$\sqrt{MPa}$），见表 9.9；σ_H 为齿面的实际最大接触应力（MPa）；K 为载荷系数，见表 9.10；T_1 为小齿轮上的理论转矩（N·mm）；u 为齿数比（大齿轮的齿数比小齿轮的齿数）；"+" 为外啮合，"—" 为内啮合；b 为轮齿的工作宽度（mm）；d_1 为小齿轮的分度圆直径（mm）；ψ_d 为齿宽系数，$\psi_d = \frac{b}{d_1}$，见表 9.11；$[\sigma_H]$ 为齿轮的许用接触应力（MPa）；Z_H 为节点区域系数，考虑节点位置的齿廓曲率半径等因素对接触应力的影响，标准直齿轮 $\alpha = 20°$ 时，$Z_H = 2.5$。

表 9.9　材料弹性系数

两轮材料组合	钢对钢	钢对铸铁	铸铁对铸铁
Z_E	189.8	165.4	143

表 9.10　载荷系数

原动机工作情况	工作机械的载荷特性		
	工作平稳	中等冲击	较大冲击
工作平稳（如电动机、汽轮机和燃气轮机）	1.0～1.2	1.2～1.6	1.6～1.8
轻度冲击（如多缸内燃机）	1.2～1.6	1.6～1.8	1.9～2.1
中等冲击（如单缸内燃机）	1.6～1.8	1.8～2.0	2.2～2.4

注：① 斜齿圆柱齿轮、圆周速度较低、精度高、齿宽系数小时取小值。齿轮在两轴承之间，并对称布置时取小值。齿轮在两轴承之间不对称布置或悬臂布置时取大值。
②　工作机械的载荷特性举例：
工作平稳：发电机、带式输送机、板式输送机、螺旋输送机、轻型升降机、电葫芦、机床进给齿轮、通用机、鼓风机、匀密度材料搅拌机等。
中等冲击：机床主传动、重型升降机、起重机的回转机构、矿井通风机、给水泵、多缸往复式压缩机、球磨机、非匀密度材料搅拌机等。
较大冲击：冲床、剪切机、轧钢机、挖掘机、钻机、重型离心分离机、重型给水泵、矿石破碎机、压球成型机、捣泥机、单缸往复式压缩机等。

表 9.11　齿宽系数 ψ_d

齿轮相对于支承的位置	软齿面（HB ≤350）	硬齿面（HB ＞350）
对称布置	0.8～1.4	0.4～0.9
非对称布置	0.6～1.2	0.3～0.6
悬臂布置	0.3～0.4	0.2～0.25

注：直齿轮取小值斜齿轮取大值；载荷稳定、轴刚度大时取大值，反之取小值；圆柱齿轮由齿宽系数 ψ_d 计算出的齿宽 b，应加以圆整。

一对啮合齿轮的齿面接触应力 σ_{H1} 与 σ_{H2} 大小相同，但两齿轮的材料不一样，则二者的许用接触应力 $[\sigma_{H1}]$ 与 $[\sigma_{H2}]$ 一般不相等。因此，计算小齿轮分度圆直径时，应代入二许用应力中较小的值。

2. 齿根弯曲疲劳强度计算

计算齿根弯曲疲劳强度是为了防止轮齿根部的疲劳折断。

校核公式：$\sigma_F = \dfrac{2KT_1}{bm^2 z_1} Y_{FS} \leqslant [\sigma_F]$

设计公式：$m \geqslant \sqrt[3]{\dfrac{2KT_1}{\psi_d z_1^2} \dfrac{Y_{FS}}{[\sigma_F]}}$

式中，K、T_1、b、ψ_d 为的意义同前；σ_F 为齿根实际最大弯曲应力，MPa；m 为模数，mm；Y_{FS} 为复合齿形系数，见表 9.12，与轮齿的几何形状有关，同时考虑了应力集中的影响；$[\sigma_F]$ 为轮齿的许用弯曲应力，MPa。

表 9.12　复合齿形系数

$z(z_v)$	17	18	19	20	21	22	23	24	25	26	27	28	29
Y_{FS}	4.51	4.45	4.41	4.36	4.33	4.30	4.27	4.24	4.21	4.19	4.17	4.5	4.13
$z(z_v)$	30	35	40	45	50	60	70	80	90	100	150	200	∞
Y_{FS}	4.12	4.06	4.04	4.02	4.01	4.00	3.99	3.98	3.97	3.96	4.00	4.03	4.06

由于通常两个相啮合齿轮的齿数是不同的，故复合齿形系数 Y_{FS} 都不相等，而且齿轮的许用应力 $[\sigma_F]$ 也不一定相等，因此必须分别校核两齿轮的齿根弯曲强度。在设计计算时，应将两齿轮的 $\dfrac{Y_{FS}}{[\sigma_F]}$ 值进行比较，取其中较大者代入式中计算，计算所得模数圆整成标准值。

（四）齿轮传动主要设计参数的选择

1. 齿数 z

选取标准齿轮时，应保证不发生根切，即取 $z_1 \geqslant z_{min}$。

对于软齿面闭式齿轮传动，传动尺寸主要取决于齿面接触疲劳强度，而弯曲疲劳强度往往比较富裕。这时，在传动尺寸不变并满足弯曲疲劳强度要求的前提下，小齿轮齿数取多一些以增大端面重合系数，改善传动平稳性；模数减小后，降低齿高，使齿顶圆直径减小，从而减少了齿轮毛坯直径，减少切削用量，节省制造费用。通常选取 $z_1 = 24 \sim 40$；对于硬齿面闭式齿轮传动，首先应具有足够大的模数以保证齿根弯曲疲劳强度，为减小传动尺寸，其齿数一般可取 $z_1 = 17 \sim 30$。

一对齿轮的齿数 z_1 和 z_2 以互为质数为好，以防止轮齿的磨损集中于某几个齿上。但这样实际传动比可能与要求的传动比有差异，因此通常要验算传动比，一般情况下应保证传动比误差在 ± 5%以内。

2. 模数 m

模数的大小影响轮齿的弯曲强度，设计时应在保证弯曲强度的条件下取较小的模数。但对传递动力的齿轮，应取 $m \geqslant 1.5$ mm。

3. 齿数比 u

齿轮减速传动时，$u = i$；增速传动时 $u = 1/i$。

单级直齿圆柱齿轮传动比 $i \leqslant 8$，以免使齿轮传动的外廓尺寸太大，推荐值为 $i = 3 \sim 5$。当需要更大的传动比时，可采用二级或以上的传动。

4. 齿宽系数 ψ_d

齿宽系数的大小表示齿宽的相对值，增大齿宽系数 ψ_d，能缩小分度圆直径，减小中心距。但齿宽过大，会影响载荷沿齿宽分布的均匀性，使载荷系数 K 加大。

为了便于加工、装配，通常取小齿轮的齿宽 b_1 大于大齿轮齿宽 b_2，即 $b_1 > b_2 = 5 \sim 10$ mm。强度计算时取 $b = b_2$。

（五）应用实例

例 9.1 设计图 9.28 所示的带式输送机用减速器中的一对标准直齿圆柱齿轮传动。已知：传递功率为 $P = 10$kW，小齿轮的转速 $n_1 = 320$r/min，传动比 $i = 4$。单向运转，载荷平稳，单班制工作，使用寿命为 10 年。

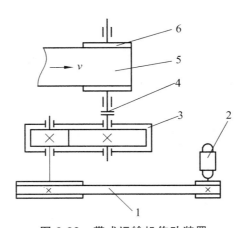

图 9.28 带式运输机传动装置

1—V 带传动；2—电动机；3—圆柱传动减速器；
4—联轴器；5—输送带；6—滚筒

解： 由于该减速器是用于带式输送机的，所以对其外廓尺寸没有特殊限制，故可选用供应充足、价格低廉、工艺简单的钢制软齿面齿轮。齿轮设计的具体计算见表 9.13。

表 9.13

计 算 及 说 明	结 果
（1）选择材料和确定许用应力。 ① 按表 9.5 选用齿轮的材料为 小齿轮：45 钢调质　HB1 = 217～255 大齿轮：45 钢正火　HB2 = 162～217 ② 根据齿轮硬度值（取 HB1 = 240，HB2 = 200） 由图 9.26 可得齿轮的接触疲劳极限为： $\sigma_{H\lim 1}$ = 580 MPa　$\sigma_{H\lim 2}$ = 530 MPa 由图 9.27 可查得齿轮的弯曲疲劳极限为 $\sigma_{F\lim 1}$ = 220 MPa　　　　$\sigma_{F\lim 2}$ = 210　MPa ③ 对一般装置，由表 9.7 查得齿面接触疲劳强度和齿根疲劳强度弯曲的最小安全系数为 $S_{H\min}$ = 1　　　　$S_{F\min}$ = 1 ④ 两齿轮的许用接触应力为 $[\sigma]_{H1} = \sigma_{H\lim 1} / S_{H\min} = 580/1 = 580$（MPa） $[\sigma]_{H2} = \sigma_{H\lim 1} / S_{H\min} = 530/1 = 530$（MPa） ⑤ 选择齿数：选取小齿轮的齿数 Z_1 为 25，则大齿轮齿数 $Z_2 = iZ_1$ = 4×25 = 100。考虑两轮齿数应互为质数，取 Z_2 = 99。 ⑥ 由表 9.8 查得两齿轮的相对应力集中系数为 Y_{sr1} = 0.88　　　　Y_{sr2} = 0.98 ⑦ 由式计算两齿轮的许用弯曲应力 $[\sigma]_{F1} = \dfrac{\sigma_{F\lim 1}}{S_{F\min} Y_{sr1}} = \dfrac{220}{1 \times 0.88} = 250$　（MPa） $[\sigma]_{F2} = \dfrac{\sigma_{F\lim 2}}{S_{F\min} Y_{sr2}} = \dfrac{210}{1 \times 0.98} = 214$　（MPa）	小齿轮：45 钢调质 HB1 = 217～255 大齿轮：45 钢正火 HB2 = 162～217 $\sigma_{H\lim 1}$ = 580 MPa $\sigma_{H\lim 2}$ = 530 MPa $\sigma_{F\lim 1}$ = 220 MPa $\sigma_{F\lim 2}$ = 210　MPa $S_{H\min}$ = 1　$S_{F\min}$ = 1 $[\sigma]_{H1}$ = 580 MPa $[\sigma]_{H2}$ = 530 MPa Z_1 = 25　Z_2 = 99 Y_{sr1} = 0.88 Y_{sr2} = 0.98 $[\sigma]_{F1}$ = 250　MPa $[\sigma]_{F1}$ = 214　MPa
（2）按接触疲劳强度设计。 ① 计算小齿轮所需传递的转矩 T_1。 $T_1 = 9.55 \times 10^6 \dfrac{p}{n_1} = 9.55 \times 10^6 \times \dfrac{10}{320} = 298\,437.5$　（N·mm） ② 选定载荷系数 K。 根据原动机为电动机，工作机为带式输送机，载荷平稳，齿轮在两轴承间对称布置，由表 9.10 查得 $K = 1.1$ ③ 选择齿宽系数 ψ_d。 根据齿轮为软齿面和齿轮在两轴承间为对称布置，由表 9.11 取 $\psi_d = 1$ ④ 选择材料弹性系数 Z_E。 根据大、小齿轮的材料都是优质碳素钢，查表 9.9 取 $Z_E = 189.8 \sqrt{MPa}$ ⑤ 节点区域系数 $Z_H = 2.5$。 ⑥ 计算小齿轮的分度圆直径 d_1。 $$d_1 \geqslant \sqrt[3]{\dfrac{2KT_1}{\psi_d} \cdot \dfrac{u \pm 1}{u} \left(\dfrac{Z_H Z_E}{[\sigma_H]}\right)^2}$$	$T_1 = 298\,437.5$　N·mm $K = 1.1$ $\psi_d = 1$ $Z_E = 189.8$ $Z_H = 2.5$

$= \sqrt[3]{\dfrac{2 \times 1.1 \times 298\,437.5}{1} \times \dfrac{4+1}{4} \times \left(\dfrac{2.5 \times 189.8}{530}\right)^2}$ $= 86.97$（mm） ⑦ 确定模数。 $m = \dfrac{d_1}{z_1} = \dfrac{86.97}{25} = 3.48\,\text{mm}$ 由表 9.1 取标准模数 $m = 3.5\,\text{mm}$	$d_1 = 86.97$ $m = 3.5\,\text{mm}$
（3）计算齿轮的要尺寸。 ① 齿轮分度圆直径。 $d_1 = mz_1 = 3.5 \times 25 = 87.5$（mm） $d_2 = mz_2 = 3.5 \times 99 = 346.5$（mm） ② 齿转传动的中心距 $a = \dfrac{d_1 + d_2}{2} = \dfrac{87.5 + 346.5}{2} = 217$（mm） ③ 齿轮宽度。 $b_2 = b = \psi_d d_1 = 1 \times 87.5 = 87.5$（mm）取 $b_2 = 85$（mm） $b_1 = b_2 + （5\,\text{mm} \sim 10\,\text{mm}） = 90 \sim 95$（mm） 取 $b_1 = 90\,\text{mm}$ ④ 计算齿轮的圆周速度 v 并选择齿轮精度。 $v = \dfrac{\pi d_1 n_1}{60 \times 1\,000} = \dfrac{3.14 \times 87.5 \times 320}{60 \times 1\,000} = 1.47$ （m/s） 选取齿轮精度等级为 8 级精度	$d_1 = 87.5$（mm） $d_2 = 346.5$（mm） $a = 217$（mm） $b_2 = 85\,\text{mm}$ $b_1 = 90\,\text{mm}$ 精度等级为 8 级
（4）校核齿轮的弯曲疲劳强度。 ① 复合齿形系数。 根据齿数由表 9.12 可知： $Y_{FS1} = 4.21$　　$Y_{FS2} = 3.96$ ② 校核两齿轮的弯曲疲劳强度 $\sigma_{F1} = \dfrac{2KT_1}{bm^2 z_1} Y_{FS1}$ $= \dfrac{2 \times 1.1 \times 298\,437.5}{85 \times 3.5^2 \times 25} \times 4.21 = 106.2\,\text{MPa} \leqslant [\sigma]_{F1}$ $\sigma_{F2} = \dfrac{2KT_1}{bm^2 z_1} Y_{FS2}$ $= \dfrac{2 \times 1.1 \times 298\,437.5}{85 \times 3.5^2 \times 25} \times 3.96 = 99.9\,\text{MPa} \leqslant [\sigma]_{F2}$ 所以，齿根弯曲疲劳强度足够	$Y_{FS1} = 4.21$ $Y_{FS2} = 3.96$ 齿根弯曲疲劳强度足够
（5）计算齿轮的全部几何尺寸（略）	
（6）齿轮的结构设计和绘制工作图（略）	

九、斜齿圆柱齿轮传动简介

（一）斜齿轮齿面的形成及啮合特点

1. 齿廓曲面的形成

直齿圆柱齿轮齿廓曲面的形成如图 9.29 所示。斜齿圆柱齿轮的齿廓曲面的形成和直齿圆柱齿轮很相似，区别在于发生面上所取 KK 直线不与基面柱母线 NN 平行，而是与 NN 成一交角 β_b，β_b 称为基圆柱上的螺旋角。在发生面 S 和基圆柱作纯滚动时所形成的是一渐开螺旋面，斜齿轮就是以这种渐开螺旋面作为齿廓曲面的，如图 9.30 所示。

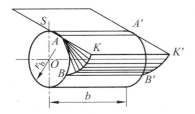

图 9.29 直齿齿廓曲面的形成　　图 9.30 斜齿齿廓曲面的形成

2. 斜齿轮啮合特点

一对直齿圆柱齿轮在啮合时，两齿廓总是全齿宽的啮入和啮出，故这种传动容易发生冲击、振动和噪音，影响传动平稳性，如图 9.31（a）所示。一对斜齿圆柱齿轮在啮合时，两齿廓是逐渐进入啮合和逐渐退出啮合的，不会产生冲击，平稳性好于直齿轮，如图 9.31（b）所示。斜齿轮同时参加啮合的齿数多，重合度较大，所以斜齿轮的承载能力较大。但由于斜齿轮轮齿倾斜，工作时会产生轴向力 F_a，如图 9.32 所示。斜齿轮一般多应用于高速或传递大转矩的场合。

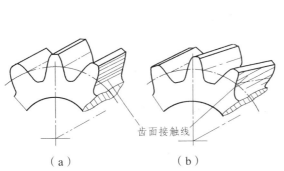

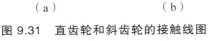

齿面接触线

（a）　　　　　（b）

图 9.31 直齿轮和斜齿轮的接触线图

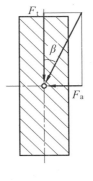

图 9.32 斜齿轮的轴向力

（二）斜齿圆柱齿轮的基本参数及几何尺寸计算

从斜齿轮的齿廓形成可见，它的齿面为一渐开线螺旋面，如图 9.33 所示，垂直于齿轮轴线的平面 $t{-}t$ 称为端面，该面上的参数称为端面参数；垂直于齿线的平面 $n{-}n$ 称为法面，其上的参数称为法面参数。由于加工斜齿轮时，刀具是沿螺旋线方向进刀的，所以要以轮齿的法向参数为标准值选择刀具，因此斜齿轮的法面参数为标准值。但在计算斜齿轮的几何尺寸时，又要按端面的参数进行计算。因此，必须掌握斜齿轮端面与法向平面的参数换算关系。

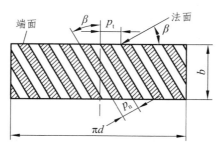

图 9.33　斜齿轮的端面和法面图

1. 基本参数

（1）螺旋角 β。

将斜齿圆柱齿轮沿分度圆柱面展开，分度圆柱面与齿廓曲面的交线，称为齿线，齿线与齿轮轴线间所形成的夹角称为分度圆柱上的螺旋角，简称螺旋角，用 β 表示。

当斜齿轮的螺旋角 β 增大时，其重合度 ε 也增大，传动愈平稳，但其所产生的轴向力也随着增大，螺旋角不宜过大，一般取 $\beta = 8° \sim 20°$。当用于高速大切率的传动时，为了消除轴向力，可以采用左右对称的人字齿轮，此时螺旋角可以增大，$\beta = 25° \sim 40°$。

斜齿轮按轮齿的旋向分为左旋和右旋两种。其旋向的判定与螺旋相同：顺着齿轮的轴线看，螺旋线由左向右上升为右旋，由右向左上升为左旋，如图 9.34 所示。

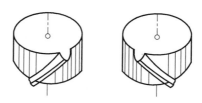

图 9.34　斜齿轮的旋向

（2）模数。

由于斜齿轮存在端面和法面，所以模数也存在着端面模数 m_t 和法面模数 m_n 两种。

由图可知端面齿距 p_t 与法面齿距 p_n 间关系为：$p_n = p_t \cos \beta$。

而端面模数 $m_t = p_t / \pi$，法面模数 $m_n = p_n / \pi$，故端面模数 m_t 和法面模数 m_n 有如下关系

$$m_n = m_t \cos \beta$$

一般规定法面模数 m_n 取标准值，并按标准选取模数系列。

（3）压力角。

斜齿轮在分度圆上的压力角也有法向压力角 α_n 和端面压力角 α_t，端面压力角 α_t 与法面压力角 α_n 间的关系为

$$\tan \alpha_n = \tan \alpha_t \cos \beta$$

一般规定法向压力角取标准值，即 $\alpha_n = 20°$。

（4）法面 h_{an}^*、c_n^* 与端面 h_{at}^*、c_t^* 斜齿轮的齿顶高和齿根高，在法面和端面上是相同的，计算方法和直齿轮相同，即

$$h_a = h_{an}^* m_n = h_{at}^* m_t$$

$$h_f = (h_{an}^* + c_n^*)m_n = (h_{at}^* + c_t^*)m_t$$

即
$$\begin{cases} h_{at}^* = h_{an}^* \cos \beta \\ c_t^* = c_n^* \cos \beta \end{cases}$$

式中，h_{an}^*、c_n^* 为标准值。

由于斜齿轮以法面参数为标准值，故斜齿轮法面模数 m_n，法面压力角 α_n、法面齿顶高系数 h_{an}^* 和法面顶隙系数 c_n^* 为标准值，并采用与直齿轮相同的标准值。

2. 斜齿轮的几何尺寸计算

在斜齿轮端面上，斜齿轮传动相当于直齿轮传动，其几何尺寸计算公式见表 9.14。

表 9.14　标准斜齿圆柱齿轮传动的几何尺寸计算公式

名　称	代　号	计算公式
螺旋角	β	一般取 $8° \sim 20°$
基圆柱螺旋角	β_b	$\tan \beta_b = \tan \beta \cos \alpha$
法向齿距	p_n	$p_n = \pi m_n$
基圆法向齿距	p_{bn}	$p_{bn} = p_n \cos \alpha_n$
齿顶高	h_{af}	$h_a = h_{an}^* m_n = m_n (h_{an}^* = 1)$
齿根高	h_f	$h_f = (h_{an}^* + c_{an}^*)m_n = 1.25 m_n (c_n^* = 0.25)$
全齿高	h	$h = h_a + h_f = 2.25 m_n$
分度圆直径	d	$d_1 = m_t z_1 = m_n z_1 / \cos \beta$，$d_2 = m_t z_2 = m_n z_2 / \cos \beta$
齿顶圆直径	d_a	$d_{a1} = d_1 - 2h_a$，$d_{a2} = d_{21} - 2h_a$
齿根圆直径	d_f	$d_{f1} = d_1 - 2h_f$，$d_{f2} = d_{21} - 2h_f$
顶隙	c	$c = c_n^* m_n = 0.25 m_n$
中心距	a	$a = (d_1 + d_2)/2 = m_n (z_1 + z_2)/(2\cos \beta)$

（三）斜齿圆柱齿轮的正常啮合条件

斜齿轮传动的正确啮合条件，除了两齿轮的模数和压力角分别相等外，他们的螺旋角必须相匹配，否则，如果两啮合齿轮的齿向不同，依然不能进行啮合。因此斜齿轮传动正确啮合的条件为

$$\begin{cases} \beta_1 = \pm\beta_2 \\ m_{n1} = m_{n2} = m_n \\ \alpha_{n1} = \alpha_{n2} = \alpha_n \end{cases}$$

β 前的"＋"号用于内啮合，"－"号用于外啮合。

十、直齿圆锥齿轮传动简介

（一）概　述

锥齿轮用于相交轴之间的传动。两轴交角可根据需要确定，但大多为 90°，即两轴垂直相交传动形式，如图 9.35 所示。锥齿轮传动分为直齿、斜齿和曲线齿三种类型，其中，斜齿锥齿轮传动应用较少。曲线齿锥齿轮传动具有工作平稳、重合度大、承载能力高、传动效率高、使用寿命长等许多优点，适于高速（圆周速度可达 50m/s）、重载应用场合；其主要缺点是制造困难，需要专用加工机床。

图 9.35　圆锥齿轮传动

目前，应用最多的仍为直齿锥齿轮传动，这主要是因为其设计、制造都比较简单。但由于其制造精度普遍较低，工作中振动和噪声较大，故圆周速度不宜过高，一般用于 5 m/s 以下工作场合。

（二）直齿圆锥齿轮的齿廓曲线

直齿锥齿轮齿廓的形成如图 9.36 所示，一个圆平面 S 与一个基圆锥切于直线 O_1N，圆平面半径与基圆锥锥距 R 相等，且圆心与锥顶重合。当圆平面绕基圆锥作纯滚动时，该平面上任一点 K 将在空间展出一条渐开线 AK。渐开线必在以 O_1 为中心、锥距 R 为半径的球面上，成为球面渐开线。

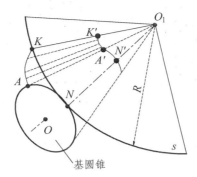

图 9.36　直齿锥齿轮齿廓的形成

（三）直齿锥齿轮的正确啮合条件

直齿锥齿轮传动的正确啮合条件与直齿圆柱齿轮的啮合条件相同。因此一对标准直齿锥齿轮的正确啮合条件为

$$m_1 = m_2 = m$$
$$\alpha_1 = \alpha_2 = \alpha$$
$$\delta_1 + \delta_2 = \Sigma$$

式中，Σ 为两轴交角，正交传动时 $\Sigma = 90°$。

（四）直齿锥齿轮的传动比、基本参数及几何尺寸

1. 传动比

如图 9.37 所示，因 $\Sigma = \delta_1 + \delta_2 = 90°$，故传动比为

$$i_{12} = \frac{\omega_1}{\omega_2} = \frac{z_2}{z_1} = \frac{r_2}{r_1} = \frac{OP \sin \delta_2}{OP \sin \delta_1} = \frac{\sin \delta_2}{\sin \delta_1} = \tan \delta_2 = \cot \delta_1$$

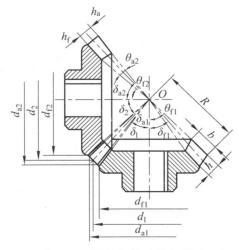

图 9.37　圆锥齿轮的几何尺寸

2. 基本参数和几何尺寸

锥齿轮的基本参数一般以大端参数为标准值，其基本参数包括：大端模数 m、齿数 z、压力角 α、分度圆锥角 δ、齿顶高系数 h_a^*、顶隙系数 c^*。标准直齿锥齿轮 $\alpha = 20°$，$h_a^* = 1$，$c^* = 0.2$，其标准模数系列见表 9.15。

表 9.15　标准直齿圆锥齿轮的模数（mm）

1	1.125	1.25	1.375	1.5	1.75	2	2.25	2.5	2.75	3	3.25	3.5
3.75	4	4.5	5	5.5	6	6.5	7	8	9	10		

圆锥齿轮的几何尺寸计算见表 9.16。

表 9.16　标准直齿圆锥齿轮传动的几何尺寸计算公式（$\Sigma = 90°$）

名　称	代　号	计　算　公　式
齿顶高	h_a	$h_a = h_a^* m = m \quad (h_a^* = 1)$
齿根高	h_f	$h_f = (h_a^* + c^*)m = 1.2m \quad (c^* = 0.2)$
全齿高	h	$h = h_a + h_f = 2.2m$
顶隙	c	$c = c^* m = 0.2m$
分度圆锥角	δ	$\delta_1 = \arctan(z_1 / z_2)$，$\quad \delta_2 = \arctan(z_1 / z_2)$
分度圆直径	d	$d_1 = mz_1$，$\quad d_2 = mz_2$
齿顶圆直径	$d_{a\delta}$	$d_{a1} = d_1 + 2h_a \cos \delta_1$，$\quad d_{a2} = d_2 + 2h_a \cos \delta$
齿根圆直径	d_f	$d_{f1} = d_1 - 2h_f \cos \delta_1$，$\quad d_{f2} = d_2 - 2h_f \cos \delta$
锥距	R	$R = \sqrt{d_1^2 + d_1^2} / 2 = m\sqrt{z_1^2 + z_2^2} / 2$
齿宽	b	$b = \psi_R R$，$\quad \psi_R = 0.25 \sim 0.3$
齿根角	θ_f	$\theta_f = \arctan(h_f / R)$
顶锥角	δ_a	$\delta_{a1} = \delta_1 + \theta_f$，$\quad \delta_{a2} = \delta_2 + \theta_f$
根锥角	δ_f	$\delta_{f1} = \delta_1 - \theta_f$，$\quad \delta_{f2} = \delta_2 - \theta_f$

十一、蜗杆传动

（一）蜗杆传动的特点和类型

如图 9.38 所示，蜗杆传动是由蜗杆 1 和涡轮 2 组成，常用于交错轴 $\Sigma = 90°$ 的两轴之间传递运动和动力。一般蜗杆为主动件，涡轮为从动件，具有自锁性，作减速运动。蜗杆运动具有传动比大而结构紧凑等优点，所以在机床、汽车、冶金、矿山、起重运输机械中得到广泛使用。

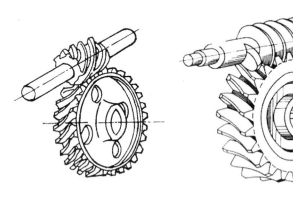

图 9.38　蜗杆传动

1. 蜗杆传动的特点

（1）结构紧凑，传动比大。传递动力时，一般 $i_{12} = 8 \sim 100$；传递运动或在分度机构中，i_{12} 可达 1 000。

（2）蜗杆传动相当于螺旋传动，蜗杆齿是连续的螺旋齿，故传动平稳，振动小，噪声低。

（3）当蜗杆的导程角小于当量摩擦角时，可实现反向自锁，即具有自锁性。

（4）因传动时啮合齿面间相对滑动速度大，故摩擦损失大，效率低。一般效率为 $\eta = 0.7 \sim 0.8$；具有自锁性时，其效率 $\eta < 0.5$。所以不宜用于大功率传动。

（5）为减轻齿面的磨损及防止胶合，蜗轮一般使用贵重的减摩材料制造，故成本较高。

（6）对制造和安装误差很敏感，安装时对中心距的尺寸精度要求较高。

蜗杆传动常用于两轴交错、传动比较大、传递功率不太大或间歇工作的场合。当要求传递功率较大时，为提高传动效率，常取 $z_1 = 2 \sim 4$。此外，由于具有自锁性，也常用于卷扬机等起重机构中。

2. 蜗杆传动的类型

如图 9.39 所示，根据蜗杆的形状，蜗杆传动可分为圆柱蜗杆传动[见图 9.39（a）]，环面蜗杆传动[见图 9.39（b）]和锥面蜗杆传动[见图 9.39（c）]。

圆柱蜗杆传动，按蜗杆轴面齿型又可分为普通蜗杆传动和圆弧齿圆柱蜗杆传动。

普通蜗杆传动多用直母线刀刃的车刀在车床上切制，可分为阿基米德蜗杆（ZA 型）、渐开线蜗杆（ZI 型）和法面直廓蜗杆（ZH 型）等几种。

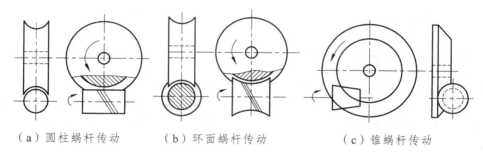

（a）圆柱蜗杆传动　　　（b）环面蜗杆传动　　　（c）锥蜗杆传动

图 9.39　蜗杆传动的类型

　　如图 9.40 所示，车制阿基米德蜗杆时，刀刃顶平面通过蜗杆轴线。该蜗杆轴向齿廓为直线，端面齿廓为阿基米德螺旋线。阿基米德蜗杆易车削难磨削，通常在无需磨削加工的情况下采用，广泛用于转速较低的场合。

　　如图 9.41 所示，车制渐开线蜗杆时，刀刃顶平面与基圆柱相切，两把刀具分别切出左、右侧螺旋面。该蜗杆轴向齿廓为外凸曲线，端面齿廓为渐开线。渐开线蜗杆可在专用机床上磨削，制造精度较高，可用于转速较高、功率较大的传动。

　　蜗杆传动类型很多，目前，阿基米德蜗杆传动应用最为广泛。

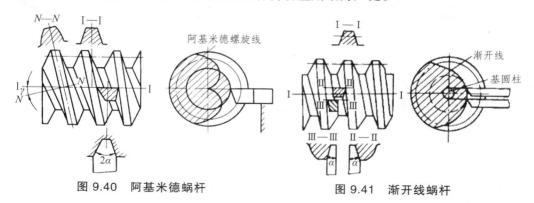

图 9.40　阿基米德蜗杆　　　　　　　图 9.41　渐开线蜗杆

（二）蜗杆传动的主要参数和几何尺寸

　　如图 9.42 所示，通过蜗杆轴线并与蜗轮轴线垂直的平面，称为中间平面。在中间平面上，蜗轮与蜗杆的啮合相当于渐开线齿轮与齿条的啮合。因此，设计蜗杆传动时，其参数和尺寸均在中间平面内确定。

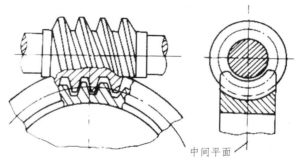

图 9.42　蜗杆传动的中间平面

1. 普通圆柱蜗杆传动的主要参数

（1）模数 m 和压力角 α。

为了方便加工，规定蜗杆的轴向模数为标准模数。蜗轮的端面模数等于蜗杆的轴向模数，因此蜗轮端面模数也应为标准模数。标准模数系列见表9.1，压力角标准值为 $20°$。

（2）蜗杆直径系数 q 和导程角 γ。

如图 9.43 所示，将蜗杆分度圆柱展开，其螺旋线与端平面的夹角 γ 称为蜗杆的导程角，由此可得

$$\tan\gamma = \frac{z_1 p_{a1}}{\pi d_1} = \frac{z_1 m}{d_1}$$

式中，p_{a1} 为蜗杆轴向齿距（mm）；d_1 为蜗杆分度圆直径（mm）。

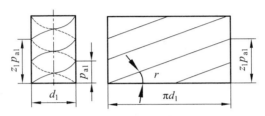

图 9.43　蜗杆分度圆柱及展开

对动力传动为提高效率应采用较大的 γ 值，即采用多头蜗杆；对要求具有自锁性能的传动，应采用 $\gamma < 3°30''$ 的蜗杆传动，此时蜗杆的头数为 1。

由前式得

$$d_1 = m\frac{z_1}{\tan\gamma} = mq$$

式中，$q = \dfrac{z_1}{\tan\gamma}$，称为蜗杆的直径系数，

（3）蜗杆头数 z_1、蜗轮齿数 z_2 和传动比 i。

蜗杆为主动件时，传动比为

$$i = \frac{n_1}{n_2} = \frac{z_2}{z_1}$$

蜗杆头数 z_1 主要是根据传动比和效率两个因素来选定。一般取 $z_1 = 1 \sim 6$，自锁蜗杆传动或分度机构因要求自锁或大传动比，多采用单头蜗杆；而传力蜗杆传动为提高效率，可取 $z_1 = 2 \sim 6$，常取偶数，便于分度。此外，头数愈多，制造蜗杆及蜗轮滚刀时，分度误差愈大，加工精度愈难保证。

蜗轮齿数 $z_2 = iz_1$，一般取 $z_2 = 28 \sim 80$。$z_2 < 28$ 时，易使蜗轮轮齿产生根切和干涉，影响传动的平稳性。$z_2 > 80$，当蜗轮直径一定时，模数会很小，会削弱弯曲强度；而当模数一定时，又会导致蜗杆过长，刚度降低。通常推荐采用值为：当 $i = 8 \sim 14$ 时，选 $z_1 = 4$；当 $i = 16 \sim 28$ 时，选 $z_1 = 2$；当 $i = 30 \sim 80$ 时，选 $z_1 = 1$。

蜗杆标准模数系列 m 与杆直径系数 q 匹配见表 9.17。

表 9.17　蜗杆基本参数（$\Sigma = 90°$）（摘自 GB/T10085–88）

模数 m（mm）	分度圆直径 d_1(mm)	蜗杆头数 z_1	直径系数 q	$m^2 d_1$（mm）^{3}	模数 m（mm）	分度圆直径 d_1（mm）	蜗杆头数 z_1	直径系数 q	$m^2 d_1$（mm）^{3}
1	18	1	18.000	18	6.3	（80）	1，2，4	12.698	3 175
1.25	20	1	16.000	31.25		112	1	17.778	4 445
	22.4	1	17.920	35	8	（63）	1，2，4	7.875	4 032
1.6	20	1，2，4	12.500	51.2		80	1，2，4，6	10.000	5 376
	28	1	17.500	71.68		（100）	1，2，4	12.500	6 400
2	（18）	1，2，4	9.000	72		140	1	17.500	8 960
	22.4	1，2，4，6	11.200	89.6	10	（71）	1，2，4	7.100	7 100
	（28）	1，2，4	14.000	112		90	1，2，4，6	9.000	9 000
	35.5	1	17.750	142		（112）	1，2，4	11.200	11 200
2.5	（22.4）	1，2，4	8.960	140		160	1	16.000	16 000
	28	1，2，4，6	11.200	175	12.5	（90）	1，2，4	7.200	14 062
	（35.5）	1，2，4	14.200	221.9		112	1，2，4	8.960	17 500
	45	1	18.000	281		（140）	1，2，4	11.200	21 875
3.15	（28）	1，2，4	8.889	278		200	1	16.000	31 250
	35.5	1，2，4，6	11.27	352	16	（112）	1，2，4	7.000	28 672
	45	1，2，4	14.286	447.5		140	1，2，4	8.750	35 840
	56	1	17.778	556		（180）	1，2，4	11.250	46 080
4	（31.5）	1，2，4	7.875	504		250	1	15.625	64 000
	40	1，2，4，6	10.000	640	20	（140）	1，2，4	7.000	56 000
	（50）	1，2，4	12.500	800		160	1，2，4	8.000	64 000
	71	1	17.750	1 136		（224）	1，2，4	11.200	89 600
5	（40）	1，2，4	8.000	1 000		315	1	15.750	126 000
	50	1，2，4，6	10.000	1 250	25	（180）	1，2，4	7.200	112 500
	（63）	1，2，4	12.600	1 575		200	1，2，4	8.000	125 000
	90	1	18.000	2 250		（280）	1，2，4	11.200	175 000
6.3	（50）	1，2，4	7.936	1 985		400	1	16.000	250 000
	63	1，2，4，6	10.000	2 500					

注：① 表中模数和分度圆直径仅列出了第一系列的较常用数据。

　　② 括号内的数字尽可能不用。

2. 蜗杆传动的正确啮合条件

与齿轮传动相同，为保证轮齿的正确啮合，蜗杆的轴向模数 m_{a1} 应等于蜗轮的端面模数 m_{t2}；蜗杆的轴向压力角 α_{a1} 应等于蜗轮的端面压力角 α_{t2}；蜗杆分度圆导程角 γ 应等于蜗轮分度圆螺旋角 β，且两者螺旋方向相同。即

$$m_{a1} = m_{t2} = m$$
$$\alpha_{a1} = \alpha_{t2} = \alpha$$
$$\gamma = \beta$$

3. 圆柱蜗杆传动的几何尺寸计算

圆柱蜗杆传动的几何尺寸计算见表 9.18。

表 9.18 圆柱蜗杆基本几何尺寸关系

名 称	计 算 公 式	
	蜗 杆	蜗 轮
分度圆直径	$d_1 = mq$，按强度计算取标准值	$d_2 = mz_2$
齿顶高	$h_{a1} = m$	$h_{a2} = m$
齿根高	$h_{f1} = 1.2m$	$h_{f2} = 1.2m$
顶圆直径	$d_{a1} = d_1 + 2h_{a1} = d_1 + 2m$	$d_{a2} = m(z_2 + 2)$（喉圆直径）
根圆直径	$d_{f1} = d_1 - 2h_{f1} = d_1 - 2.4m$	$d_{f2} = m(z_2 - 2.4)$
径向间隙	$c = 0.2m$	
中心距	$a = 0.5(d_1 + d_2) = 0.5m(q + z_2)$	
蜗杆轴向齿距 p_{x1} 蜗轮端面周节 p_{t2}	$p_{x1} = p_{t2} = m\pi$	
蜗杆齿宽 b_1	$z_1 = 1$，2 时，$b_1 = (12 + 0.1z_2)m$；$z_1 = 3$，4 时，$b_1 = (13 + 0.1z_2)m$ 磨削蜗杆加长量为：$m < 10$ mm 时，加长 25 mm；$m = 10 \sim 16$ mm 时，加长 35 mm；$m > 16$ mm 时，加长 $45 \sim 50$ mm	
蜗轮顶圆直径 d_{e2}（也称外圆直径）	$z_1 = 1$ 时，$d_{e2} \leqslant d_{a2} + 2m$；$z_1 = 2 \sim 3$ 时，$d_{e2} \leqslant d_{a2} + 1.5m$；$z_1 = 4 \sim 6$ 时，$d_{e2} \leqslant d_{a2} + m$	
蜗轮齿宽 b_2	$z_1 \leqslant 3$ 时，$b \leqslant 0.75d_{a1}$；$z_1 = 4 \sim 6$ 时，$b_2 \leqslant 0.67d_{a1}$	
蜗轮齿顶圆弧半径 R_{a2}	$R_{a2} = 0.5d_1 - m$	
蜗轮齿根圆弧半径 R_{f2}	$R_{f2} = 0.5d_{a1} + 0.2m$	
蜗轮齿宽角 θ	$\theta = 2\arcsin(b_2/d_1)$	

（三）蜗杆传动的润滑

润滑对蜗杆传动特别重要，因为润滑不良时，蜗杆传动的效率将显著降低，并会导致剧烈的磨损和胶合。通常采用黏度较大的润滑油，为提高其抗胶合能力，可加入油性添加剂以提高油膜的刚度，但青铜蜗轮不允许采用活性大的油性添加剂，以免被腐蚀。

闭式蜗杆传动的润滑油黏度和润滑方法见表 9.19。

表 9.19　蜗杆传动的润滑油黏度及润滑方法

滑动速度 v_S（m/s）	<1	<2.5	<5	>5~10	>10~15	>15~25	>25
工　作　条　件	重载	重载	中载	—	—	—	—
运动黏度 $v_{40℃}$（mm²/s）	1 000	680	320	220	150	100	68
润　滑　方　法	浸　　油			浸油或喷油	喷油润滑，油压（MPa）		
					0.07	0.2	0.3

　　开式传动则采用黏度较高的齿轮油或润滑脂进行润滑。闭式蜗杆传动用油池润滑，在 v_S ≤5m/s 时，常采用蜗杆下置式，浸油深度约为一个齿高，但油面不得超过蜗杆轴承的最低滚动体中心，如图 9.44（a）、（b）所示；v_S>5 m/s 时，常用上置式，如图 9.44（c）所示，油面允许达到蜗轮半径 1/3 处。

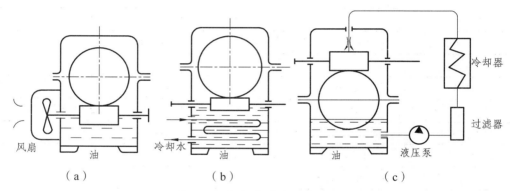

图 9.44　蜗杆传动的散热方法

十二、齿轮系简介

　　在现代机械中，为了满足不同的工作要求，只用一对齿轮传动往往是不够的，通常用一系列齿轮共同传动。这种由一系列齿轮组成的传动系统称为齿轮系。

　　如果齿轮系中齿轮的轴线互相平行，则称为平面齿轮系，如图 9.45（a）、（b）所示，否则称为空间齿轮系，如图 9.45（c）所示。

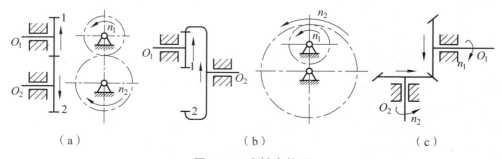

图 9.45　定轴齿轮系

根据齿轮系运转时齿轮的轴线位置相对于机架是否固定，又可将齿轮系分为两大类。如果齿轮系运转时各齿轮的轴线相对于机架保持固定，则称为定轴齿轮系，如图9.45所示。轮系运动时，至少有一个齿轮的轴线可以绕另一根齿轮的轴线转动，这样的轮系称为行星齿轮系，如图9.46所示。

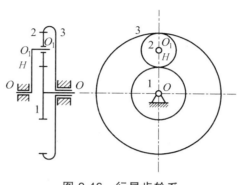

图 9.46　行星齿轮系

本节主要讨论齿轮系的传动比计算和转向确定，并简要介绍新型齿轮传动装置及减速器。

（一）定轴齿轮系

1. 轮系的传动比

轮系中，输入轴（轮）与输出轴（轮）的转速或角速度之比，称为轮系的传动比，通常用 i 表示。因为角速度或转速是矢量，所以，计算轮系传动比时，不仅要计算它的大小，而且还要确定输出轴（轮）的转动方向。

2. 一对圆柱齿轮传动比的计算

根据轮系传动比的定义，一对圆柱齿轮的传动比为

$$i_{1,2} = \frac{n_1}{n_2} = \pm \frac{z_2}{z_1}$$

式中，"$\pm$"为输出轮的转动方向符号，外啮合直齿圆柱齿轮取"+"号，内啮合直齿圆柱齿轮传动取"−"号。

3. 定轴齿轮系传动比的计算

如图9.47所示，定轴齿轮系又分为平面定轴齿轮系[见图9.47（a）]和空间定轴齿轮系[见图9.47（b）]两种。

如图9.47所示，一定轴轮系，齿轮1为主动轮（首轮），齿轮5为从动轮（末轮）。下面讨论该轮系传动比 i_{15} 的计算方法。

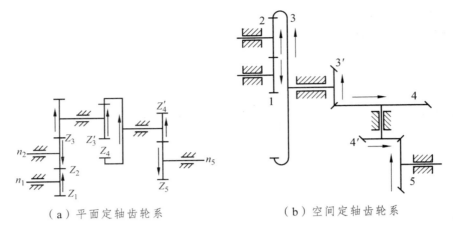

（a）平面定轴齿轮系　　　　　　　　（b）空间定轴齿轮系

图 9.47　定轴轮系

由图可知，各对齿轮的传动比分别为

$$i_{12} = \frac{n_1}{n_2} = -\frac{z_2}{z_1} \qquad i_{23} = \frac{n_2}{n_3} = -\frac{z_3}{z_2}$$

$$i_{3'4} = \frac{n_{3'}}{n_4} = +\frac{z_4}{z_{3'}} \qquad i_{4'5} = \frac{n_{4'}}{n_5} = -\frac{z_5}{z_{4'}}$$

将以上各式按顺序连乘可得

$$i_{12}\, i_{23}\, i_{3'4}\, i_{4'5} = \frac{n_1}{n_2} \cdot \frac{n_2}{n_3} \cdot \frac{n_{3'}}{n_4} \cdot \frac{n_{4'}}{n_5} = \left(-\frac{z_2}{z_1}\right)\left(-\frac{z_3}{z_2}\right)\left(+\frac{z_4}{z_{3'}}\right)\left(-\frac{z_5}{z_{4'}}\right)$$

由于齿轮 3、3′ 和 4、4′ 各固定在同一根轴上，因而 $n_3 = n_{3'}$，$n_4 = n_{4'}$

故 $i_{15} = \dfrac{n_1}{n_5} = i_{12}\, i_{23}\, i_{3'4}\, i_{4'5} = (-1)^3\, \dfrac{z_2 z_3 z_4 z_5}{z_1 z_2 z_{3'} z_{4'}}$

上式表明，定轴轮系的总传动比等于各对啮合齿轮传动比的连乘积，其大小等于各对啮合齿轮中所有从动轮齿数的连乘积与所有主动轮齿数的连乘积之比，即

$$i_{1k} = \frac{n_1}{n_k} = (-1)^m \frac{\text{从1轮到}k\text{轮之间所有从动轮齿数的连乘积}}{\text{从1轮到}k\text{轮之间所有主发动轮齿数的连乘积}}$$

式中，m 为外啮合圆柱齿轮的对数，用于确定全部由圆柱齿轮组成的定轴轮系中输出轮的转向。

4. 空间定轴齿轮系传动比的计算

一对空间齿轮传动比的大小也等于两齿轮齿数的反比，故也可用上式来计算空间齿轮系传动比的大小。但由于各齿轮轴线不都互相平行，所以不能用的 $(-1)^m$ 的正负来确定首末齿轮的转向，而要采用在图上画箭头的方法来确定，如图 9.47（b）所示。

例 9.2　在图 9.48 所示定轴轮系中，$n_1 = 1\,470$ r/min，蜗轮 6 为输出构件，已知各轮齿数：$z_1 = 17$，$z_2 = 34$，$z_{2'} = 19$，$z_4 = 57$，$z_{4'} = 21$，$z_5 = 42$，$z_{5'} = 1$，$z_6 = 35$。求：（1）轮系的传动比 i_{16}；（2）蜗轮的转速 n_6。

解：（1）求轮系的传动比 i_{16}。

蜗杆传动是非平行轴传动，用公式求出传动比，方向如图中箭头所示，蜗轮为顺时针转动。

$$i_{16} = \frac{n_1}{n_6} = \frac{z_2 z_3 z_4 z_5 z_6}{z_1 z_{2'} z_{3'} z_{4'} z_{5'}} = \frac{34 \times 57 \times 42 \times 35}{17 \times 19 \times 21 \times 1} = 420$$

（2）求蜗轮的转速 n_6。

$$n_6 = \frac{n_1}{i_{16}} = 1\ 470/420 = 3.5 \text{ r/min}$$

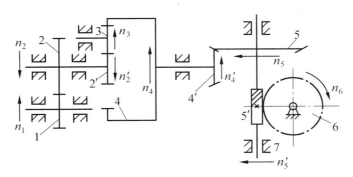

图 9.48　空间定轴齿轮系

（二）行星齿轮系

图 9.49 所示为一平面行星齿轮系，齿轮 1、3 和构件 H 均绕固定的互相重合的几何轴线转动，齿轮 2 空套在构件 H 上，与齿轮 1、3 相啮合。齿轮 2 一方面绕其自身轴线 $O_1 - O_1$ 转动（自转），同时又随构件 H 绕轴线 $O-O$ 转动（公转）。齿轮 2 称为行星轮，H 称为行星架或系杆，齿轮 1、3 称为太阳轮。

通常将具有一个自由度的行星齿轮系称为简单行星齿轮系，如图 9.49（a）所示；将具有两个自由度的行星齿轮系称为差动齿轮系，如图 9.49（b）所示。

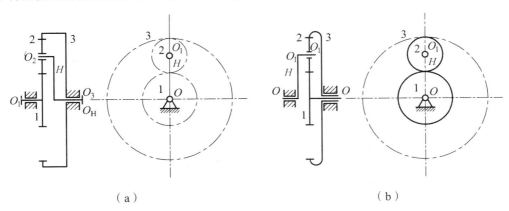

（a）　　　　　　　　　　　　（b）

图 9.49　行星轮系

（三）复合齿轮系

如果齿轮系中既包含定轴齿轮系，又包含行星齿轮系，或者包含几个行星齿轮系，则称为复合齿轮系，如图 9.50 所示。

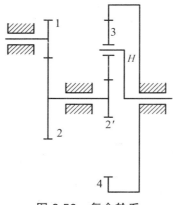

图 9.50　复合轮系

分析复合齿轮系的关键是先找出行星齿轮系。方法是先找出行星轮与行星架，再找出与行星轮相啮合的太阳轮。行星轮、太阳轮、行星架构成一个行星齿轮系。找出所有的行星齿轮系后，剩下的就是定轴齿轮系。

（四）齿轮系的应用

1．实现分路传动

利用齿轮系可使一个主动轴同时带动若干从动轴转动，将运动从不同的传动路线传动给执行机构的特点可实现机构的分路传动。

图 9.51 所示为滚齿机上滚刀与轮坯之间作展成运动的传动简图。滚齿加工要求滚刀的转速 $n_刀$ 与轮坯的转速 $n_坯$ 必须满足的传动比关系。主动轴 I 通过锥齿轮 I 经齿轮 2 将运动传给滚刀；同时主动轴又通过直齿轮 3 经 4-5、6、7-8 传至蜗轮 9，带动被加工的轮坯转动，以满足滚刀与轮坯的传动比要求。

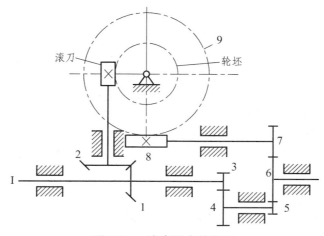

图 9.51　滚齿机中的轮系

2. 获得大的传动比

若想要用一对齿轮获得较大的传动比，则必然有一个齿轮要做得很大，这样会使机构的体积增大，同时小齿轮也容易损坏。如果采用多对齿轮组成的齿轮系，则可以很容易地获得较大的传动比。只要适当选择齿轮系中各对啮合齿轮的齿数，即可得到所要求的传动比。在行星齿轮系中，用较少的齿轮即可获得很大的传动比。

3. 实现换向传动

在输入轴转向不变的情况下，利用惰轮可以改变输出轴的转向。

图 9.52 所示为车床上走刀丝杆的三星轮换向机构，扳动手柄 a 可实现如图 9.52（a）、（b）所示的两种传动方案。由于两方案仅相差一次外啮合，故从动轮 4 相对于主动轮 1 有两种输出转向。

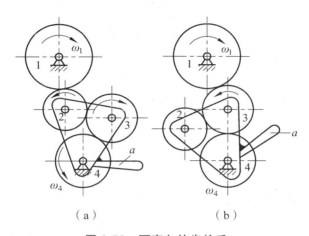

（a）　　　　　　　　　（b）

图 9.52　可变向的齿轮系

4. 实现变速传动

在输入轴转速不变的情况下，利用齿轮可使输出轴获得多种工作转速。图 9.53 所示的汽车变速箱，可使输出轴得到 4 个档次的转速。一般机床、起重等设备上也都需要这种变速传动。

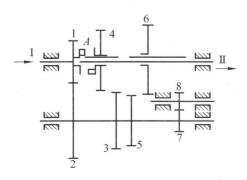

图 9.53　汽车的变速器

5．运动合成、分解

如图 9.54 所示，当汽车直线行驶时，左、右两轮转速相同，行星轮不发生自转，齿轮 1、2、3 作为一个整体，随齿轮 4 一起转动，此时 $n_1 = n_3 = n_4$。

当汽车拐弯时，为了保证两车轮与地面作纯滚动，显然左、右两车轮行走的距离应不相同，即要求左、右轮的转速也不相同。此时，可通过差速器（1、2、3）轮和（1、2′、3）轮将发动机传到齿轮 5 的转速分配给后面的左、右轮，实现运动分解。

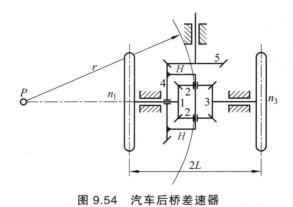

图 9.54　汽车后桥差速器

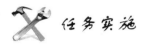

任务实施

一、任务：设计带式运输机齿轮传动

带式运输机是一种物料传输机械，如图 9.55 所示，其工作环境固定，应用要求为一般性能要求，其工作平稳，单向运转，工作中有较小冲击。

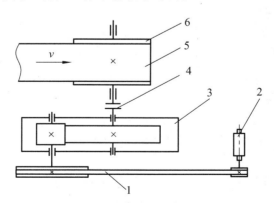

图 9.55　带式运输机运动简图

1—V 带传动；2—电动机；3—圆柱齿轮减速器；
4—联轴器；5—输送带；6—滚筒

待设计的带式运输机原始数据见表 9.20。

表 9.20　带式运输机原始数据

参　数	题　号									
	1	2	3	4	5	6	7	8	9	10
输送带拉力(N)	2 000	2 100	2 200	2 000	2 100	2 200	1 900	2 000	2 100	2 300
输送带速度(m/s)	1.5	1.6	1.6	1.8	1.8	1.8	1.8	2.0	2.0	1.6
滚筒直径(mm)	500	400	400	450	450	450	450	450	400	400
每日工作时间(h)	24	24	24	24	24	24	24	24	24	24
传动工作年限	5	5	5	5	5	5	5	5	5	5

注：单向运转，载荷平稳，起动载荷为名义载荷的 1.3 倍，输送带速度允许误差为 ±5%。

二、任务要求

（1）每小组在带传动设计题号基础上，进行齿轮传动设计，选择齿轮的类型为直齿圆柱齿轮；

（2）设计计算出齿轮的基本参数和传动的中心距；

（3）选择齿轮的结构类型，设计计算出齿轮的主要结构尺寸，绘制齿轮的零件工作图。

三、任务所需的实验设备

减速器，拆装工具，制图工具。

任务十　台虎钳和镗刀的拆装

 任务目标

（1）了解普通螺旋传动的特点及其应用。

（2）通过对台虎钳的拆装与观察，了解台虎钳的整体结构、功能及设计布局。

（3）熟练掌握螺纹旋向的判断。

（4）会判断普通螺旋传动和差动螺旋传动的移动方向和移动距离。

（5）了解差动螺旋传动与普通螺旋传动的区别及其应用。

（6）能够判断差动螺旋传动的移动方向和移动距离。

（7）了解滚珠螺旋传动的特点及其应用。

（8）能区分两种滚珠螺旋传动的循环方式。

 任务引入

螺旋传动在工业生产中得到广泛的运动，为机械生产和人类带来很大的方便，如机用虎钳、机械千斤顶、螺旋千斤顶、差动螺旋微调仪器等。图10.1所示的设备室钳工常用的台虎钳，螺杆1与活动钳口2组成转动副，螺母4与固定钳口3连接；右旋双线螺杆1与螺母4组成螺旋副。工作中，活动钳口2和固定钳口3夹紧与松开工件，就是通过1和4组成的普通螺旋传动装置来实现的。

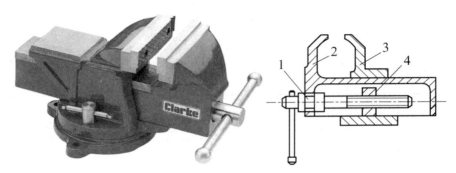

图 10.1 台虎钳

1—螺杆；2—活动钳口；3—固定钳口；4—螺母

图10.2所示为数控机床滚珠丝杠螺母副结构图。通过拆分，我们可以看到，在螺杆和螺母的滚道中，装有一定数量的滚珠，当螺杆与螺母作相对螺旋运动时，滚珠在螺纹滚道内滚动，并通过滚珠循环装置的通道构成封闭循环，实现螺杆与螺母间的滚道摩擦，从而提高传动效率和传动精度。

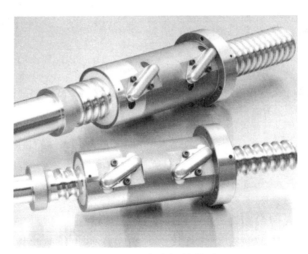

图 10.2 滚珠螺旋传动

 相关知识

一、螺旋传动的定义及分类

螺旋传动式由螺杆、螺母和机架组成，利用螺旋副将回转运动转化为直线运动，同时传

186

递动力。螺旋传动有普通螺旋传动、差动螺旋传动和滚珠螺旋传动三种传动形式，最常见的是普通的螺旋传动。

按工作特点，螺旋传动用的螺旋分为传力螺旋、传导螺旋和调整螺旋。

① 传力螺旋：以传递动力为主，它用较小的转矩产生较大的轴向推力，一般为间歇工作，工作速度不高，而且通常要求自锁，如螺旋压力机和螺旋千斤顶上的螺旋。

② 传导螺旋：以传递运动为主，常要求具有高的运动精度，一般在较长时间内连续工作，工作速度也较高，如机床的进给螺旋（丝杠）。

③ 调整螺旋：用于调整并固定零件或部件之间的相对位置，一般不经常转动，要求自锁，有时也要求很高精度，如机器和精密仪表微调机构的螺旋。普通螺旋传动具有结构简单，工作连续、平稳，承载能力大，传动精度高等优点，因此广泛应用于各种机器和仪表中。

（一）普通螺旋传动与差动螺旋传动

由螺杆和螺母组成的简单螺旋副来实现的传动就是普通的螺旋传动。如图 10.3（a）所示，螺杆的右端与机架组成不能移动的转动副，螺杆的左端螺纹与活动螺母组成移动的螺旋副。旋转螺杆右端的手柄，螺杆不能移动而只能转动，螺母不能转动而只能按照导向槽移动。

将普通螺旋传动中的回转副也变为螺旋副，便可得到差动螺旋传动。

如图 10.3（b）所示，螺杆的右端螺纹与机架组成 A 段螺旋副，螺杆的左端螺纹与活动螺母组成 B 段螺旋副；机架上有不能移动的固定螺母。转动螺杆右端的手轮，活动螺母不能回转而只能沿机架的导向槽移动。

设固定螺母和活动螺母的旋向同为右旋，当按图示方向回转螺杆时，螺杆相对固定，螺母向左移动，而活动螺母相对螺杆向右移动，这样活动螺母相对机架实现差动移动，螺杆每转一转，活动螺母实际移动距离为两段螺纹导程之差。如果固定螺母的旋向仍为右旋，活动螺母的螺纹旋向为左旋，则按图示方向回转螺杆时，螺杆相对固定螺母左移，活动螺母相对螺杆亦左移，螺杆每转动一周，活动螺母实际移动距离为两段螺母的导程之和。

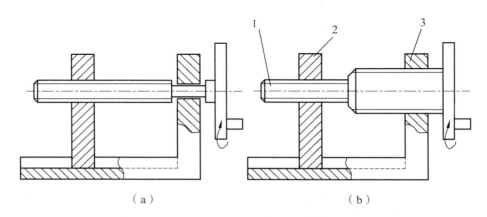

（a）　　　　　　　　　　　　（b）

图 10.3　普通螺旋传动与差动螺旋传动原理

螺纹旋向的判定方法有多种：

187

1. 按螺纹标记判断

在螺纹标记中，右旋螺纹不标旋向代号 RH，左旋螺纹必须标注 LH。如螺纹 M20×3 和 M20×10-LH，前者表示右旋螺纹，后者表示左旋螺纹。

2. 用右手定则判断

将右手展开，手心面对自己，若螺纹的旋向与右手大拇指方向一致则为右旋螺纹，反之为左旋螺纹，如图 10.4（a）、（b）所示。

3. 螺纹轴线垂直判别法

将螺纹轴线垂直于水平位置放置，螺旋线右边高则为右旋螺纹，左边高则为左旋螺纹，如图 10.4（c）、（d）所示。

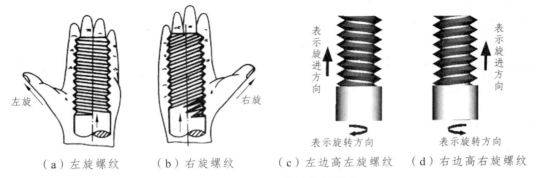

（a）左旋螺纹　　（b）右旋螺纹　　（c）左边高左旋螺纹　　（d）右边高右旋螺纹

图 10.4　螺纹旋向判定

（二）普通螺旋与差动螺旋传动的应用形式

1. 普通螺旋传动有四种应用形式（见表 10.1）

表 10.1　普通螺旋传动的应用形式

应用形式	旋转件既转动又移动		旋转件只转动不移动	
	螺母固定不动，螺杆回转并作直线移动	螺杆固定不动，螺母回转并作直线移动	螺杆回转，螺母作直线移动	螺母回转，螺杆作直线移动
实例	台虎钳	螺旋千斤顶	机床工作台移动机构	应力试验机上的观察镜螺旋调整装置
图示	图1	图2	图3	图4

工作原理	图 1 所示为螺杆回转并作直线运动的台虎钳。与活动钳口组成转动副的螺杆以右旋单线螺纹与螺母啮合组成螺旋副。螺母与固定钳口连接。当螺杆按图示方向相对螺母作回转运动时，螺杆连同活动钳口向右作直线运动（简称右移），与固定钳口实现对工件的夹紧；当螺杆反向回转时，活动钳口随螺杆左移，松开工件。通过螺旋传动，完成夹紧与松开工件的要求	图 2 所示为螺旋千斤顶中的一种结构形式，螺杆连接于底座固定不动，转动手柄使螺母回转并作上升或下降的直线运动，从而举起或放下托盘	图 3 所示为螺杆回转、螺母作直线运动的传动结构图。螺杆 1 与机架 3 组成转动副，螺母 2 与螺杆以左旋螺纹啮合并与工作台 4 连接。当转动手轮使螺杆按图示方向回转时，螺母带动工作台沿机架的导轨向右作直线运动	图 4 所示为应力试验机上的观察镜螺旋调整装置。螺杆 2、螺母 3 为左旋螺旋副。当螺母按图示方向回转时，螺杆带动观察镜 1 向上移动；螺母反向回转时，螺杆连同观察镜向下移动
应用	螺旋压力机、千分尺等	常用于插齿机刀架传动等	机床的滑板移动机构	闸门

2. 差动螺旋传动有两种应用形式

根据两段螺旋副旋转方向的不同，差动螺旋传动有螺旋副旋向相同和旋向相反两种应用形式，如图 10.5 所示。

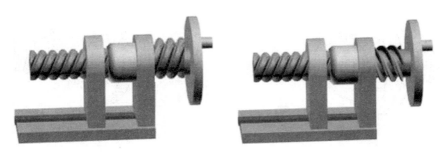

（a）当两段螺旋副旋向相同　　　　　　（b）当两段螺旋副旋向相反

图 10.5　差动螺旋传动的应用形式

二、滚珠螺旋传动

（一）概　述

在普通的螺旋传动中，由于螺杆与螺母的牙侧表面之间的相对运动摩擦是滑动摩擦，因此，传动阻力大，摩擦损失严重，效率低。为了改善螺旋传动的功能，经常采用滚珠螺旋传动新技术，用滚动摩擦来替代滑动摩擦。滚珠螺旋传动式靠螺母和螺杆的滚道内的滚珠实现滚动摩擦，减小摩擦阻力，满足现代机械的传动要求。如图 10.6 所示，滚珠螺旋传动主要由滚珠 3、螺杆 1、螺母 2 及滚珠循环装置 4 组成。

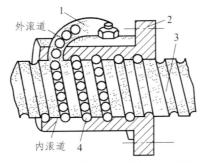

1—返向器；2—螺母；3—丝杠；4—滚珠

图 10.6　滚珠丝杠螺旋副传动结构

（二）滚珠螺旋传动的分类

滚珠螺旋传动按用途不同，可分为定位滚动螺旋传动和传动滚动螺旋传动。滚珠螺旋传动按滚珠循环方式不同，可分为外循环式和内循环式两种。

1. 外循环

外循环滚珠丝杠螺母副按滚珠循环时的返回方式主要有插管式和螺旋槽式。图 10.7（a）所示为螺旋槽式，它在螺母外圆上铣出螺旋槽，槽的两端钻出通孔并与螺纹滚道相切，形成返回通道，这种结构比插管式结构径向尺寸小，但制造较复杂。图 10.7（b）所示为插管式，它用弯管作为返回管道，这种结构的工艺性好，但由于管道突出于螺母体外，径向尺寸较大。

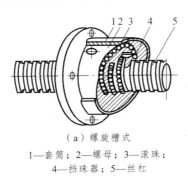

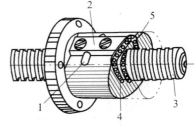

（a）螺旋槽式
1—套筒；2—螺母；3—滚珠；
4—挡珠器；5—丝杠

（b）插管式
1—弯管；2—压板；3—丝杠；
4—滚珠；5—滚道

图 10.7　外循环示意图

2. 内循环

图 10.8 所示为内循环滚珠丝杠。内循环均采用反向器实现滚珠循环，反相器有两种类型。圆柱凸槽反相器的圆柱部分嵌入螺母内，端部开有反向槽。反向槽靠圆柱外圆面及其上端的圆键定位，以保证对准螺纹滚道方向；扁圆镶块反向器为一半圆头平键镶块，镶块嵌入螺母的切槽中，其端部开有方向槽，用镶块的外轮廓定位。两种反向器比较，后者尺寸较小，从而减小了螺母的径向尺寸及缩短了轴向尺寸，但这种反向器对外轮廓和螺母上的切槽尺寸精度要求较高。

内循环滚珠丝杠的优点是径向尺寸紧凑，刚性好，因其返回滚道较短，故摩擦损失小；其缺点是反向器加工困难。它适用于高灵敏度、高精度传动，不宜用于重载传动。

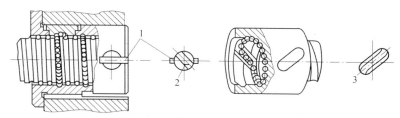

图 10.8　内循环示意图

1—凸键；2、3—反向键

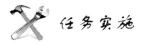

任务：拆分差动螺旋传动式微调镗刀

镗刀是镗削刀具的一种，一般是圆柄的，也有较大工件使用方刀杆，最常用的场合就是内孔加工、扩孔、仿形等。有一个或两个切削部分，专门用于对已有的孔进行粗加工、半精加工或精加工的刀具。镗刀可在镗床、车床或铣床上使用。

图 10.9 所示为是差动螺旋传动式微调镗刀加工 50 mm 内孔的工作情况，当螺杆 1 回转时，可使镗刀 4 得到微量移动。

已知该镗刀螺杆圆周共分 50 格，1、2 两段螺旋副均为右旋单线，其螺距分别是 $P_1 = 1.75$ mm，$P_2 = 1.5$ mm，如图 10.9 所示，试分析下列问题：

（1）微调镗刀的运动情况。

（2）当螺杆 1 按回转一圈时，试确定镗刀的移动距离。

（3）微调镗刀是如何实现微距离调整的？

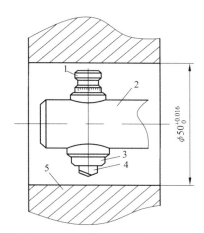

图 10.9　差动螺旋传动式微调镗刀在孔中工作情况

1—螺杆；2—镗杆；10—刀套；4—镗刀；5—单孔工作

图 10.10 所示为差动螺旋传动式微调镗刀刀杆的剖面图。该镗刀的 1、2 两段螺旋副均为右旋单线，其螺距分别是 $P_1 = 1.75$ mm，$P_2 = 1.5$ mm。刀套 3 通过过盈配合固定在镗杆 2 上，矩形刀柄的镗刀 4 在刀套中不能回转，只能移动。分析该镗刀微量位移工作过程时，可从如下几个反面入手：

（1）首先区分出固定螺母与活动螺母。

（2）判定螺杆的移动方向。

（3）计算镗刀的移动距离 L。

因为两螺旋副旋向相同，螺距 $P_1 = 1.75$ mm，$P_2 = 1.5$ mm，所以，螺杆回转了一圈后 $L = N(P_{ha} - P_{hb}) = 1 \times (1.75 - 1.5) = +0.25$ mm

（4）判定镗刀（活动螺母）的移动方向。

因为计算结果 L 为正值，故镗刀的移动方向与螺杆移动方向相同，即镗刀（活动螺母）向右移动了 0.25 mm。

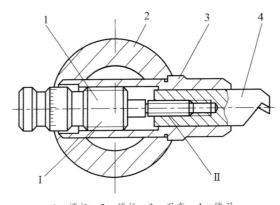

1—螺杆；2—镗杆；3—刀套；4—镗刀

图 10.10　差动螺旋传动式微调镗刀

（5）计算镗刀的实际位移 L。

螺杆圆周共分 50 格，螺杆每转过一格，镗刀的实际位移 L 为

$$L = 1/50(P_{ha} - P_{hb}) = \frac{1}{50} \times (1.75 - 1.5) = +0.005 \text{ mm}$$

结论：螺杆每转过一格，该镗刀仅仅移动 0.005 mm，显然该镗刀能够方便实现微量移动，以调整镗孔的背吃刀量。

生产实践证明，差动螺旋传动式微调镗刀微调精度高，操作简单方便，工作稳定性好，加工时不易振动，能自动消除固定螺母处螺旋副的间隙；同时，若微调镗刀的刀头采用可转位刀片，则容易拆装更换。该微调镗刀调节范围小，为适应大孔的加工，可通过改变镗刀的长度以扩大调节范围。

总之，差动螺旋式微调镗刀可广泛用于铣床、坐标镗床和数控机床上的精密孔加工，是一种具有发展前途的微调镗刀。

复习思考题

一、问答题

1. 带的楔角 θ 与带轮的轮槽角 φ 是否一样?为什么?

2. 影响带传动工作能力的因素有哪些? 生产中应如何正确选取?

3. 生产中,带轮的结构类型依据什么选取? 结构尺寸应如何确定?

4. 试分析带传动弹性滑动与打滑的区别。

5. 带传动为什么必须张紧? 常用的张紧装置有哪些?

6. 齿轮传动与带传动相比,有哪些优缺点?

7. 节圆与分度圆、压力角与啮合角有何区别?

8. 什么是重合度,它的意义是什么?

9. 齿轮材料的基本要求是什么? 常用的齿轮材料主要有哪些?

10. 为什么软齿面齿轮传动应使小齿轮的硬度比大齿轮高（30 ~ 50）HBS? 硬齿面齿轮是否也需要有硬度差?

11. 为何要使小齿轮比配对大齿轮宽（5 ~ 10）mm?

二、作图题

1. 斜齿圆柱齿轮传动的转动方向及螺旋线方向如图 1（a）所示,试分别在图（b）和图（c）中画出轮 1 为主动时和轮 2 为主动时轴向力 F_{a1} 及 F_{a2} 的方向。

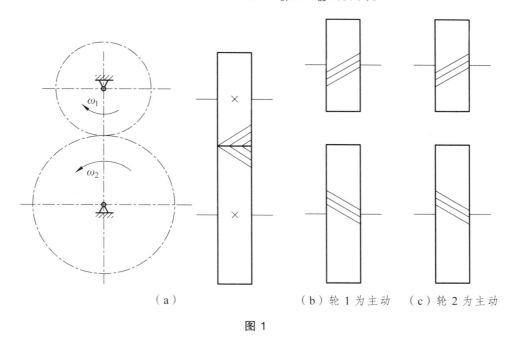

（a）　　　　　　（b）轮 1 为主动　　（c）轮 2 为主动

图 1

2. 图 2 所示为蜗杆传动,蜗杆主动,试确定蜗轮的转向并判断蜗杆与蜗轮上作用力的方向。

3. 图 3 所示为蜗杆传动和圆锥齿轮传动组合。已知输出轴上的锥齿轮 z_4 的转向 n_4。欲使中间轴上的轴向力能部分抵消,试完成下列问题:

（1）确定蜗杆传动的螺旋线方向和蜗杆的转向；

（2）在图中标出各轮轴向力的方向。

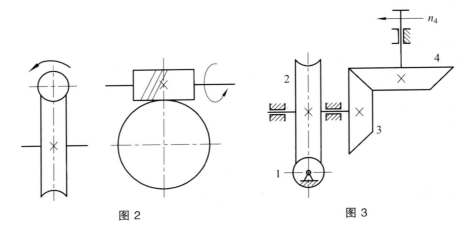

图2　　　　　　　　　　　图3

三、计算题

1. 一普通 V 带传动，带的型号为 B 型，传递的功率 $P = 9\ kW$，带速 $v = 11m/s$，带与带轮间的摩擦因数 $f = 0.3$，带在小轮上的包角 $\alpha_1 = 170°$。试求：

（1）传递的圆周力；

（2）紧边、松边拉力；

（4）所需的初拉力。

2. 一破损齿轮，测得齿顶圆直径 $d_a = 179.92\ mm$，齿根圆直径 $d_f = 166.46\ mm$，试求该齿轮的齿数、分度圆直径、齿顶圆直径、齿根圆直径、基圆直径、齿高和分度圆齿厚。

3. 一对渐开线标准直齿圆柱齿轮外啮合传动，已知传动比 $i = 2.5$，齿轮模数 $m = 2.5\ mm$，小齿轮的齿数 $z_1 = 40$。试求：

（1）小齿轮的分度圆直径 d_1、齿顶圆直径 d_{a1}；

（2）标准安装时的中心距 a。

4. 一对渐开线标准直齿圆柱齿轮外啮合传动，已知传动比 $i = 3$，齿轮模数 $m = 5\ mm$，标准中心距 $a = 200\ mm$。试求：

（1）小齿轮的齿数 z_1、分度圆直径 d_1、齿顶圆直径 d_{a1}；

（2）求大齿轮的齿数 z_2、分度圆直径 d_2、齿顶圆直径 d_{a2}、全齿高 h 和齿距 P。

5. 已知一传动轴传递的功率为 37 kW，转速 $n = 900\ r/min$，如果轴上的扭切应力不许超过 40 MPa，试求该轴的直径。

6. 已知一传动轴直径 $d = 32\ mm$，转速 $n = 1\ 725\ r/min$，如果轴上的扭切应力不许超过 50 MPa，试求该轴能传递多大功率？

7. 在图4所示的轮系中，已知 $z_1 = 15$，$z_2 = 25$，$z_{2'} = 15$，$z_3 = 30$，$z'_3 = 15$，$z_4 = 30$，$z'_4 = 2$，$z_5 = 60$，$z'_5 = 20$，m = 4 mm，若 $n_1 = 500\ r/min$，试求齿条6线速度 v 的大小和方向。

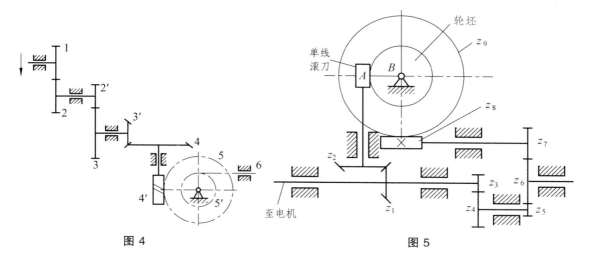

图 4   图 5

8. 图 5 示为一滚齿机工作台的传动系统，已知各轮齿数为 $z_1 = 15$，$z_2 = 28$，$z_3 = 15$，$z_4 = 35$，$z_8 = 1$，$z_9 = 40$；A 为单线滚刀 $z_A = 1$，B 为被切轮坯。现欲加工 64 个齿的齿轮，试求传动比 i_{57}。

9. 试设计一脱粒机械的 V 带传动，用 Y 系列自扇冷鼠笼型三相异步电动机，额定功率 $P = 4$ kW，额定转速 $n = 970$ r/min，大带轮转速 $n_2 = 340$ r/min，载荷变动较大，单班制工作。

10. 试设计一单级直齿圆柱齿轮减速器，已知传递的功率为 5.5 kW，小齿轮转速 $n_1 = 320$ r/min，传动比 $i = 4.5$，载荷平稳，两班制工作。

项目五 常用标准件的选用及轴的结构设计

任务十一 选用气缸盖与缸体凸缘的螺纹连接

任务目标

（1）能明白五种常用螺纹的用途。
（2）能进行合理的螺纹连接设计。
（3）能运用相关的力学知识对螺纹连接的强度进行核算。

任务引入

装配体是由若干构件组成，构件与构件之间连接的方式多种多样，如何选用正确的方式联接两构件对初学者来说是一大难题。比如，气缸盖与缸体凸缘如何联接，这首先要看这两个构件联接要求，是否经常拆卸，受到什么样的载荷。根据其联接特点，我们可以初步确定，气缸盖与缸体凸缘是采用螺纹紧固件进行联接的。螺纹原理的应用可追溯到公元前 220 年希腊学者阿基米德创造的螺旋提水工具。公元 4 世纪，地中海沿岸国家在酿酒用的压力机上开始应用螺栓和螺母的原理。当时的外螺纹都是用一条绳子缠绕到一根圆柱形棒料上，然后按此标记刻制而成的。而内螺纹则往往是用较软材料围裹在外螺纹上经锤打成形的。1500 年左右，意大利人列奥纳多·达·芬奇绘制的螺纹加工装置草图中，已有应用母丝杠和交换齿轮加工不同螺距螺纹的设想。此后，机械切削螺纹的方法在欧洲钟表制造业中有所发展。1760 年，英国人 J.怀亚特和 W.怀亚特兄弟获得了用专门装置切制木螺钉的专利。1778 年，英国人 J.拉姆斯登曾制造一台用蜗轮副传动的螺纹切削装置，能加工出精度很高的长螺纹。1797 年，英国人莫兹利.H 在由他改进的车床上，利用母丝杠和交换齿轮车削出不同螺距的金属螺纹，奠定了车削螺纹的基本方法。19 世纪 20 年代，莫兹利制造出第一批加工螺纹用的丝锥和板牙。20 世纪初，汽车工业的发展进一步促进了螺纹的标准化和各种精密、高效螺纹加工方法的发展，各种自动张开板牙头和自动收缩丝锥相继发明，螺纹铣削开始应用。20 世纪 30 年代初，出现了螺纹磨削。螺纹滚压技术虽在 19 世纪初期就有专利，但因模具制造困难，发展很慢，直到第二次世界大战时期，由于军火生产的需要和螺纹磨削技术的发展解决了模具制造的精度问题，才获得迅速发展。本节我们就着重介绍螺纹联接的特点及注意事项。

 相关知识

一、螺纹连接的基本知识

1. 螺纹的形成

（1）螺旋线的形成。螺旋线的形成原理如图 11.1 所示，将底边长等于πd_2的直角三角形绕圆柱旋转一周。斜边在圆柱表面上所形成的曲线就是螺旋线。

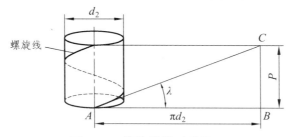

图 11.1　螺旋线的形成原理

（2）螺纹的形成。在圆柱或圆锥表面上，沿螺旋线切制出特定形状的沟槽即形成螺纹，如图 11.2 所示。螺纹两侧面间的实体部分称为牙。

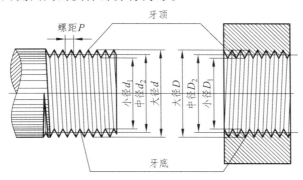

图 11.2　螺纹的主要参数

2. 螺纹的主要参数

螺纹的主要参数如图 11.2 所示。

（1）大径 d——螺纹的最大直径，标准中规定为公称直径。

（2）小径 d_1——螺纹的最小直径，常作为强度计算直径。

（3）中径 d_2——螺纹轴向截面内，牙型上沟槽与凸起宽度相等处的假想圆柱面的直径，是确定螺纹几何参数和配合性质的直径。

（4）线数 n——螺纹的螺旋线数目。

（5）螺距 P——螺纹相邻两个牙型在中径圆柱上对应两点间的轴向距离。

（6）导程 S——螺纹上任一点沿同一条螺旋线旋转一周所移动的轴向距离，$S = np$。

（7）螺纹升角 λ——在中径圆柱上螺旋线的切线与垂直于螺纹轴的平面间的夹角，由图11.3可知

$$\tan\lambda = \frac{S}{\pi d_2} = \frac{nP}{\pi d_2} \tag{11.1}$$

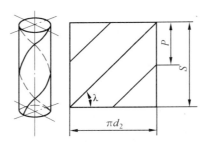

图 11.3　升角与导程、螺距间的关系

（8）牙型角 α ——螺纹轴向截面内，牙型两侧边的夹角。螺纹牙型的两侧边的夹角，称为牙侧角 β。

3. 螺纹的类型、特点及应用

螺纹的种类较多，通常按以下几种方式进行分类：

（1）按螺纹的母体形状分类。

在圆柱面上所形成的螺纹称圆柱螺纹，在圆锥表面上所形成的螺纹称圆锥螺纹。

（2）按螺纹的部位分类。

在圆柱或圆锥外表面上所形成的螺纹称外螺纹；在圆柱或圆锥内表面上所形成的螺纹称内螺纹，如图11.2所示。

（3）按螺纹的线数分类。

沿一条螺旋线形成的螺纹为单线螺纹，如图11.4（a）所示，其自锁性好，常用于联接；沿两条或两条以上等距螺旋线形成的为多线螺纹，如图11.4（b）所示，其效率较高，常用于传动。

（4）按螺纹的旋向分类。

将螺纹沿轴线竖立时，若螺旋线向右上升的为右旋螺纹，如图11.4（a）所示；向左上升的为左旋螺纹，如图11.4（b）所示。右旋螺纹最为常见。

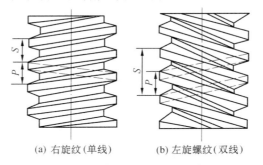

(a) 右旋纹（单线）　　　(b) 左旋螺纹（双线）

图 11.4　螺纹的旋向和线数

（5）按螺纹的牙型分类。

按照牙型的不同，螺纹可分为普通螺纹、管螺纹、矩形螺纹、梯形螺纹、锯齿形螺纹等，如图 11.5 所示。除矩形螺纹外，其余均已标准化。除管螺纹采用英制（以每英寸牙数表示螺距）外，其余均采用米制。

普通螺纹的牙型为等边三角形，$\alpha = 60°$，故又称为三角形螺纹。对于同一公称直径，按螺距大小分为粗牙螺纹和细牙螺纹。粗牙螺纹常用于一般联接；细牙螺纹自锁性好，强度高，但不耐磨，常用于细小零件、薄壁管件，或用于受冲击、振动和变载荷的联接，有时也作为调整螺纹用于微调机构。

管螺纹的牙型为等腰三角形，$\alpha = 55°$，内外螺纹旋合后无径向间隙，用于有紧密性要求的管件联接。

矩形螺纹的牙型为正方形，$\alpha = 0°$，其传动效率高，但牙根强度弱，螺旋副磨损后的间隙难以修复和补偿，使传动精度降低，因此逐渐被梯形螺纹所代替。

梯形螺纹的牙型为等腰梯形，$\alpha = 30°$，其传动效率略低于矩形螺纹，但牙根强度高，工艺性和对中性好，可补偿磨损后的间隙，是最常用的传动螺纹。

锯齿形螺纹的牙型为不等腰梯形，工作面的牙侧角 $\beta_1 = 3°$，非工作面 $\beta_2 = 30°$，兼有矩形螺纹传动效率高和梯形螺纹牙根强度高的特点，用于单向受力的传动或联接中，如螺旋压力机、千斤顶。

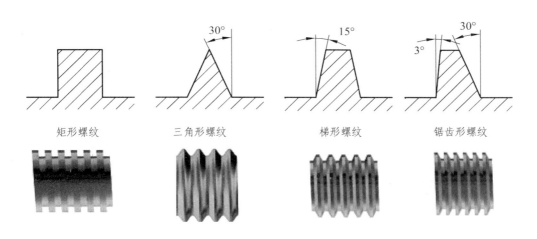

图 11.5　螺纹的牙型

4. 螺纹连接件

螺纹连接件品种繁多，已标准化。下面介绍常用的几种螺纹连接件，见表 11.1。

表 11.1　螺纹连接的主要类型

类型	构造	特点及应用	实物图
螺栓联接	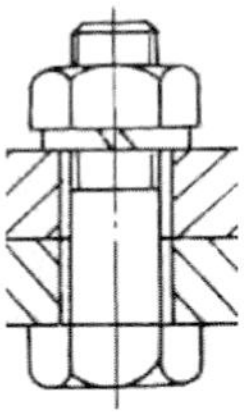 普通螺栓联接	螺栓穿过被联接件的通孔，与螺母组合使用，装拆方便，成本低，不受被联接件材料限制。广泛用于传递轴向载荷且被联接件厚度不大、能从两边进行安装的场合	
	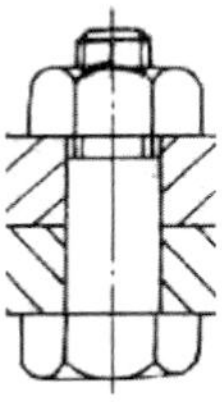 铰制孔用螺栓联接	螺栓穿过被联接件的铰制孔并与之过渡配合，与螺母组合使用，适用于传递横向载荷或需要精确固定被联接件的相对位置的场合	
双头螺柱联接	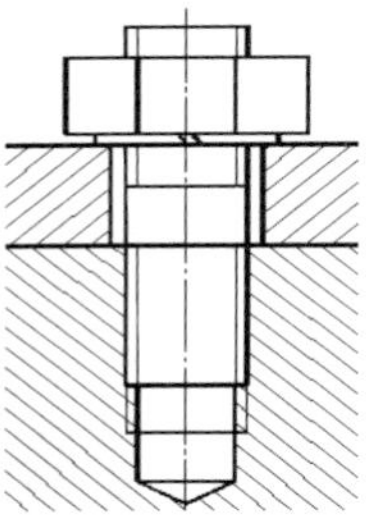	双头螺柱的一端旋入较厚被联接件的螺纹孔中并固定，另一端穿过较薄被联接件的通孔，与螺母组合使用，适用于被联接件之一较厚、材料较软且经常装拆，联接紧固或紧密程度要求较高的场合	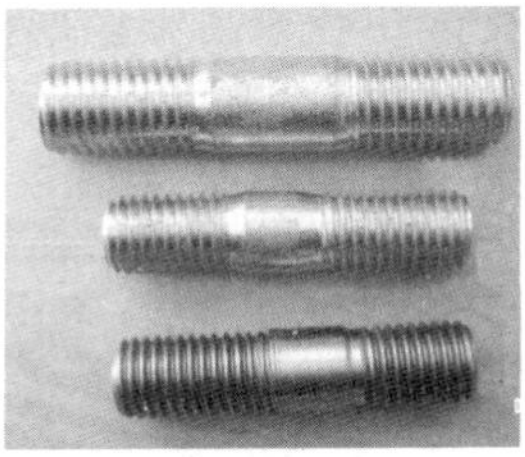
螺钉联接	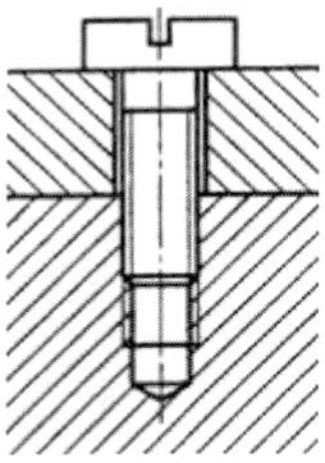	螺钉穿过较薄被联接件的通孔，直接旋入较厚被联接件的螺纹孔中，不用螺母，结构紧凑，适用于被联接件之一较厚、受力不大且不经常装拆、联接紧固或紧密程度要求不高的场合	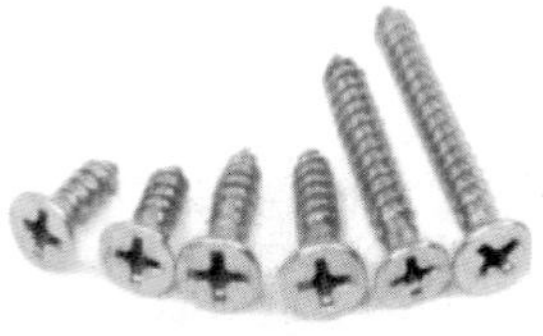
紧定螺钉联接	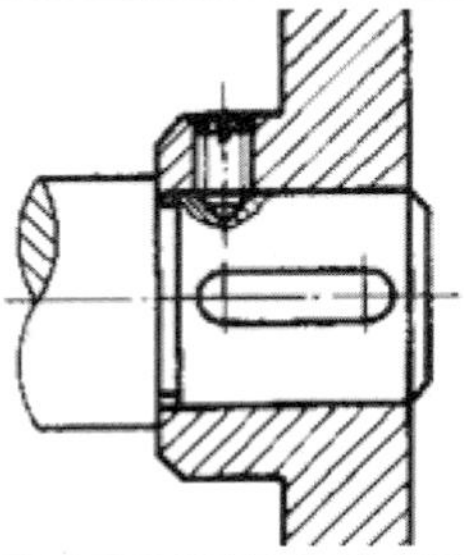	紧定螺钉旋入一被联接件的螺纹孔中，并用尾部顶住另一被联接件的表面或相应的凹坑，固定它们的相对位置，还可传递不大的力或转矩	

200

二、螺栓组联接的结构

螺纹联接件经常是成组使用的，其中螺栓组联接最为典型。螺栓组联接的结构设计应考虑以下几方面问题：

1. 联接接合面的几何形状

通常设计成轴对称的简单几何形状，如圆形、环形、矩形、框形、三角形等，使螺栓组的对称中心与联接接合面的形心重合，从而使联接接合面受力比较均匀，如图 11.6 所示。

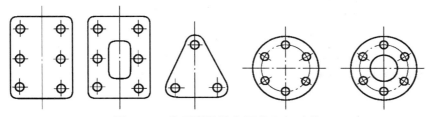

图 11.6　常用联接接合面的几何形状

2. 螺栓的数目与规格

分布在同一圆周易于分度的数目，以便于钻孔和划线。沿外力作用方向不宜成排地布置 8 个以上的螺栓，以免受载过于不均。为了减少所用螺栓的规格和提高联接的结构工艺性，对于同一螺栓组，通常采用相同的螺栓材料、直径和长度。

3. 结构和空间的合理性

联接件与被联接件的尺寸关系应符合表 11.1 的规定。留有的扳手空间应使扳手的最小转角不小于 60°。

4. 螺栓组的平面布局

当被联接件承受翻转力矩时，螺栓应尽量远离翻转轴线，如图 11.7 所示的两种支架结构中，图 11.7（b）的布局比较合理。当被联接件承受旋转力矩时，螺栓应尽量远离螺栓组形心，如图 11.8 所示的悬臂梁结构，处于螺栓组形心 O 点的螺栓没有充分发挥作用。

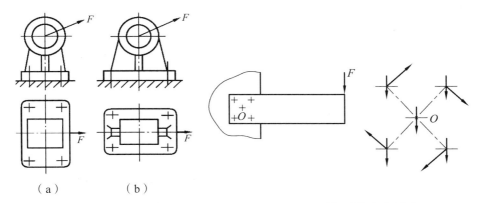

（a）　　　　（b）

图 11.7　支架结构与螺栓布局　　　图 11.8　悬臂梁结构与螺栓布局

5. 采用卸荷装置

对于承受横向载荷的螺栓组联接，为了减小螺栓预紧力，可采用图11.9所示的卸载装置。此外，前面提到的避免偏载和防松措施，也是螺栓组联接结构设计的内容。

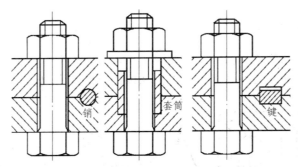

图 11.9　受横向载荷的螺栓联接的卸载装置

三、螺栓联接的预紧与防松

1. 螺栓联接的预紧

螺纹联接在承受工作载荷之前，一般需要预紧，预紧可提高螺纹联接的紧密性、紧固性和可靠性。

预紧时螺栓所受拉力 F' 称为预紧力。预紧力要适度，通常的控制方法有：采用指针式扭力扳手或预置式的定力扳手，如图11.10所示；对重要的联接，可采用测量螺栓伸长法。

（a）扭力扳手　　　　　　　　　　　　　（b）定力扳手

图 11.10　控制预紧力扳手

预紧力矩 T' 用来克服螺旋副及螺母支承面上的摩擦力矩，对 M10 ~ M68 的粗牙普通螺纹，无润滑时，有近似公式

$$T' \approx 0.2F'd \tag{11.2}$$

式中，T' 为预紧力矩，N·mm；F' 为预紧力（N）；d 为螺纹联接件的公称直径（mm）。

一般标准开口扳手的长度 $L \approx 15d$，若其端部受力为 F，则 $T' \approx FL$，由公式（11.2）得 F'

= 75 F。设 $F = 200\ N$，则 $F' = 15\ 000\ N$，对于 M12 以下的钢制螺栓易造成过载折断。因此，对于重要的联接，不宜采用小于 M12～M16 的螺栓。必须使用时，要严格控制预紧力矩 T'。同理，不允许滥用自行加长的扳手。

为了使被联接件均匀受压、互相贴合紧密、联接牢固，在装配时要根据螺栓实际分布情况，按一定的顺序（见图 11.11）逐次（常为 2～3 次）拧紧。对于铸锻焊件等的粗糙表面，应加工成凸台、沉头座或采用球面垫圈；支承面倾斜时应采用斜面垫圈（见图 11.12）。这样可使螺栓轴线垂直于支承面，避免承受偏心载荷。图中尺寸 E 为要保证的扳手所需活动空间。

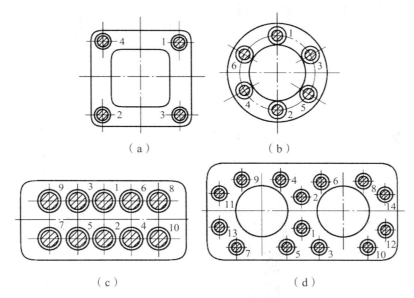

（a）　　　　　　　　　（b）

（c）　　　　　　　　　（d）

图 11.11　拧紧螺栓的顺序示例

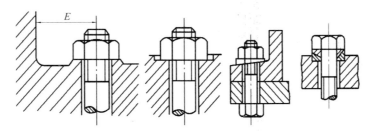

图 11.12　避免螺栓承受偏心载荷的措施

2. 螺栓联接的防松

螺纹联接件常为单线螺纹，满足自锁条件，螺纹联接在拧紧后，一般不会松动。但是，在变载荷、冲击、振动作用下，或在工作温度急剧变化时，都会使预紧力减小，摩擦力降低，导致螺旋副相对转动，螺纹联接松动，其危害很大，必须采取防松措施。

常用的防松方法有三种：

（1）摩擦防松。

摩擦防松的原理：在螺旋副中产生不随外力变化的正压力，形成阻止螺旋副相对转动的摩擦力，如图 11.13 所示。

如利用螺母对顶作用使螺栓式中受到附加的拉力和附加的摩擦力。由于多用一个螺母，并且工作不十分可靠，目前已经和少使用了。

如用金属锁紧螺母防松，螺母一端制成非圆形收口或开缝后径向收口。当螺母拧紧后，收口胀开，利用收口的弹力使旋合螺纹间压紧。这种防松结构简单、防松可靠，可多次拆装而不降低防松性能。

此外，还可用弹簧垫圈防松，弹簧垫圈材料为弹簧钢，装配后垫圈被压平，其反弹力能使螺纹间保持压紧力和摩擦力，从而实现防松。

这种利用摩擦方法的防松适用于机械外部静止构件的联接以及防松要求不严格的场合。

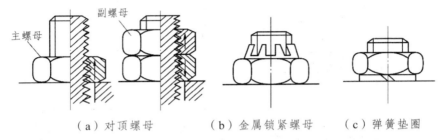

（a）对顶螺母　　（b）金属锁紧螺母　　（c）弹簧垫圈

图 11.13　摩擦防松

（2）锁住防松。

锁住防松是利用各种止动件机械地限制螺旋副相对转动的方法，如图 11.14 所示。这种方法可靠，但装拆麻烦，适用于机械内部运动构件的联接以及防松要求较高的场合。

用开口销和槽形螺母防松时，槽形螺母拧紧后，用开口销穿过螺栓尾部小孔和螺母的槽，也可以用普通螺母拧紧后进行配钻销孔。

用止动垫片防松时，螺母拧紧后，将单耳或双耳止动垫圈分别向螺母和被联接件的侧面折弯贴紧，实现防松。如果两个螺栓需要双联锁紧，则可采用双联止动垫片。

用圆螺母的止动垫片防松时，垫圈内舌嵌入螺栓（轴）的槽内，拧紧螺母后将垫圈外舌之一褶嵌于螺母的一个槽内。

还可用低碳钢钢丝穿入各螺钉头部的孔内，将各螺钉串联起来，使其相互制动。这种结构需要注意钢丝穿入的方向。

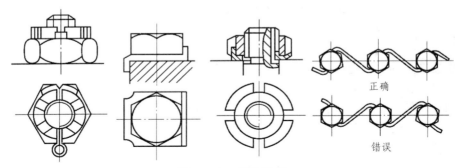

图 11.14　锁住防松

（3）不可拆防松。

不可拆防松是在螺旋副拧紧后采用端铆、冲点、焊接、胶接等措施，使螺纹联接不可拆的方法，如图 11.15 所示。这种方法简单可靠，适用于装配后不再拆卸的联接。

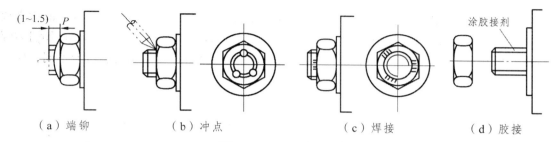

（a）端铆　　　　　（b）冲点　　　　　（c）焊接　　　　　（d）胶接

图 11.15　不可拆防松

四、螺纹联接的强度计算

螺栓联接通常以螺栓组形式出现，故在进行强度计算之前，先要进行螺栓组的受力分析，找出其中受力最大的螺栓及其所受的力，作为进行单个螺栓强度计算的依据。

对于承受轴向力（包括预紧力）作用的受拉螺栓和承受横向力作用的受剪螺栓（主要是铰制孔用螺栓），根据其破坏形式，相应的设计准则分别是保证螺栓的拉伸强度和保证联接的挤压强度和螺栓的剪切强度。

按上述相应的强度条件计算螺栓危险截面直径或校核其强度。螺栓其他部分和其他螺纹联接件的结构尺寸，均按螺栓螺纹的公称直径由标准选定。

1. 普通螺栓的强度计算

失效形式：螺栓杆的塑性变形或断裂。若近似地把螺栓小径所对应的剖面视为危险剖面，则受拉螺栓的约束强度条件为

$$\sigma_{ca} = \frac{4F_v}{\pi d_1^2} \leqslant [\sigma]$$

或

$$d_1 \geqslant \sqrt{\frac{4F_v}{\pi[\sigma]}}$$

式中，F_v 为螺栓所受的当量拉力；$[\sigma]$ 为螺栓联接的许用应力。

2. 铰制孔螺栓的强度计算

失效形式：螺栓杆和孔壁间压溃或螺栓杆被剪断。

螺栓杆与孔壁的挤压强度条件

$$\sigma_p = \frac{F_s}{d_0} \leqslant [\sigma_p]$$

螺栓杆的剪切强度条件

$$\tau = \frac{4F_s}{\pi d_0^2 m} \leqslant [\tau]$$

式中，F_s 为螺栓所受的工作剪力（N）；d_0 为螺栓受剪面直径（螺栓杆直径）mm；m 为螺栓抗剪面数目；h 为选定计算处的挤压高度；$[\tau]$ 为螺栓材料的许用剪切应力，MPa；$[\sigma_p]$ 为螺栓杆或孔壁材料的许用挤压应力，MPa，考虑到各零件的材料和受挤压高度可能不同，应选取 $h[\sigma_p]$ 乘积小者计算。

设计方法：

（1）根据约束强度条件确定螺栓（或螺钉、双头螺柱）的大径 d。

根据螺栓联接的受力情况，通过分析，确定其所属类型，然后计算出受力最大螺栓的拉力 F_v 或剪力 F_s，即可按约束强度条件计算出螺栓的小径 d_1（或螺栓杆直径 d_0）。由所计算出的 d_1 或 d_0，根据标准即可查出相应的螺栓大径 d。

（2）由螺栓大径 d，根据标准，查出全部螺纹联接件的尺寸和相应的代号。

3. 螺栓的材料和许用应力

（1）螺栓材料。

常用材料：Q215、Q235、25 和 45 号钢；对于重要的或特殊用途的螺纹联接件，可选用 15Cr、20Cr、40Cr、15MnVB、30CrMrSi 等机械性能较高的合金钢。

（2）许用应力。

螺纹联接件的许用应力与载荷性质（静、变载荷）、联接是否拧紧，预紧力是否需要控制以及螺纹联接件的材料、结构尺寸等因素有关。精确选定许用应力必须考虑上述各因素，设计时可参照表 11.2、11.3、11.4 选择。

表 11.2　螺栓、螺钉、螺柱、螺母的性能等级

$\frac{\sigma_b}{100} \times 10 \times \frac{\sigma_s}{\sigma_b}$			性 能 级 别										
			3.6	4.6	4.8	5.6	5.8	6.8	8.8（≤M16）	8.8（＞M16）	9.8	10.9	12.9
螺栓、螺钉螺柱	抗拉强度极限 σ_b/MPa	公称	300	400		500		600	800	800	900	1000	1200
		min	330	400	420	500	520	600	800	830	900	1040	1220
	屈服强度极限 σ_s/MPa	公称	180	240	320	300	400	480	640	640	720	900	1080
		min	190	240	340	300	420	480	640	660	720	940	1100
	布氏硬度 HB	min	90	109	113	134	140	181	232	248	269	312	365
	推荐材料		10 Q215	15 Q235	10 Q215	25 35	15 Q235	45	35	35	35 45	40Cr 15MnVB	30CrMnSi 15MnVB
相配合螺母	性能级别		4 或 5	4 或 5	4 或 5	5	5	6	8 或 9	8 或 9	9	10	12
	推荐材料		10 Q215	10 Q215	10 Q215	10 Q215	10 Q215	15 Q215	35	35	35	40Cr 15MnVB	30CrMnSi 15MnVB

注：9.8 级仅适用于螺纹公称直径 ≤ 16 mm 的螺栓、螺钉和螺柱。

表 11.3　紧螺栓联接的许用应力及安全系数

许用应力	不控制预紧力时的安全系数			控制预紧力时的安全系数 S
$[\sigma] = \sigma_s / S$	直径材料	M6～M16	M16～M30	M30～60	不分直径
	碳钢合金钢	4～35～4	3～24～2.5	2～1.32.5	1.2～1.5

注：松螺栓联接时，取：$[\sigma] = \sigma_s / S$，$S = 1.2 \sim 1.7$。

表 11.4　许用剪切和挤压应力及安全系数

许用应力及安全系数 被联接件材料	剪　切		挤　压	
	许用应力	S	许用应力	S
钢	$[\tau] = \sigma_s / S$	2.5	$[\sigma_p] = \sigma_s / S$	1.25
铸铁			$[\sigma_p] = \sigma_b / S$	2～2.5

 任务实施

一、任务：选用气缸盖与缸体凸缘的螺纹连接

有一气缸盖与缸体凸缘采用普通螺栓连接，如图 11.16 所示。已知气缸中的压力 p 在 0～2 MPa 之间变化，气缸内径 $D = 500$ mm，螺栓分布圆直径 $D_0 = 650$ mm。为保证气密性要求，剩余预紧力 $F'' = 1.8 F$，螺栓间距 $t \leqslant 4.5 d$（d 为螺栓的大径）。螺栓材料的许用拉伸应力 $[\sigma] = 120$ MPa，许用应力幅 $[\sigma_a] = 20$ MPa。选用铜皮石棉垫片螺栓相对刚度 $C_1 / (C_1 + C_2) = 0.8$。根据这些条件，如何设计此螺栓组连接？

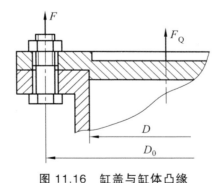

图 11.16　缸盖与缸体凸缘

二、任务实施步骤

首先，应选螺栓数目 Z，因为螺栓分布圆直径较大，为保证螺栓间间距不致过大，所以选用较多的螺栓，初取 $Z = 24$。

其次，应计算螺栓的轴向工作载荷 F，螺栓组连接的最大轴向载荷

$$F_Q = \frac{\pi D^2}{4} p = \frac{\pi \times 500^2}{4} \times 2\,\text{N} = 3.927 \times 10^5\,\text{N}$$

螺栓的最大轴向工作载荷

$$F = \frac{F_Q}{Z} = \frac{3.927 \times 10^5}{24}\,\text{N} = 16\,362.5\,\text{N}$$

再次，要计算螺栓的总拉力

$$F_0 = F'' + F = 1.8F + F = 2.8F = 2.8 \times 16\,362.5\,\text{N} = 45\,815\,\text{N}$$

计算螺栓直径

$$d_1 \geqslant \sqrt{\frac{4 \times 1.3 F_0}{\pi [\sigma]}} = \sqrt{\frac{4 \times 1.3 \times 45\,815}{\pi \times 120}}\,\text{mm} = 25.139\,\text{mm}$$

查 GB196—81，取 M30（$d_1 = 26.211\,\text{mm} > 25.139\,\text{mm}$）
然后，要校核螺栓疲劳强度

$$\sigma_a = \frac{C_1}{C_1 + C_2} \cdot \frac{2F}{\pi d_1^2} = 0.8 \times \frac{2 \times 16\,362.5}{\pi \times 26.211^2}\,\text{MPa} = 12.13\,\text{MPa} < [\sigma_a] = 20\,\text{MPa}$$

故螺栓满足疲劳强度要求。
最后，校核螺栓间距，计算得实际螺栓间距为

$$t = \frac{\pi D_0}{Z} = \frac{\pi \times 650}{24}\,\text{mm} = 85.1\,\text{mm} < 4.5d = 4.5 \times 30\,\text{mm} = 135\,\text{mm}$$

故螺栓间距满足联接的气密性要求。

任务十二　选用一级齿轮减速器中齿轮与轴的键连接

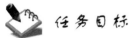

任务目标

（1）了解常用键的类型及特点。
（2）掌握普通平键的选用方法。

任务引入

键和花键主要用于轴和带毂零件（如齿轮、蜗轮等），实现周向固定以传递转矩的轴毂联接。其中，有些能实现轴向固定以传递轴向力，有些则能构成轴向动联接。本节主要讨论常见的键连接以及花键连接。

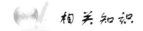
一、键连接的类型、结构和特点

按结构特点和工作原理，键联接可分为平键联接、半圆键联接、楔键联接和花键联接等。

1. 平键联接

平键联接的剖面图如图12.1所示。平键的下面与轴上键槽贴紧，上面与轮毂槽顶面留有间隙，两侧面为工作面，依靠键与键槽间的挤压力 F_t 传递转矩 T。平键联接制造容易、装拆方便、对中性良好，用于传动精度要求较高的场合。

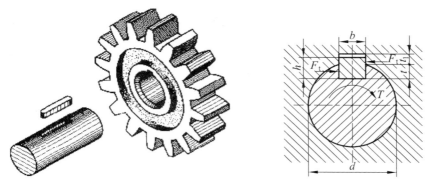

图 12.1　平键联接

根据平键联接的用途可将其分为以下三种：

（1）普通平键联接。

如图12.2所示，普通平键的主要尺寸有键宽 b、键高 h 和键长 L。端部有圆头（A型）、平头（B型）和单圆头（C型）三种形式。A型键定位好，应用广泛；C型键用于轴端。

（2）薄型平键联接。

薄型平键与普通平键相比，在键宽 b 相同时，键高 h 较小，薄型平键联接对轴和轮毂的强度削弱较小，用于薄壁结构和特殊场合。

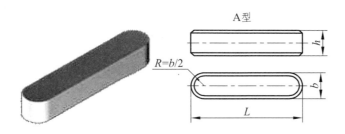

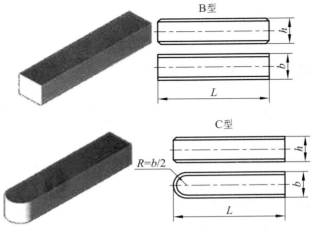

图 12.2　普通平键联接

（3）导向平键与滑键联接。

导向平键（见图 12.3）和滑键（见图 12.4）均用于轮毂与轴间需要有相对滑动的动连接。导向平键用螺钉固定在轴上的键槽中，轮毂沿键的侧面作轴向滑动。滑键则是将键固定在轮毂上，随轮毂一起沿轴槽移动。导向平键用于轮毂沿轴向移动距离较小的场合，当轮毂的轴向移动距离较大时，宜采用滑键连接。

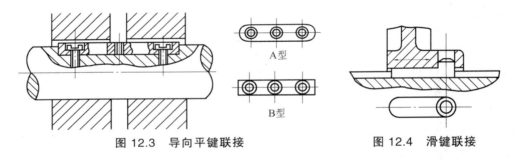

图 12.3　导向平键联接　　　　　　图 12.4　滑键联接

2. 半圆键联接

半圆键连接的工作原理与平键连接相同。轴上键槽用与半圆键半径相同的盘状铣刀铣出，因此半圆键在槽中可绕其几何中心摆动以适应轮毂槽底面的斜度，如图 12.5 所示。半圆键连接的结构简单，制造和装拆方便，但由于轴上键槽较深，对轴的强度削弱较大，故一般多用于轻载连接，尤其是在锥形轴端与轮毂的连接中。

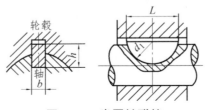

图 12.5　半圆键联接

3. 楔键联接

楔键的上下表面是工作面，键的上表面和轮毂键槽底面均具有 1∶100 的斜度。装配后，键楔紧于轴槽和毂槽之间。工作时，靠键、轴、毂之间的摩擦力及键受到的偏压来传递转矩，同时能承受单方向的轴向载荷，缺点是会迫使轴和轮毂产生偏心，在冲击、振动或变载荷下，联接容易松动。仅适用于对定心要求不高、载荷平稳和低速的联接。楔键分普通楔键和钩头楔键，前者有 A（圆头）、B（平头）两种形式，如图 12.6 所示。

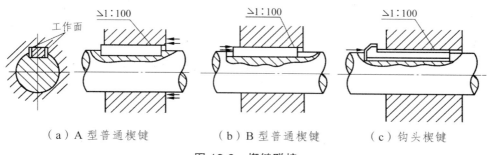

（a）A 型普通楔键　　　　（b）B 型普通楔键　　　　（c）钩头楔键

图 12.6　楔键联接

4. 切向键连接

切向键由两个斜度为 1∶100 的普通楔键组成如图 12.7 所示。装配时两个楔键分别从轮毂一端打入，使其两个斜面相对，共同楔紧在轴与轮毂的键槽内。其上、下两面（窄面）为工作面，其中一个工作面在通过轴心线的平面内，工作时工作面上的挤压力沿轴的切线作用。因此，切向键连接的工作原理是靠工作面的挤压来传递转矩。一个切向键只能传递单向转矩，若要传递双向转矩，必须用两个切向键，并错开 120°～130°反向安装。切向键连接主要用于轴径大于 100 mm、对中性要求不高且载荷较大的重型机械中。

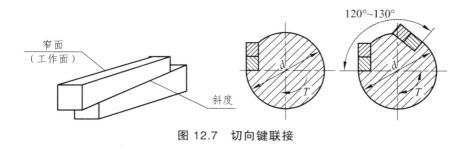

图 12.7　切向键联接

二、平键连接的选用及强度计算

平键已标准化，平键联接时的尺寸选择步骤如下：

（1）根据键联接的工作要求和使用特点，选择平键的类型。

（2）按照轴的公称直径 d，从国家标准中选择平键的尺寸 $b×h$（普通平键和导向平键见表 12.1）。

（3）根据轮毂长度 L_1 选择键长 L：静联接取 $L = L_1 - (5～10)$ mm；动联接还要涉及移动距离。键长 L 应符合标准长度系列。

表 12.1　普通平键联接键和键槽的截面尺寸及公差

（摘自 GB/T1096—1979，1990 年确认）（mm）

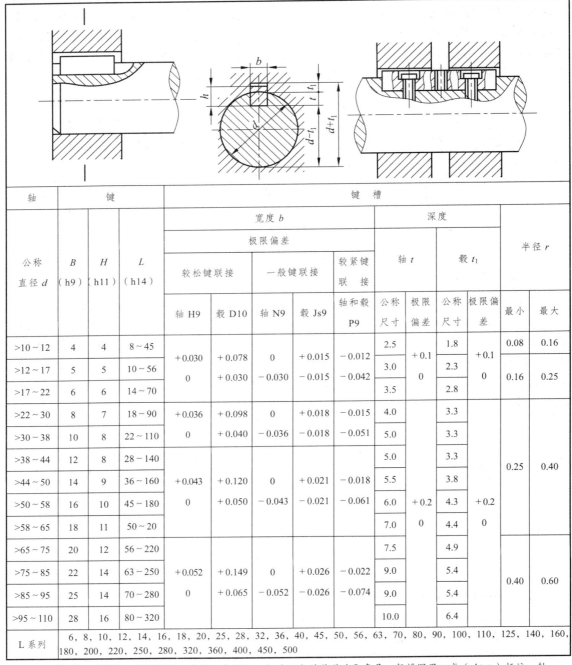

轴	键			键　槽									
				宽度 b					深度				半径 r
				极限偏差					轴 t		毂 t_1		
公称直径 d	B (h9)	H (h11)	L (h14)	较松键联接		一般键联接		较紧键联接					
				轴 H9	毂 D10	轴 N9	毂 Js9	轴和毂 P9	公称尺寸	极限偏差	公称尺寸	极限偏差	最小	最大
>10~12	4	4	8~45	+0.030 0	+0.078 +0.030	0 −0.030	+0.015 −0.015	−0.012 −0.042	2.5	+0.1 0	1.8	+0.1 0	0.08	0.16
>12~17	5	5	10~56						3.0		2.3		0.16	0.25
>17~22	6	6	14~70						3.5		2.8			
>22~30	8	7	18~90	+0.036 0	+0.098 +0.040	0 −0.036	+0.018 −0.018	−0.015 −0.051	4.0		3.3			
>30~38	10	8	22~110						5.0		3.3			
>38~44	12	8	28~140						5.0		3.3		0.25	0.40
>44~50	14	9	36~160	+0.043 0	+0.120 +0.050	0 −0.043	+0.021 −0.021	−0.018 −0.061	5.5		3.8			
>50~58	16	10	45~180						6.0	+0.2 0	4.3	+0.2 0		
>58~65	18	11	50~20						7.0		4.4			
>65~75	20	12	56~220						7.5		4.9			
>75~85	22	14	63~250	+0.052 0	+0.149 +0.065	0 −0.052	+0.026 −0.026	−0.022 −0.074	9.0		5.4		0.40	0.60
>85~95	25	14	70~280						9.0		5.4			
>95~110	28	16	80~320						10.0		6.4			
L 系列	6，8，10，12，14，16，18，20，25，28，32，36，40，45，50，56，63，70，80，90，100，110，125，140，160，180，200，220，250，280，320，360，400，450，500													

注：① 在工作图中，轴槽深用 t 或（d-t）标注，但（d-t）的偏差应取负号；毂槽深用 t_1 或（d+t_1）标注；轴槽的长度公差用 H14。

② 较松键联接用于导向平键，一般键联接用于载荷不大的场合，较紧键联接用于载荷较大、有冲击和双向转矩的场合。

③ 轴槽对轴的轴线和轮毂槽对孔的轴线的对称度公差等级，一般按 GB1184—80 取为 7~9 级。

（4）校核平键联接的强度。键联接的主要失效形式是较弱工作面的压溃（静联接）或过度磨损（动联接），因此应按挤压应力 σ_p 或压强 P 进行条件性的强度计算，校核公式为

$$\sigma_p(\text{或 } p) = \frac{4T}{dhl} \leqslant [\sigma_p](\text{或}[p]) \tag{12.1}$$

式中，T 为传递的转矩，N·mm；d 为轴的直径，mm；h 为键高，mm；l 为键的工作长度，mm；

$[\sigma_p]$（或$[P]$）为键联接的许用挤压应力（或许用压强$[P]$），MPa，见表 12.2。

表 12.2　键联接材料的许用应力（压强）（MPa）

项　目	联接性质	键或轴、毂材料	载　荷　性　质		
			静载荷	轻微冲击	冲击
$[\sigma_p]$	静联接	钢	120～150	100～120	60～90
		铸　铁	70～80	50～60	30～45
$[p]$	动联接	钢	50	40	30

计算时应取联接中较弱材料 229，如果强度不足，在结构允许时可适当增加轮毂长度和键长，或者间隔 180° 布置两个键。考虑载荷分布不均匀性，双键联接的强度计算按 1.5 个键计算。

（5）选择并标注键联接的轴毂公差。

三、花键连接的类型、结构和特点

花键联接是由带键齿的轴（花键轴）和带键齿的轮毂（花键孔）所组成，两零件上等距分布且齿数相同的花键齿相互啮合联接，实现传递转矩或运动的目的，如图 12.8 所示。花键联接已标准化，用户可根据需要查阅机械设计手册。

图 12.8　花键

1. 花键联接的类型

根据键齿的形状不同，花键常分为以下两类：

（1）为适应不同载荷情况，矩形花键按齿高的不同，在标准中规定了两个尺寸系列：轻系列和中系列。轻系列多用于轻载连接或静连接，中系列多用于中载连接，如图 12.9 所示。

矩形花键又细分为：圆柱直齿矩形花键（亦称矩形花键）、圆柱斜齿矩形花键。

（2）渐开线花键的齿形为渐开线，其分度圆压力角规定了 30°和 45°两种。渐开线花键可以用加工齿轮的方法来加工，工艺性较好，制造精度较高，齿根部较厚，键齿强度高。当传递的转矩较大及轴径也较大时，宜采用渐开线花键连接。压力角为 45°的渐开线花键由于键齿数多而细小，故适用于轻载和直径较小的静连接，特别适用于薄壁零件的连接。渐开线花键连接的定心方式为齿形定心。由于各齿面径向力的作用，可使连接自动定心，有利于各齿受载均匀如图 12.10 所示。

渐开线花键又细分为：圆柱直齿渐开线花键、圆锥直齿渐开线花键和圆柱斜齿渐开线花键。在渐开线花键的联接中，若花键轴齿形为渐开线，花键孔的齿形为直线，这种联接为三角形花键联接。

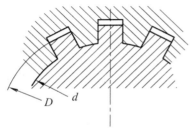

图 12.9　矩形花键联接

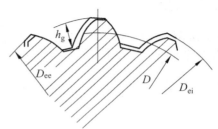

图 12.10　渐开线花键联接

2. 花键联接的特点和应用

花键联接有动联接和静联接两种形式，与其他键联接相比，由于是多齿参与工作，所以具有承载能力强、传递转矩大、同轴精度高、导向性能好、联接可靠等优点，其缺点是制造成本高。花键联接适应于大载荷、同轴度要求较高的传动机构中。

矩形花键因其加工容易，在生产中得到了广泛的应用。花键轴与花键孔联接时的定心方式有三种：小径 d 定心、大径 D 定心、齿侧（键宽 B）定心，如图 12.11 所示。其中以小径定心精度最高，因在加工时内、外花键都可在磨床上加工，获得了较高的加工精度，因而保证了定心精度。矩形花键主要应用在飞机、汽车、拖拉机、机床制造业、农业机械、一般机械设备的传动装置。

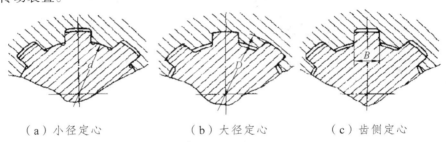

（a）小径定心　　　　　（b）大径定心　　　　　（c）齿侧定心

图 12.11　矩形花键联接的定心方式

渐开线花键的键齿常采用齿形角为 30°的渐开线齿形，与矩形花键比较，其齿根较厚、强度大、承载能力大。联接时常采用齿侧定心（能自动定心）或大径 D 定心。渐开线花键联接常用于载荷较大、定心精度要求较高、尺寸较大的传动机构中。

三角形花键联接的花键轴采用齿形角为 45°的渐开线齿形，花键孔的齿形为直线，因键齿细小，承载能力也小，常用于载荷较小、直径尺寸较小或薄壁零件与轴的联接。

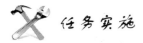 **任务实施**

任务：选用一级齿轮减速器中齿轮与轴的键连接

一齿轮装在一级减速器低速轴上，采用 A 型普通平键连接。齿轮、轴、键均用 45 钢，轴径 $d = 80$ mm，轮毂长度 $L = 150$ mm，传递传矩 $T = 2\,000$ N·m，工作中有轻微冲击。我们尝试确定平键尺寸和标记，并验算键连接的强度。

首先确定平键尺寸，由轴径 $d = 80$ mm 查得 A 型平键剖面尺寸 $b = 22$ mm，$h = 14$ mm。参照毂长 $L' = 150$ mm 及键长度系列选取键长 $L = 140$ mm。

然后校核挤压强度

$$\sigma_p = \frac{4T}{hld} = \frac{4 \times 2000 \times 10^3}{14 \times 118 \times 80} = 60.53 \text{ MPa}$$

式中，l 为键与毂的接触长度，且 $l = L - b = 140 - 22 = 118$ mm

查得 $[\sigma_p] = 100 \sim 120 \text{MPa}$，故 $\sigma_p \leq [\sigma_p]$，安全。

任务十三   选用减速器中高速轴与电机连接的联轴器

 任务目标

（1）能根据常用联轴器的类型、特点进行选择使用。

（2）能根据确定的联轴器类型及计算参数，学会查阅机械设计手册或联轴器标准手册确定联轴器的类型，能进行有关尺寸设计并正确标记联轴器。

 任务引入

联轴器是动力传导和机构连接装置，是用来联接不同机构中的两根轴（主动轴和从动轴）使之共同旋转以传递扭矩的机械零件。它的使用范围非常广泛。在生产过程中，大部分原动机和工作机之间都是用联轴器连接的，工业上常见的联轴器连接安装方式如图 13.1 所示。联轴器一般由两个半节和一个连接件来组成。两个半节部分分别以主动轴和从动轴连接来完成联轴器的连接并保持共同旋转传递扭矩。由于现在常用的联轴器大多都具有挠性或者带有弹性元件，如图 13.2 所示。因此，联轴器在进行机械动力传导过程中起到减振、缓冲和提高轴系动态性能的作用，有时还作为传动系统中的过载安全保护装置。为保证机器的正常运行，联轴器必须在机器停车后才能将两轴连上或脱离。

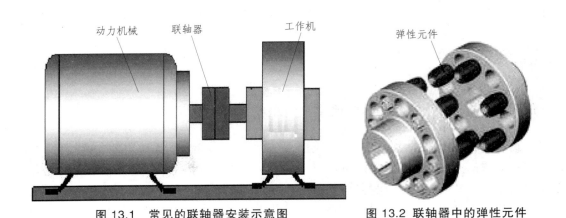

图 13.1　常见的联轴器安装示意图　　　图 13.2　联轴器中的弹性元件

本任务的主要目的是让大家在进行了相关知识的学习之后能根据联轴器的一些工作特点及生产过程中所应满足的一些条件，对不同工作情况下的联轴器进行合理的选用，以保证整个生产过程得以顺利进行。

 相关知识

一、联轴器工作时的偏移形式

生产过程中，机器的工作情况是复杂多变的。由于制造和安装误差、受载变形、温度变化和机座下沉等原因，联轴器所联接的两轴，可能会引起轴线的径向偏移、轴向偏移、角偏移或综合偏移等，如图 13.3 所示。因此，要求联轴器在传递运动和转矩的同时，应具有补偿轴线偏移和缓冲吸振的能力，同时要求联轴器安全、可靠、有足够的强度和使用寿命。

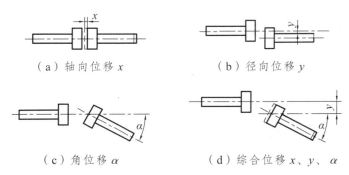

（a）轴向位移 x　　　　　（b）径向位移 y

（c）角位移 α　　　　　（d）综合位移 x、y、α

图 13.3　轴线偏移形式

二、联轴器的类型、特点及应用

按照有无补偿轴线偏移能力，可将联轴器分为刚性联轴器和挠性联轴器两大类型。

1. 刚性联轴器

刚性联轴器结构简单，制造方便，承载能力大，成本低，但没有补偿轴线偏移的能力，适用于载荷平稳、两轴对中良好的场合。

（1）凸缘联轴器（LY、YLD 型）如图 13.4 所示。凸缘联轴器由两个带有凸缘的半联轴器分别用键与两轴相联接，然后用螺栓组将两个半联轴器联接在一起，从而将两轴联接在一起。YL 型由铰制孔用螺栓对中，拆装方便，传递转矩大；YLD 型采用普通螺栓联接，靠凸榫对中，制造成本低，但装拆时轴需作轴向移动。一般常用于载荷平稳、高速或传动精度要求较高的轴系传动。

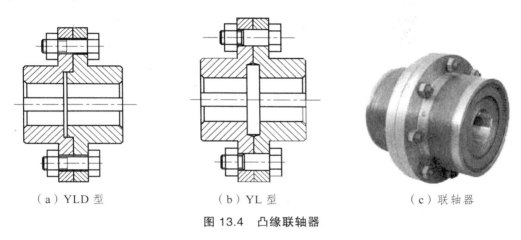

（a）YLD 型　　　　　　　（b）YL 型　　　　　　　（c）联轴器

图 13.4　凸缘联轴器

（2）套筒联轴器（GT 型）　如图 13.5 所示。套筒联轴器利用套筒将两轴套接，然后用键、销将套筒和轴联接。其特点是径向尺寸小、两轴对中性精度高、工作平稳，可用于启动频繁的传动中。短适用于低速、轻载、无冲击载荷，工作平衡和上尺寸轴的联接。

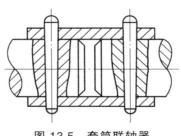

图 13.5　套筒联轴器

（3）夹壳联轴器（GJ 型）如图 13.6 所示。夹壳联轴器由两个轴向剖分的夹壳组成，利用螺栓组夹紧两个夹壳将两轴联在一起，靠摩擦力传递转矩。其特点是装拆方便，常用于低速、载荷平稳的场合。

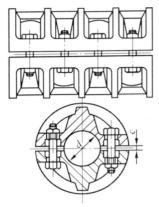

图 13.6　夹壳联轴器

2. 挠性联轴器

挠性联轴器具有补偿轴线偏移的能力，适用于载荷和转速有变化及两轴线有偏移的场合。

（1）弹性套柱销联轴器（LT 型）如图 13.7 所示。1 和 4 分别是两半联轴器，3 是弹性套，2 为柱销。弹性套柱销联轴器的构造与凸缘联轴器相似，所不同的是用带有弹性套的柱销代替了螺栓，工作时用弹性套传递转矩。因此，可利用弹性套的变形补偿两轴间的偏移，缓和冲击和吸收振动。它制造简单，维修方便，适用于启动及换向频繁的高、中速的中、小转矩轴的联接。弹性套易磨损，为便于更换，要留有装拆柱销的空间尺寸 A。还要防止油类与弹性套接触。

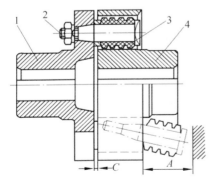

图 13.7　弹性套柱销联轴器

（2）弹性柱销联轴器（H 型）如图 13.8 所示。弹性柱销联轴器利用尼龙柱销 2 将两半联轴器 1 和 3 联接在一起。挡板是为了防止柱销滑出而设置的。弹性柱销联轴器适用于启动及换向频繁、转矩较大的中、低速轴的联接。

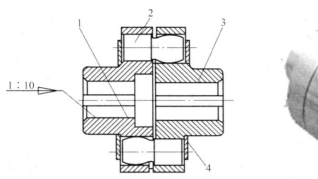

图 13.8　弹性柱销联轴器

（3）滑块联轴器（WH 型）如图 13.9 所示。滑块联轴器由两个带有一字凹槽的半联轴器 1、3 和带有十字凸榫的中间滑块 2 组成，利用凸榫与凹槽相互嵌合并作相对移动补偿径向偏移。滑动联轴器结构简单，径向尺寸小，但转动时滑块有较大的离心惯性力，适用于两轴径向偏移较大、转矩较大的低速无冲击的场合。

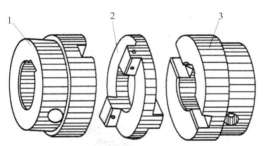

图 13.9　滑块联轴器

（4）齿式联轴器（WC 型）如图 13.10 所示。齿式联轴器由两个带外齿的半联轴器 2、4 分别与主、从动轴相联，两个具有内齿的外壳 1、3 用螺栓联接，利用内、外齿啮合以实现两轴的联接。为补偿两轴的综合偏移，轮齿制成鼓形，且具有较大的侧隙和顶隙。齿式联轴器啮合齿数多，传递转矩大，具有良好的补偿综合偏移的能力，且外廓尺寸紧凑，但成本较高。齿式联轴器应用广泛，适用于高速、重载、启动频繁和经常正反转的场合。

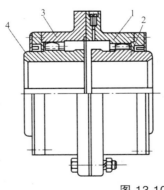

图 13.10　齿式联轴器

（5）万向联轴器（WS 型）如图 13.11 所示。万向联轴器由两个固定在轴端的主动叉 1 和从动叉 3 以及一个十字柱销 2 组成。由于叉形零件和销轴之间构成转动副，因而允许两轴之间有较大的角偏移。中间轴两端的叉形零件应共面，主、从动轴与中间轴的轴线应共面。万向联轴器的特点是径向尺寸小，结构紧凑，使用、维修方便，能补偿两轴间较大的角偏移，广泛用于汽车、工程机械等传动系统中。

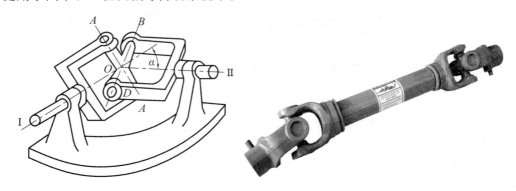

图 13.11　万向联轴器

（6）链条联轴器（WZ 型）如图 13.12 所示。链条联轴器由两个同齿数的链轮式半联轴器 1、3 和公共链条 2 组成，利用链条和链轮的啮合以实现两轴的联接，链条联轴器重量轻，维护方便，可补偿综合偏移，适用于高温、潮湿及多尘场合。但不宜用于高速和启动频繁及竖直轴间的联接。

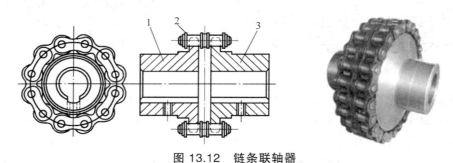

图 13.12　链条联轴器

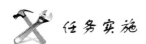 任务实施

一、任务：选用减速器中高速轴与电机连接的联轴器

带式输送机所用减速器的高速轴与电动机用联轴器联接。已知电动机功率 $P = 7.5$ kW，同步转速 $n = 1\,000$ r/min；电动机外伸轴直径 $d_1 = 48$ mm，长 $L_1 = 84$ mm。试选择该联轴器的类型，确定型号，写出标记。

联轴器已经标准化，一般情况下只需根据有关标准和产品样本选择，不需自行设计。该任务应根据工作条件选择合适的类型，然后根据转矩、直径及转速等参数选择型号，步骤如下：

220

1. 联轴器类型的选择

根据工作载荷的大小和性质、转速高低、两轴相对偏移的大小和形式、环境状况、使用寿命、装拆维护和经济性等方面的因素，选择合适的类型。例如，载荷平稳、两轴能精确对中、轴的刚度较大时可选用刚性凸缘联轴器；载荷不平稳，两轴对中困难，轴的刚度较差时，可选用弹性柱销联轴器；径向偏移较大、转速较低时，可选用滑块联轴器；角偏移较大时，可选用万向联轴器。

本任务中带式输送机工作平稳，轴短，其传递的转矩较小。为便于调整、找正，减速器和电动机通常共用一个底座，考虑到减速器所用的轴承为深沟球轴承，在运转过程中存在圆跳动，所以选用具有径向偏移补偿能力的弹性套柱销联轴器。

2. 确定联轴器的计算力矩

传动系统中动力机的功率应大于工作机所需功率。根据动力机的功率和转速可计算得到与动力机相连接的高速端的理论转矩 T（或名义转矩）

$$T = 9\,550\frac{P}{n}$$

式中，T 为联轴器的理论转矩，N·m；P 为联轴器传递的功率，kW；n 为转速，r/min。

根据理论转矩、轴可计算联轴器的计算转矩 T_C

$$T_C = KT \tag{13.1}$$

式中，K 为工作情况系数，见表 13.1；T 为联轴器的名义转矩。

表 13.1　工作情况系数 K

工作机		原动机			
分类	典型机械	电动机 汽轮机	内燃机		
			四缸及以上	二缸	单缸
转矩变化很小	发电机、小型通风机、小型水泵	1.3	1.5	1.8	2.2
转矩变化小	透平压缩机、木工机床、运输机	1.5	1.7	2.0	2.4
转矩变化中等	搅拌机、有飞轮压缩机、冲床	1.7	1.9	2.2	2.6
转矩变化和冲击载荷中等	织布机、水泥搅拌机、拖拉机	1.9	2.1	2.4	2.8
转矩变化和冲击载荷大	造纸机、挖掘机、起重机、碎石机	2.3	2.5	2.8	3.2
转矩变化大有强烈冲击载荷	压延机、无飞轮活塞泵、重型轧机	3.1	3.3	3.6	4.0

本任务中名义转矩

$$T = 9.549 \times 10^6 \times \frac{P}{n} = 9.549 \times 10^6 \times \frac{7.5}{1\,000} = 49\,117.5\ (\text{N·mm})$$

计算转矩：

首先由表 13.1 得联轴器的工作情况系数 $K = 1.3$，由公式（13.1）得

$$T_C = KT = 1.3 \times 49\,117.5 = 63\,852.75\ (\text{N·mm})$$

3. 初选联轴器型号

格局计算力矩 T_C，从标准系列中可选定相近似的公称转矩 T_n，选型号时应满足 $T_n \geqslant T_C$。初步选定联轴器型号（规格），从标准中可查得联轴器的许用转速 $[n]$ 和最大径向尺寸 D、轴向尺寸 L_0，并满足联轴器转速 $n \leqslant [n]$。

本任务中根据联轴器的工作情况选择 LT5 型弹性套柱销联轴器。其公称转矩为

$$T_n = 125 \times 10^3 \ \text{N} \cdot \text{mm} > T_C$$

4. 根据轴径调整型号

初步选定的联轴器连接尺寸，即轴孔直径 d 和轴孔长度 L，应符合主、从动端轴径不相同时普遍现象，当转矩、转速相同，主、从动端轴径不相同时，应按大轴径选择联轴器型号。

本任务中外伸轴径均为标准轴径与标准相符，故主动端选 J 型轴孔，从动端选 J1 型轴孔。

5. 选择连接形式

联轴器连接形式的选择取决于主、从动端与轴的连接形式，一般采用键连接，为统一键连接形式及代号，一般采用 A 型键，也可根据具体情况选用 B 型和 C 型键。为保证轴和键的强度，在选定联轴器型号后，必要时应对轴和键强度做校核验算，以最后确定联轴器的型号。

本任务中，高速轴端选用 C 型键，电机轴选用 A 型键。

任务十四　选用减速器箱体支撑高速轴的滚动轴承

任务目标

（1）能根据常用滚动轴承的类型结构进行合理的选用。
（2）能读懂滚动轴承的代号，并进行正确的标注。
（3）能对所选择的滚动轴承进行寿命计算，并判断是否合理。
（4）掌握滚动轴承的安装、拆卸方法及密封、润滑方式。

任务引入

轴承是各类机械装备的重要基础零部件，它的精度、性能、寿命和可靠性对主机精度、性能、寿命和可靠性起着决定性的作用。在机械产品中，轴承属于高精度产品，不仅需要数学、物理等诸多学科理论的综合支持，而且需要材料科学、热处理技术、精密加工和测量技术、数控技术和有效的数值方法及功能强大的计算机技术等诸多学科为之服务，因此，轴承又是一个代表国家科技实力的产品。

2008 年国际金融危机爆发后，国家为应对金融危机，采取了加大基础设施投入，拉动经

济发展的积极财政政策。受益于相关行业的发展，轴承产销迅速扩大，利润水平得到提升，行业发展明显加快。近年来，世界知名企业纷纷进入中国轴承市场，并建立生产基地，如瑞典 SKF 集团，德国舍弗勒集团，美国铁姆肯公司，日本的 NSK 公司、NTN 公司等。这些公司不仅是全球经营，而且是全球制造，他们凭借品牌、装备、技术、资金和生产规模的优势，与国内的轴承企业展开了激烈竞争。

目前，国内企业主要从事通用轴承的生产，专用和高端轴承生产企业较少，技术还不成熟。因此，国产企业要想与国外先进轴承品牌竞争，甚至超越，还需要在技术等方面经历很长一段时间的发展道路。

本任务要求根据轴的工作情况，根据轴承的型号、工作状况、具体受载情况及轴承的预期寿命，判断该轴承是否适用。

 相关知识

一、滚动轴承的组成、特点及类型

1. 滚动轴承的组成及特点

滚动轴承是将运转的轴与轴座之间的滑动摩擦变为滚动摩擦，从而减少摩擦损失的一种精密的机械元件。滚动轴承一般由内圈、外圈、滚动体和保持架四部分组成，如图 14.1 所示，内圈的作用是与轴相配合并与轴一起旋转；外圈的作用是与轴承座相配合，起支撑作用；滚动体是借助于保持架均匀的将滚动体分布在内圈和外圈之间，其形状大小和数量直接影响着滚动轴承的使用性能和寿命；保持架能使滚动体均匀分布，防止滚动体脱落，引导滚动体旋转起润滑作用。

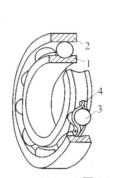

图 14.1　滚动轴承的构造

1—内圈；2—外圈；3—滚动体；4—保持架

滚动体与内、外圈的材料要求具有较高的硬度和接触疲劳强度、良好的耐磨性和抗冲击韧性。一般用滚动轴承钢制成，经淬火硬度可达 61～65HRC，工作表面需经磨削和抛光。保持架一般用低碳钢板冲压制成，也可用有色金属或塑料制成。

滚动轴承具有摩擦阻力小，启动灵敏、效率高、润滑简便、互换性好等优点。缺点是抗冲击能力较差，高速时易出现噪声，工作寿命不长。

2．滚动轴承的类型

（1）轴承按其所能承受的载荷方向或公称接触角[见如图 14.2（a）]的不同可分为：

向心轴承[见图 14.2（b）]——主要用于承受径向载荷的滚动轴承，其公称接触角为 0～45°。按公称接触角不同又分为：径向接触轴承——公称接触角为 0°度的向心轴承；向心角接触轴承——公称接触角大于 0°～45°的向心轴承。

推力轴承[见图 14.2(c)]——主要用于承受轴向载荷的滚动轴承，其公称接触角大于 45°～90°。按公称接触角的不同又分为：轴向接触轴承——公称接触角为 90°的推力轴承；推力角接触轴承——公称接触角 40°～90°的推力轴承。

（a）公称接触角　　　　　　（b）向心轴承　　　　　　（c）推力轴承

图 14.2　轴承的公称接触角

各类轴承接触角的大小范围见表 14.1。

表 14.1　各类轴承的公称接触角

轴承类型	向 心 轴 承			推 力 轴 承
	径 向 接 触	角 接 触		轴 向 接 触
公称接触角 α	$\alpha = 0°$	$0° < \alpha \leq 45°$	$45° < \alpha < 90°$	$\alpha = 90°$
图 例				

（2）轴承按其滚动体的种类可分为：

① 球轴承——滚动体为球，如图 14.3（a）所示。

（a）深沟球轴承

（b）圆柱滚子轴承

（c）圆锥滚子轴承

（d）滚针轴承

（e）调心滚子轴承

图 14.3　各种类型滚动体的轴承

② 滚子轴承——滚动体为滚子。滚子轴承按滚子种类又可分为：圆柱滚子轴承[见图 14.3（b）]——滚动体是圆柱滚子的轴承，圆柱滚子的长度与直径之比小于或等于 3；圆锥滚子轴承[见图 14.3（c）]——滚动体是圆锥滚子的轴承；滚针轴承[见图 14.3（d）]——滚动体是滚针的轴承，滚针的长度与直径之比大于 3，但直径小于或等于 5 mm；调心滚子轴承[见图 14.3（e）]——滚动体是球面滚子的轴承。

（3）轴承按其工作时能否调心可分为：

① 调心轴承——滚道是球面形的，能适应两滚道轴心线间的角偏差及角运动的轴承。

② 非调心轴承（刚性轴承）——能阻抗滚道间轴心线角偏移的轴承。

（4）轴承按滚动体的列数可分为：

① 单列轴承——具有一列滚动体的轴承，如图 14.4（a）所示。

② 双列轴承——具有两列滚动体的轴承，如图 14.4（b）所示。

③ 多列轴承——具有多于两列滚动体的轴承，如三列、四列轴承，如图 14.4（c）所示。

（a）单列轴承

（b）双列轴承

（c）多列轴承

图 14.4　轴承滚动体的列数

（5）轴承按其部件能否分离可分为：

① 可分离轴承——具有可分离部件的轴承；

② 不可分离轴承——轴承在最终配套后，套圈均不能任意自由分离的轴承。

轴承按其结构形状（如有无装填槽，有无内、外圈以及套圈的形状，挡边的结构，甚至有无保持架等）还可以分为多种结构类型。

3. 滚动轴承的代号

按照规定，滚动轴承代号由基本代号、前置代号和后置代号三段构成。代号一般印刻在外圈端面上，排列顺序如图 14.5 所示。

前 置 代 号	基 本 代 号	后 置 代 号

图 14.5　滚动辆承代号

（1）基本代号。

基本代号表示轴承的基本类型、结构和尺寸，是轴承代号的基础。一般由五个数字或字母加四个数字表示。基本代号组成顺序及其意义见表 14.2。

表 14.2　基本代号

类型代号	尺寸系列代号		内　径　代　号			
	宽（高）度系列代号	直径系列代号	通常用两位数字表示 内径 d = 代号×5 mm $d>500$ mm、$d<10$ mm 及 $d=22$ mm、28 mm、32 mm 的内径代号查手册			
用一位数字或一至两个字母表示	表示内径、外径相同宽（高）度不同的系列。用一位数字表示	表示同一内径不同外径的系列。用一位数字表示				
			10mm ≤ d < 20 mm 的内径代号如下：			
	尺寸系列代号连用，当宽（高）度系列代号为 0 时可省略		内径代号	00	01	02	03
			内径/mm	10	12	15	17
例如，基本代号 71209，表示角接触球轴承，尺寸系列 12，内径 $d=45$ mm						

（2）前置、后置代号。

① 前置代号在基本代号段的左侧用字母表示。它表示成套轴承的分部件（如 L 表示可分离轴承的分离内圈或外圈，K 表示滚子和保持架组件），例如，LN207，表示（0）2 尺寸系列的单列圆柱滚子轴承的可分离外圈。

② 后置代号为补充代号。轴承在结构形状、尺寸公差、技术要求等有改变时，才在基本代号右侧予以添加。一般用字母（或字母加数字）表示，与基本代号相距半个汉字距离。后置代号共分八组。例如，第一组表示内部结构变化，以角接触球轴承的接触角变化为例，如公称接触角 $\alpha=40°$ 时，代号为 B；$\alpha=25°$ 时，代号为 AC；$\alpha=15°$ 时，代号为 C。第五组为公差等级，按精度由低到高依次代号为：/P0、/P6、/P6x、/P5、/P4、/P2。/P0 级为普通级，可省略不标注。

滚动车的尺寸系列代号见表 14.3。

表 14.3　滚动轴承尺寸系列代号

			向 心 轴 承								推 力 轴 承			
			宽 度 系 列								高 度 系 列			
			宽度尺寸依次递增→								高度尺寸依次递增→			
			8	0	1	2	3	4	5	6	7	9	1	2
直径系列	外径尺寸依次递增↓	7			17		37							
		8	—	08	18	28	38	48	59	68	—	—	—	—
		9		09	19	29	39	49	59	69	—	—	—	—
		0		00	10	20	30	40	50	60	70	90	10	
		1	—	01	11	21	31	41	51	61	71	91	11	
		2	82	02	12	22	32	42	52	62	72	92	12	22
		3	83	03	13	23	33				73	93	13	23
		4	—	04	—	24	—				74	94	14	24
		5									—	95	—	—

二、滚动轴承的组合设计方法

因为轴承是支承轴及轴上旋转零件的重要部件，为保证轴及其上零件能正常工作，在正确选择滚动轴承的类型和尺寸的同时，还必须正确地进行滚动轴承的组合设计。滚动轴承组合设计的目的主要是处理好轴承在轴上的配置、固定和位置调整，同时在轴向预留适当的间隙，以保证当工作温度变化时，轴能自由伸缩。

1. 滚动轴承在轴上的定位与固定形式

（1）在轴上的周向定位与固定。工作时，为了传递转矩或避免与轴发生相对转动，滚动轴承在轴上必须进行圆周方向上的定位与固定。其方法是，滚动轴承内圈与轴通常采用过盈配合联接来实现其在轴上的周向定位与固定（如 n6、m6、k6 等）。

（2）在轴上的轴向定位与固定。

① 轴承内圈的轴向固定。一般情况下使用轴肩和轴环对轴承内圈实现轴向固定，它是保证轴和轴承位置的关键。为保证轴上零件的端面能与轴肩平面可靠接触，应注意轴肩（或轴环）处的圆角应大于轴的圆角 R 和零件倒角 C_1。轴肩高度 h 必须小于轴承内圈高度 h_1，以便轴承的拆卸。圆角大小和轴肩（或轴环）高度如图 14.6（a）所示。在特殊情况下，轴肩（或轴环）高度大于内圈厚度时，应在轴肩（或轴环）上开槽以便拆卸，如图 14.6（b）所示。

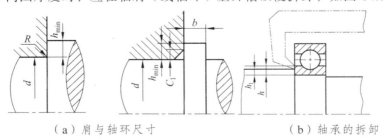

（a）肩与轴环尺寸　　　　　　（b）轴承的拆卸

图 14.6　轴肩与轴环的高度

② 轴承外圈的轴向定位固定。轴承外圈的轴向定位固定是为保证轴承与箱体有确定的工作位置，如图 14.7 所示，是轴、轴承和轴上旋转零件等组成的工作部件，称为轴系。轴系在箱体内的位置必须确定，工作时，不允许轴系有轴向窜动。否则将影响机械传动质量，产生噪声，甚至加速传动零件失效。轴系的轴向固定是依靠固定轴承外圈来实现的。轴承外圈的固定方法很多，如用轴承盖、箱体座孔凸肩、孔用弹性挡圈等。其中，轴承盖因能承受较大轴向力，且箱体座孔结构简单，应用最为广泛。

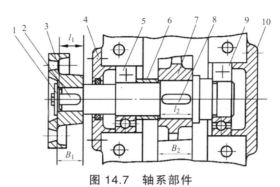

图 14.7　轴系部件

1—挡圈；2—8 键；3—半联轴器；4，10—轴承盖；
5，9—滚动轴承；6—套筒；7—齿轮

2. 滚动轴承在轴上的轴向布置及固定

轴承的轴向布置及固定方法主要有两种：

（1）两端单向固定。如图 14.8 所示，每个支承功能限制轴系的一个方向的移动，两端合作的结果就限制了轴的双向移动，这种固定方式称为两端单向固定。该方式适用于普通温度（≤70℃）、支点跨距较小（$L \leqslant 400$ mm）的场合。为了防止轴因受热伸长使轴承游隙减小甚至造成卡死，对于图 14.8（a）所示的深沟球轴承，可在轴承盖与轴承外圈端面间留出热补偿间隙 Δ（$\Delta = 0.2 \sim 0.4$ mm），间隙量可用调整轴承盖与机座端面间的垫片厚度来控制。对于向心角接触轴承[见图 14.8（b）]，补偿间隙可留在轴承内部。

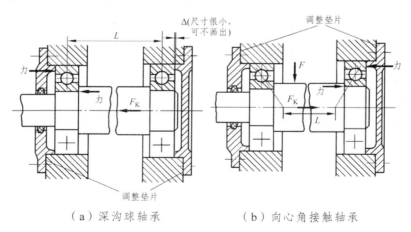

（a）深沟球轴承　　　　　　（b）向心角接触轴承

图 14.8　两端单向固定

228

（2）一端双向固定、一端游动。如图 14.9 所示，一支承的轴承内、外圈均双向固定，以限制轴的双向移动，另一支承的轴承可作轴向游动，这种方式称为一端双向固定、一端游动。选用深沟球轴承作为游动支承时，应在轴承外圈与端盖间留适当间隙 C，$C = 3 \sim 8$ mm[见图 14.9（a）]；选用圆柱滚子轴承作游动支承时，游动发生在内、外圈之间，因此，轴承内、外圈应作双向固定[见图 14.9（b）]。这种固定方式适用于跨距较大、温度变化较大的轴。

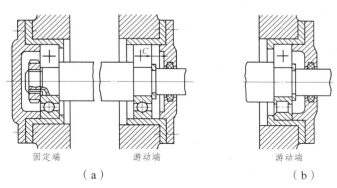

固定端　　　　游动端　　　　　　　　游动端

（a）　　　　　　　　　　　　　　（b）

图 14.9　一端双向固定、一端游动

3. 滚动轴承的配合

滚动轴承与轴及机架的周向固定是依靠互相配合来保证的，配合的松紧将会直接影响旋转精度。无论是外圈与轴承座孔，还是内圈与轴，如配合过紧，则轴承转动不灵活；如配合过松，则会引起擦伤、磨损和旋转精度降低等现象。因而轴承的内、外圈与轴承座孔的配合设计应恰当。由于轴承是标准件，其内圈与轴的配合采用基孔制，而外圈与轴承座孔的配合采用基轴制。设计配合时可根据轴承的具体工作条件，查阅机械设计手册的相关内容综合考虑。

4. 轴承游隙的调整和轴承的预紧

恰当的轴承游隙是维持良好润滑的必要条件。有些轴承（如 6 类轴承）的游隙在制造时已确定；有些轴承（如 3 类、7 类轴承）装配时可通过移动轴承套圈位置来调整轴承游隙。调整轴承游隙的方法有：用增减轴承盖与机座间垫片厚度进行调整[见图 14.8（b）]；用调整螺钉压紧或放松压盖使轴承外圈移动进行调整[见图 14.10（a）]，调整后用螺母锁紧防松；用带螺纹的端盖调整[见图 14.10（b）]；

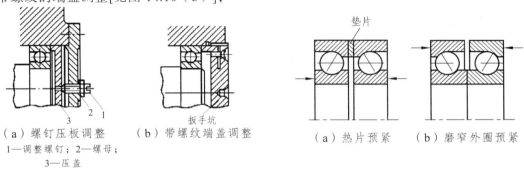

（a）螺钉压板调整　　（b）带螺纹端盖调整
1—调整螺钉；2—螺母；
3—压盖

图 14.10　轴承游隙的调整

垫片

（a）热片预紧　　（b）磨窄外圈预紧

图 14.11　轴承的预紧

扳手坑

229

对某些可调游隙的轴承，为提高旋转精度和刚度，常在安装时施加一定的轴向作用力（预紧力）消除轴承游隙，并使内、外圈和滚动体接触处产生微小弹性变形，这种方法称为轴承的预紧，它一般可采用前述移动轴承套圈的方法实现。对某些支承的轴承组合，还可采用金属垫片[见图 14.11（a）]或磨窄外圈[见图 14.11（b）]等方法获得预紧。

在初始安装或工作一段时间后，轴系的位置与预定位置可能会出现一些偏差，为使轴上零件具有准确的工作位置，必须对轴系位置进行调整。

图 14.12 所示锥齿轮轴系的两轴承均安装在套杯中，增减 1 处垫片可使套杯相对箱体移动，从而调整锥齿轮轴的轴向位置；增减 2 处垫片则可用来调整轴承游隙。这是采用协调增减两端轴承盖与机座间垫片的方法来调整轴系位置的。

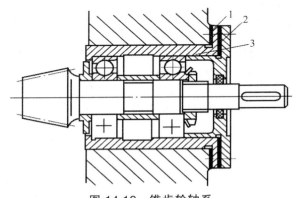

图 14.12　锥齿轮轴系

三、轴承的安装、使用、拆卸与维护

1．轴承的安装

（1）正确安装轴承的意义：合理、有效地使用轴承的保证，使轴承可以达到它应有的寿命、精度等指标；使主机达到设计所预期的性能指标，如安全性、振动、噪音、保养周期等。

（2）轴承的安装方法。

① 压力法：适用于中、小型轴承（指 $OD \leqslant 150\text{mm}$），过盈量不太大的配合。一般采用机械或液压式压力机或设备进行安装。

② 加热法：适用于尺寸较大的轴承，过盈量较大的配合。常用的加热方式有油浴加热和电磁感应加热两种方法。

轴承安装使用前的异常及解决措施见表 14.4。

表 14.4　轴承使用前的异常及解决措施

运转状态	原因分析	采取的对策
阻滞	加工误差大	检查轴、座孔加工精度，修正或返工
	安装不良	检查安装定位、预紧，重新调整
	旋转零件有接触	检查相邻零件的紧固状态并排除

运转状态	原因分析	采取的对策
噪音	滚动面有压痕、锈斑、划伤、裂缝	更换轴承
	游隙过大	调整游隙，或更换轴承
	异物侵入	改善密封装置，更换润滑剂；检查轴承，如损坏则更换
	旋转零件有接触	检查相邻零件的紧固状态并排除
温升异常	润滑剂过多	减少润滑剂，适量使用
	润滑剂不足	补充润滑剂
	异常负荷	检查游隙，调整预负荷；检查安装
	配合面的蠕变、密封装置摩擦过大	更换轴承，研究配合，修改轴外壳，更改密封形式
振动大	滚动面有压痕或断裂	更换轴承
	安装不良	检查游隙，调整预负荷；检查安装
	异物侵入	改善密封装置，更换润滑剂；检查轴承，如损坏则更换
润滑剂泄露过多	润滑剂过多，异物侵入，产生摩擦粉末等	适量使用润滑剂，改善密封装置

2. 轴承的拆卸

（1）对非分离型轴承，首先从较松配合面（一般是外圈与壳体孔径的配合面）将轴承拆出，然后使用压力机将轴承从紧配合表面压出。

（2）对于非分离型轴承，可以使用专门的拆卸装置（俗称"拉马"）拆卸轴承，如图 14.13（a）所示。

（3）在拆卸外圈过盈配合的轴承时，如果所装部位在设计时就考虑到拆卸的问题，则会更方便，如图 14.13（b）所示。

（4）对可分离型轴承，如单列圆柱滚子轴承（NU、NJ 型），内圈与轴一般都采用紧配合。如果采用轴承感应加热器加热内圈，则在内圈热膨胀状态下进行拆卸，如图 14.13（c）所示。

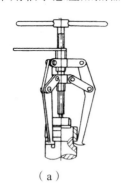
（a）

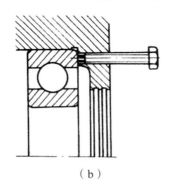
（b）

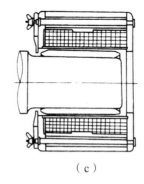
（c）

图 14.13　轴承的拆卸方法

3. 轴承的维护保养

（1）维护保养的目的：为了使轴承的性能长期维持在良好的状态，确保轴承运转的可靠性。

（2）维护保养的方法和内容：运转状况监视，润滑系统维护，补充和更换润滑剂，日常点检，定期检查。

四、轴承的失效

滚动轴承的失效原因比较复杂，涉及多方面的专业知识，需要对轴承的结构特性、加工方法、各个零件的加工工艺及设备有一定的了解。现在所涉及的只是常见失效形式，根据轴承的结构特性，结合轴承的使用工况，通过对轴承的安装、配合及调整的分析，对运行速度、温升、受力进行分析，包括对轴承使用过程中维护、保养的分析等，归纳总结出轴承早期失效过程和失效原因。常见的失效形式见表 14.5。

表 14.5　轴承的失效形式

失效形式	失效原因	实例	失效形式	失效原因	实例
点蚀	润滑剂含杂质，密封不良	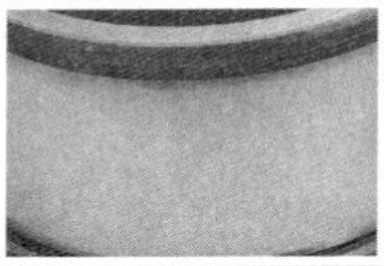	裂损	应力作用下产生微观裂纹，逐渐发展成凹坑状的微小剥离	
磨耗	细微颗粒物进入轴承或润滑不良，零件接触处金属表面材料被磨掉	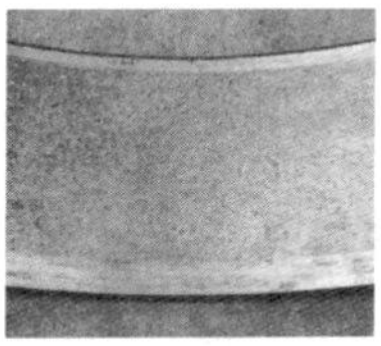	腐蚀和锈蚀	轴承承受非正常冲击力，材料缺陷或材料疲劳，零件局部温升等损伤诱发	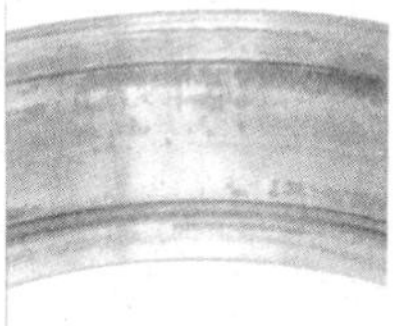
电蚀	电流通过轴承（电击伤）	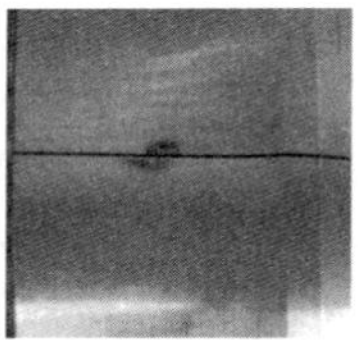	剥离	装配不当或润滑不良时，在过载应力的作用下产生的严重剥落	
滚动体卡伤	游隙过大或有异物进入轴承使滚动体运转卡阻		辗皮	装配不当或润滑不良时，	

五、轴承的润滑与密封

润滑和密封对滚动轴承的使用寿命具有重要意义。润滑的主要目的是减小摩擦与减轻磨损。滚动接触部位如能形成油膜，还有吸收振动、降低工作温度和噪声等作用。密封目的是防止灰尘、水分等进入轴承，并阻止润滑剂的流失。

1. 滚动轴承的润滑

滚动轴承的润滑剂可以是润滑脂、润滑油或固体润滑剂。具体选择可按速度因数 dn 值来定。d 代表轴承内径，n 代表轴承套圈的转速。dn 值间接反映了轴颈的圆周速度，当 $dn < (1.5 \sim 2) \times 10^5 \text{ mm} \cdot \text{r/min}$ 时，一般滚动轴承可采用润滑脂润滑，超过这一范围宜采用润滑油润滑。

如果采用浸油润滑，则油面高度应不超过最低滚动体的中心，以免产生过大的搅油损耗和热量。高速轴承通常采用喷油或喷雾方法润滑。

2. 滚动轴承的密封

滚动轴承密封方法的选择与润滑的种类、工作环境、温度、密封表面的圆周速度有关。密封方法可分两大类：接触式密封和非接触式密封。它们的密封形式、适用范围和性能见表14.6。

表 14.6　轴承的密封形式

密封形式	图例	适用场合	说明
接触式密封	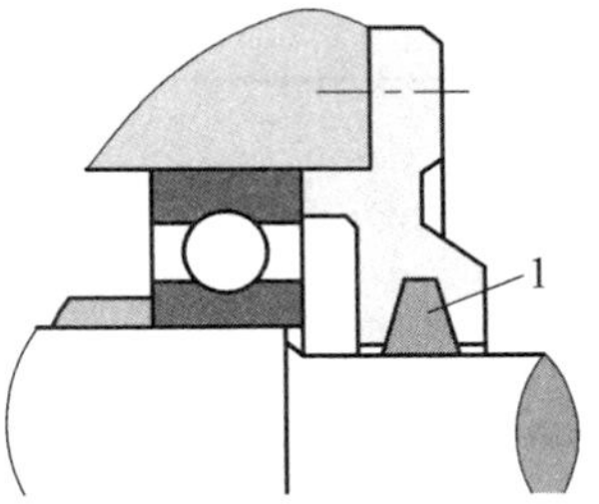 毡圈密封	脂润滑。要求环境清洁，轴颈圆周速度 v 不大于（4~5）m/s，工作温度不超过 90 ℃	矩形断面的毛毡圈 1 被安装在梯形槽内，它对轴产生一定的压力而起到密封作用
	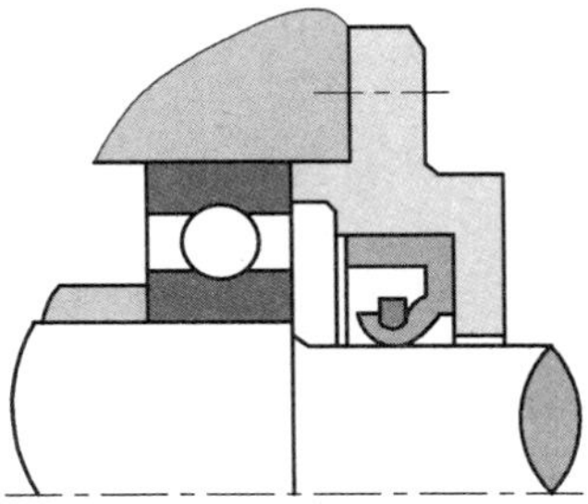 密封圈密封	脂或油润滑。轴颈圆周速度 $v < 7$m/s，工作温度范围：（40~100）℃	密封圈用皮革、塑料或耐油橡胶制成，有的具有金属骨架，有的没有骨架，密封圈是标准件。密封唇朝里（如图），目的是防漏油；密封唇朝外，主要目的是防灰尘、杂质进入

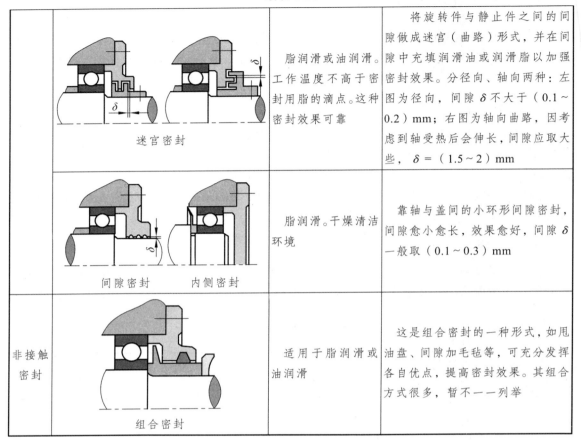

| 将旋转件与静止件之间的间隙做成迷宫（曲路）形式，并在间隙中充填润滑油或润滑脂以加强密封效果。分径向、轴向两种：左图为径向，间隙 δ 不大于（0.1~0.2）mm；右图为轴向曲路，因考虑到轴受热后会伸长，间隙应取大些，δ =（1.5~2）mm |

脂润滑或油润滑。工作温度不高于密封用脂的滴点。这种密封效果可靠

迷宫密封

脂润滑。干燥清洁环境

间隙密封　　内侧密封

靠轴与盖间的小环形间隙密封，间隙愈小愈长，效果愈好，间隙 δ 一般取（0.1~0.3）mm

非接触密封

组合密封

适用于脂润滑或油润滑

这是组合密封的一种形式，如甩油盘、间隙加毛毡等，可充分发挥各自优点，提高密封效果。其组合方式很多，暂不一一列举

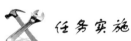 任务实施

一、任务：选用减速器箱体支撑高速轴的滚动轴承

带式输送机动力由电动机提供。因电动机与输送机转速差别较大，因此必须在中间安装减速器，本任务中所涉及的减速器为一级直齿圆柱齿轮减速器，要求根据工作情况选择合适的滚动轴承。

滚动轴承的选择包括类型选择、精度选择和尺寸选择。

1. 类型选择

选择滚动轴承类型时，应根据轴承的工作载荷（大小、方向和性质）、转速、轴的刚度及其他要求，结合各类轴承的特点进行。

当工作载荷较小、转速较高、旋转精度要求较高时宜选择球轴承；载荷较大或有冲击载荷、转速较低时，宜用滚子轴承。同时承受径向及轴向载荷的轴承，如以径向载荷为主时可选用深沟球轴承，如图 14.14 所示；

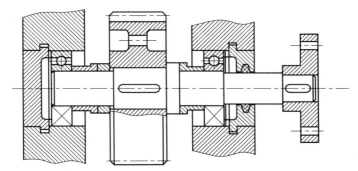

图 14.14   直齿圆柱齿轮轴系

径向载荷和轴向载荷均较大时可选用向心角接触轴承；轴向载荷比径向载荷大很多或要求轴向变形小时，可选用推力轴承和向心轴承组合的支承结构。跨距较大或难以保证两轴承孔的同轴度的轴及多支点轴，宜选用调心轴承。为便于安装、拆卸和调整轴承游隙，可选用内、外圈可分离的圆锥滚子轴承。从经济性角度考虑，一般来说，球轴承制造容易、价格低廉，在满足基本工作要求的条件下，应优先选用；特殊结构的轴承比普通结构的轴承价高，同型号不同公差等级的轴承，价格相差较大，选择时应以够用为原则。

本任务中，带式输送机工作载荷平稳，不存在冲击且转速较低。因此选择深沟球轴承。

2. 精度选择

同型号的轴承，精度越高，价格也越高。一般机械传动宜选用普通（P_0）精度。考虑带式输送机的工作特点，本任务选用普通精度。

3. 尺寸选择

根据轴颈直径，初步选择适当的轴承型号。

有关滚动轴承的类型选择，用户可根据实际应用条件，查阅机械设计手册相关内容综合考虑选取。

任务十五   设计减速器的输出轴

任务目标

（1）了解轴的功能、类型及特点。

（2）了解轴的材料选用要求。

（3）掌握轴的强度计算方法。

（4）掌握轴的结构设计方法及步骤。

任务引入

轴在日常的机器中承担着重要的支承转动零件并与之一起回转以传递运动、扭矩或弯矩的机械零件。那么，图 15.1 所示的减速器输出轴采用了什么样的材料？轴径是如何确定的？轴的结构如何？轴上零件如何实现合理的固定？

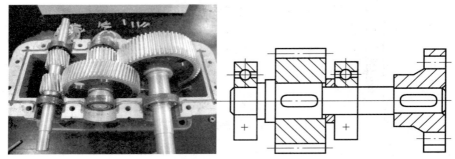

图 15.1   减速器的输出轴

 相关知识

一、轴的材料

减速器输出轴的材料应具有较好的强度、韧性及耐磨性，通常选用 45 钢并经适当热处理即能满足使用要求。

轴的材料主要是碳钢和合金钢。一般用途的轴（如齿轮轴）常用优质碳素结构钢，如 35、45、50 钢等；轻载或不重要的轴（如自行车心轴）可采用 Q235、Q275 等普通碳素钢；重载或重要的轴（如发动机轴）可选用 35SiMn 等合金结构钢；对于结构复杂的轴（如曲轴、凸轮轴）可采用球墨铸铁代替锻钢；大直径或重要的轴常采用锻造毛坯，中小直径的轴常采用轧制圆钢毛坯。

轴的常用材料及力学性能见表 15.1。

表 15.1   轴的常用金属材料及力学性能

材料牌号	热处理类型	毛坯直径/mm	硬度/HBS	抗拉强度 σ_b/MPa	屈服点 σ_s/MPa	应 用 说 明
Q275~Q235				149~610	275~235	用于不很重要的轴
35	正火	≤100	149~187	520	270	用于一般轴
		>100~300	143~187	500	260	
	调质	≤100	156~207	560	300	
		>100~300		540	280	
45	正火	≤100	180~218	600	300	用于强度高、韧性中等的较重要的轴
		>100~300	162~218	580	290	
	调质	≤200	218~255	650	360	
40Cr	调质	25	≤207	1000	800	用于强度要求高、有强烈磨损而无很大冲击的重要轴
		≤100	241~286	750	550	
		>100~300		700	500	

236

材料牌号	热处理类型	毛坯直径/mm	硬度/HBS	抗拉强度 σ_b/MPa	屈服点 σ_s/MPa	应 用 说 明
35SiMn	调质	25		900	750	可代替40Cr,用于中、小型轴
		≤100	229～286	800	520	
		>100～300	218～269	750	450	
42SiMn	调质	25		900	750	与 35SiMn 相同,但专供表面淬火之用
		≤100	229～286	800	520	
		>100～300	218～269	750	470	
		>200～300	218～255	700	450	
40MnB	调质	25		1 000	800	可代替40Cr,用于小型轴
		≤200	241～286	500	500	
35CrMo	调质	25		1 000	350	用于重载的轴
		≤100	207～269	750	550	
		>100～300		700	500	
38CrMnMo	调质	≤100	229～285	750	600	可代替35CrMo
		>100～300	218～269	700	550	

二、轴的类型

减速器输出轴的轴线为直线,通常称这种轴为直轴。工作时既支撑回转件又传递动力,所以也称为转轴。机器中大多数的轴都是直轴,因此本课题只讨论直轴,轴的类型及特点见表 15.2。

表 15.2　轴的类型及特点

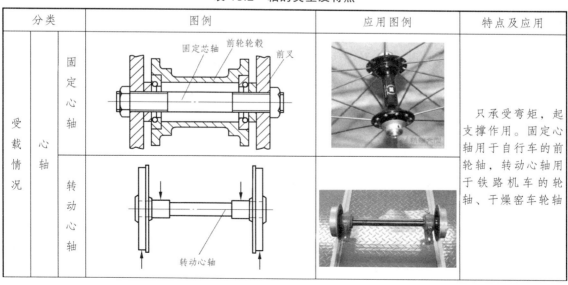

分类			图例	应用图例	特点及应用
受载情况	心轴	固定心轴			只承受弯矩,起支撑作用。固定心轴用于自行车的前轮轴,转动心轴用于铁路机车的轮轴、干燥窑车轮轴
		转动心轴			

分类		图例	应用图例	特点及应用
轴线形状	传动轴	传动轴		只承受转矩不承受弯矩或弯矩很小，仅起传递动力的作用。常用于汽车的传动轴
	转轴			既承受弯矩又承受转矩，是机器中最常见的一种轴。如减速器的输出轴
	直轴	(a)光轴 (b)阶梯轴 (c)空心轴		结构简单，便于制造，应用最广
	曲轴			结构较复杂，用于往复式机械传动。如汽车的换气机构
	挠性轴			可将旋转运动灵活地传到所需要的位置

三、轴径的确定

减速器输出轴的各部位直径均是经计算设计并按标准直径系列规整后得到的，其中轴颈直径尺寸还必须符合滚动轴承的内径标准。轴的直径可根据强度计算确定，也可应用经验公式进行估算。目的是为了确保轴在支撑轴上零件的同时，能可靠地传递运动和动力。

轴径的强度计算：

仅考虑转矩作用，弯矩的影响用降低许用扭应力的数值予以考虑，其计算公式为

$$d \geqslant \sqrt[3]{\frac{9550 \times 10^3}{0.2[\tau]}} \sqrt[3]{\frac{P}{n}} = A \sqrt[3]{\frac{P}{n}}$$

$$d \geqslant \sqrt[3]{\frac{T}{0.2[\tau]}} = A \sqrt[3]{\frac{P}{n}} \text{ 或}$$

$$d \geqslant \sqrt[3]{\frac{T}{0.2[\tau]}} = A \sqrt[3]{\frac{P}{n}} \tag{15.1}$$

式中，d 为轴径，mm；$T = 9.55 \times 10^6$；T 为轴传递的转矩，N·mm；P 为轴传递的功率，kW；n 为轴的转速，r/min；d 为轴径，mm；$[\tau]$ 为许用切应力，MPa；A 为由轴的材料和承载情况确定的常数，见表 15.3。

表 15.3 常用材料的 $[\tau]$ 和 A 值

轴的材料	Q235，20	35	45	40Cr，35SiMn，42SiMn，38SiMnMo，20CrMnTi
$[\tau]$/MPa	12 ~ 20	20 ~ 30	30 ~ 40	40 ~ 52
A	160 ~ 135	135 ~ 118	120 ~ 105	105 ~ 95

注：① 轴上所受弯矩较小或只受转矩时，A 取较小值；否则取较大值。
　　② 用 Q235、3SiMn 时，取较大的 A 值。
　　③ 轴上有一个键槽时，A 值增大 4% ~ 5%；有两个键槽时，A 值增大 7% ~ 10%

四、轴的结构设计

1. 轴的结构

图 15.2 所示减速器输出轴代表了轴的典型结构。轴系由轴端挡圈 1、键 2 与 8、半联轴器 3、轴承盖 4 与 10、滚动轴承 5 与 9、套筒 6、齿轮 7 以及轴等组成。其中，轴与轴承配合的部分称为轴颈；与其他回转零件配合的部分称为轴头；连接轴头和轴颈的部分称为轴身。

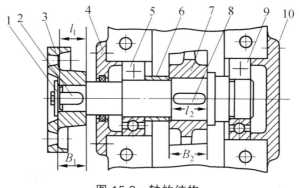

图 15.2 轴的结构

在设计轴的结构时，主要应考虑以下几个方面：轴上零件要有可靠的固定；便于轴上零件的装拆和轴的加工；有利于提高轴的强度和刚度，节约材料，减轻质量。

2. 轴上零件的固定

（1） 轴上零件的轴向固定。轴向固定的目的是为了保证轴上零件具有准确的工作位置。常见的轴向固定方法及应用见表 15.4。

表 15.4　常见的轴向固定方法及应用

轴向固定方法	结构简图	实例	特点及应用
轴环、轴肩	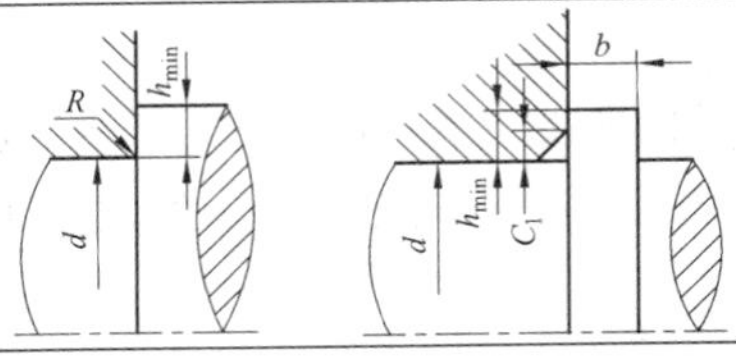 R h_{min} d b h_{min} C_1 d	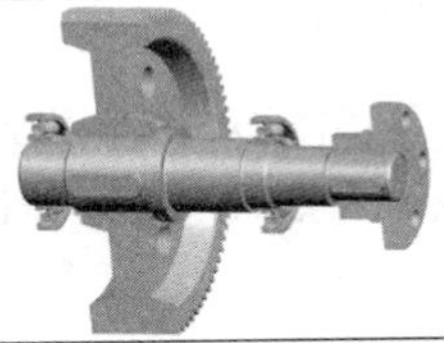	结构简单可靠，不需附加零件，能承受较大轴向力。广泛应用于各种轴上零件的轴向固定
轴端挡圈	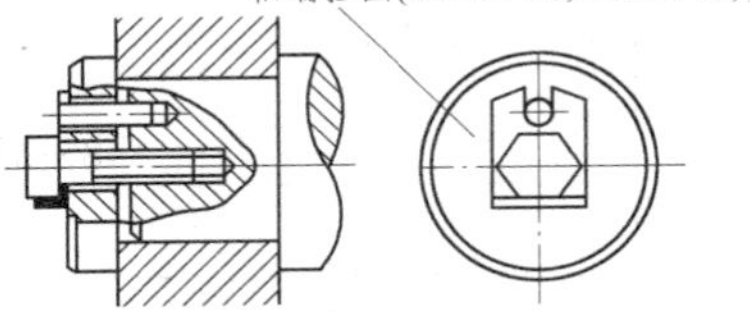 轴端挡圈(GB891-86,GB892-86)	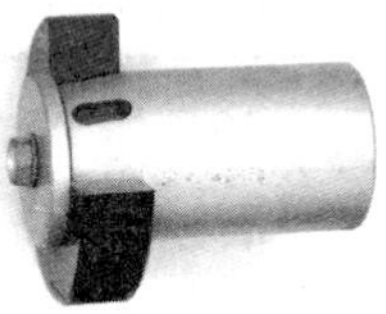	工作可靠，能承受较大轴向力，使用时，应采用止动垫圈等放松措施，只适用于轴端
轴套	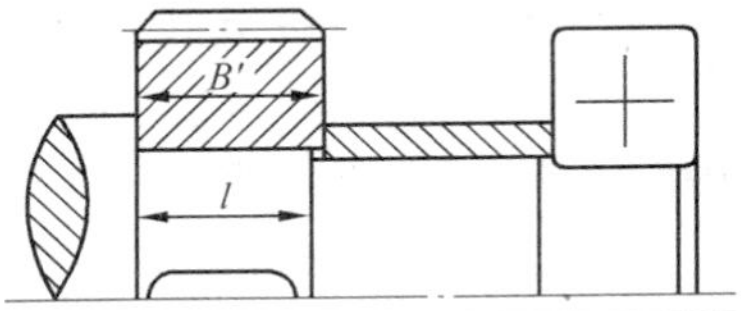 B' l	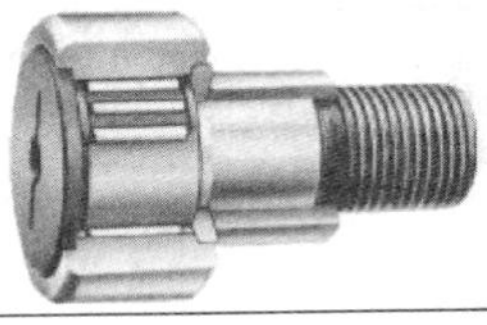	简单可靠，简化了轴的结构切不削弱轴的强度。常用于轴上两个近距离零件间的相对固定，不宜用于高速轴
圆螺母	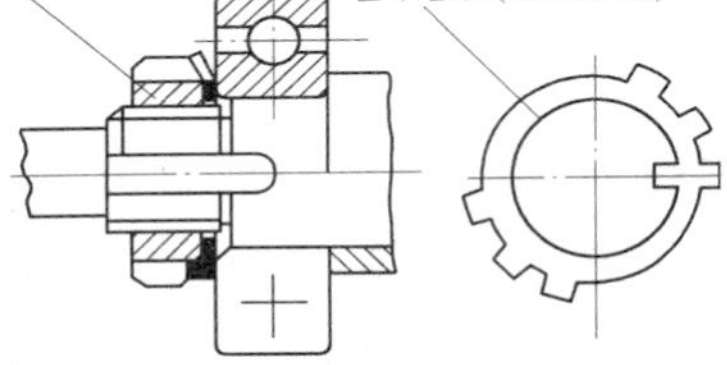 圆螺母(GB812-88) 止动垫圈(GB858-88)	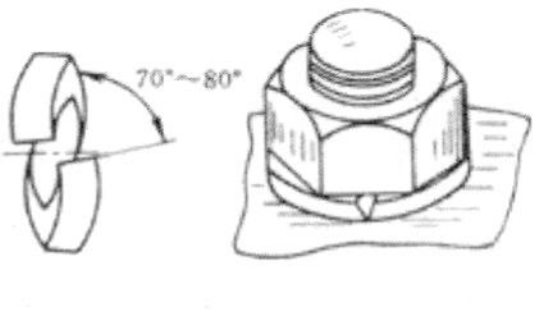 70°~80°	固定可靠，可承受较大的轴向力，能实现轴上零件的间歇调整。为放松，需加止动垫圈或使用双螺母。常用于轴的中部或端部
弹性挡圈	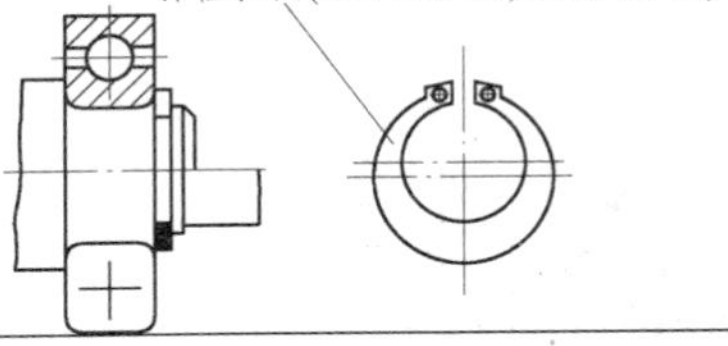 弹性挡圈(GB894.1-86,GB894.2-86)	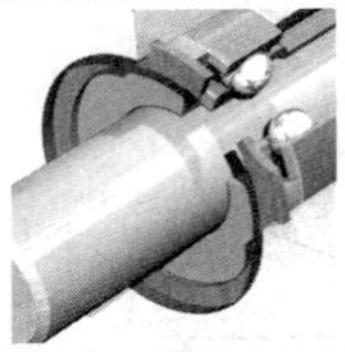	结构紧凑简单，装拆方便，但受力较小，且轴上切槽将引起应力集中。常用于轴承固定
紧定螺钉	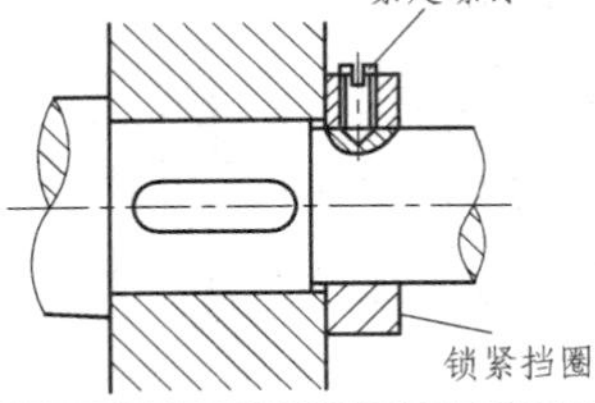 紧定螺钉 锁紧挡圈	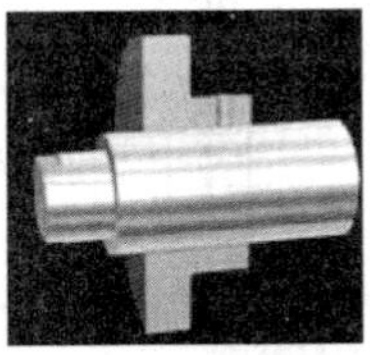	结构简单，但受力较小，不宜用于高速场合

（2）轴上零件的周向固定 轴上零件周向固定的目的是为了保证轴可靠的传递运动和转矩，防止轴上零件与轴产生相对转动。

轴上零件的周向固定常采用键连接、销连接、螺钉连接、成型连接和过盈配合连接等。一般齿轮与轴常采用过盈配合和键连接；滚动轴承则采用过紧的过盈配合；受力较小或光轴上的零件可用螺钉连接或销连接；受力较大且要求零件作轴向移动时，则用成形连接或花键连接。

常见的周向固定方法如图15.3所示。

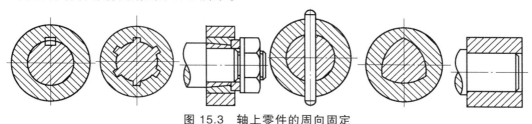

图 15.3　轴上零件的周向固定

3. 轴的结构工艺性

为了便于轴的制造、轴上零件的装配和使用维修，轴的结构应进行工艺性设计。设计时需注意以下几点：

（1）轴在保证工作性能条件下，轴的形状要力求简单，减少阶梯数且直径应该是中间大、两端小，便于轴上零件的装拆。

（2）轴端、轴颈或轴环的过渡部位应有倒角或过渡圆角，并应尽可能使倒角大小一致和圆角半径相同，以便于加工，如图15.4所示。同一轴上有多个单键时，键宽应尽可能一致，并处在同一母线上，如图15.5所示。

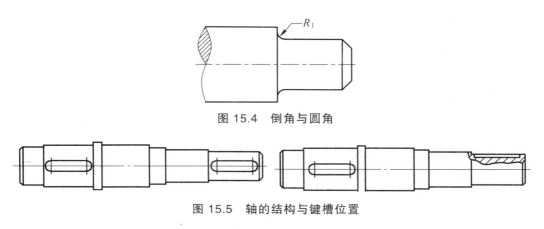

图 15.4　倒角与圆角

图 15.5　轴的结构与键槽位置

（3）需要磨削或车制螺纹的轴段，应留出砂轮越程槽或退刀槽，如图15.6、15.7所示。

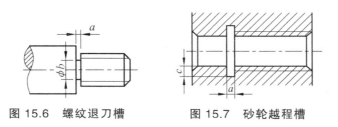

图 15.6　螺纹退刀槽　　　图 15.7　砂轮越程槽

（4）当轴上零件与轴过盈配合时，为便于装配，轴的装入端应加工出导向锥面。

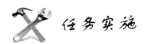 任务实施

任务：减速器输出轴的设计

1. 输出轴的材料

为了满足使用要求，该轴选用45钢并经适当热处理。

2. 强度计算轴径

已知减速器输出轴传递的功率 $P = 17$ kW，转速 $n = 600$ r/min，按强度计算来确定其轴径。
选用45钢，并经正火处理，见表15.1。
根据式15.1，A 值由表15.3查得，选取 $A = 120$，代入得

$$d \geq A\sqrt[3]{\frac{P}{n}} = 36.58 \quad \text{mm}$$

输出轴若采用单键，需将轴径加大5%，则轴径为

$$36.58 \times 105\% = 38.41 \text{（mm）}$$

3. 分析轴的结构及轴上零件的固定

图15.1所示的减速器输出轴，中间大、两端小，便于装拆轴上零件；在轴端、轴颈与轴肩的过渡部位都有倒角或过渡圆角；在与齿轮孔配合的轴头还设计出了导向锥面。

（1）轴上零件的轴向固定。

减速器输出轴上的各传动件均进行了轴向固定。其中，左端轴承采用了轴肩和轴承盖固定；齿轮采用了轴环和轴套固定；右端轴承采用了轴套和轴承盖固定；联轴器采用了轴肩和轴端挡圈固定。

（2）轴上零件的周向固定。

减速器输出轴上的各传动件在轴向固定的同时，也进行了相应的周向固定。其中，滚动轴承与减速器输出轴采用了过盈连接配合；齿轮、联轴器与轴均采用了键联接。

复习思考题

一、问答题

1. 螺栓、双头螺柱、螺钉、紧定螺钉在应用上有何不同？
2. 受拉螺栓的松联接与紧联接有什么区别？它们在设计计算时有何不同？
3. 在受横向载荷的螺栓组联接中，什么情况下宜采用铰制孔用螺栓？
4. 验算键联接时，如强度不够应采用什么措施？如需再加一个键，则这个键的位置放在何处为好？平键与楔键的位置放置有何不同？

5. 平键与楔键的工作原理有何差异？

6. 如何选取普通平键的尺寸 $b \times h \times L$？它的公称长度 L 与工作长度 l 之间有什么关系？

7. 比较固定式刚性联轴器和可移式刚性联轴器的特点。

8. 凸缘联轴器有哪几种对中方法？其特点是什么？

9. 联轴器和离合器主要有什么区别？

10. 试述滚动轴承的基本结构及各主要元件的作用。

11. 向心角接触轴承为什么常成对使用？

12. 说明下列轴承代号的意义：N210，6308，6212/P4，30207/P6，51308。

13. 滚动轴承组合设计时，应考虑哪些问题？

二、计算题

1. 如图 1 所示，某机构上拉杆与拉杆头用粗牙普通螺纹联接。已知拉杆所受最大载荷 $F = 10$ kN，拉杆的材料为 Q235，试确定拉杆螺纹直径。

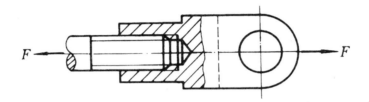

图 1　拉杆与拉杆头联接

2. 套筒联轴器用平键与轴联接。已知轴径 $d = 35$ mm，轴径长 $L = 60$ mm，联轴器材料为铸铁，承受静载荷，套筒外径 $D = 90$ mm。试画出联接的结构图，并计算联接传递转矩的大小。

3. 某电动机与油泵之间用弹性套柱销联轴器联接，电动机的功率 $P = 4$ kW，转速 $n = 960$ r/min，轴伸直径 $d = 28$ mm，试确定该联轴器的型号（只要求与电动机轴伸联接的半联轴器满足直径要求）。

4. 图 2 所示为某减速器输出轴的装配结构图，指出图中 1、2、3、4 处的结构错误，并绘制正确的结构草图。

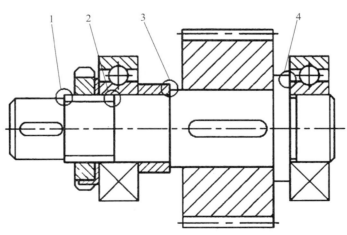

图 2　减速器输出轴的结构图

参考文献

[1] 范钦珊．工程力学．北京：机械工业出版社，2007.

[2] 赵晴．工程力学．2 版．北京：机械工业出版社，2009.

[3] 张秉荣．工程力学．北京：机械工业出版社，2010.

[4] 杨可桢，程光蕴，李仲生．机械设计基础．5 版．北京：高等教育出版社，2006.

[5] 孙桓，陈作模，葛文杰．机械原理．7 版．北京：高等教育出版社，2006.

[6] 濮良贵，纪名刚．机械设计．8 版．北京：高等教育出版社，2006.

[7] 毛友新．机械设计基础．2 版．武汉：华中科技大学出版社，2007.

[8] 陈立德．机械设计基础．北京：高等教育出版社，2007.

[9] 郭仁生．机械设计基础．北京：清华大学出版社，2010.

[10] 邱永成，郝婧．机械设计基础．北京：中国农业出版社，2010.

[11] 闻邦椿．机械设计手册.5 版．北京：机械工业出版社，2010.